交通与数据科学丛书 6

控制理论在交通流建模中的应用

朱文兴 著

科学出版社

北京

内 容 简 介

交通流理论自提出以来就引起了国内外广大学者的关注，并取得了若干重要成果. 在交通流理论不断发展过程中，控制的思想便在诸多学者的论文中“若隐若现”. 本著作梳理了交通流理论发展过程中的重要文献，浅析其中的“控制”元素，详细介绍了外部条件对交通流运行的控制作用，将经典控制理论、现代控制理论以及离散控制方法引入交通流跟驰控制系统.

本著作可以作为智慧交通、交通流控制、智能网联车控制等领域科研工作者的参考书，也可以作为交通运输工程、控制科学与工程等学科研究生的应用教材.

图书在版编目(CIP)数据

控制理论在交通流建模中的应用/朱文兴著. —北京：科学出版社，2022.12
(交通与数据科学丛书; 6)

ISBN 978-7-03-074271-1

Ⅰ. ①控… Ⅱ. ①朱… Ⅲ. ①控制论-应用-交通流-交通模型-研究
Ⅳ. ①O231②U491.1

中国版本图书馆 CIP 数据核字(2022)第 236182 号

责任编辑：王丽平　范培培／责任校对：彭珍珍
责任印制：赵　博／封面设计：黄华斌

科学出版社出版
北京东黄城根北街 16 号
邮政编码：100717
http://www.sciencep.com
北京中科印刷有限公司印刷
科学出版社发行　各地新华书店经销
*
2022 年 12 月第　一　版　开本: 720 × 1000　1/16
2025 年　1 月第三次印刷　印张: 14 3/4
字数：288 000

定价: 128.00 元

(如有印装质量问题，我社负责调换)

丛 书 序

交通科学在近 70 年来发展突飞猛进，不断拓展其外延并丰富其内涵；尤其是近 20 年来，智能交通、车联网、车路协同、自动驾驶等概念成为学者研究的热点问题的同时，也已成为媒体关注的热点；应用领域的专家及实践者则更加关注交通规划、土地利用、出行行为、交通控制和管理、交通政策和交通流仿真等问题的最近研究进展及对实践的潜在推动力. 信息科学和大数据技术的飞速发展更以磅礴之势推动着交通科学和工程实践的发展. 可以预见在不远的将来，车路协同、车联网和自动驾驶等技术的应用将根本改变人类的出行方式和对交通概念的认知.

多方式交通及支撑其运行的设施及运行管理构成了城市交通巨系统，并与时空分布极广的出行者之间形成了极其复杂的供需网络/链条. 城市间的公路、航空、铁路和地铁等日益网络化、智能化，让出行日益快捷. 有关城市或城市群的规划则呈现“住”从属于“行”的趋势. 如此庞杂的交通系统激发了人们的想象力，使交通问题涉及面极广，吸引了来自不同学科和应用领域的学者和工程技术专家.

因此，为顺应学科发展需求，由科学出版社推出的这套《交通与数据科学丛书》将首先是“兼收并蓄”的，以反映交通科学的强交叉性及其各分支和方向的强相关性. 其次，“‘数’‘理’ 结合”，我们推动将数据科学与传统针对交通机理性的研究有机结合. 此外，该丛书更是“面向未来”的，将与日新月异的科学和技术同步发展. “兼收并蓄”“‘数’‘理’ 结合”和“面向未来”，将使该丛书顺应当代交通科学的发展趋势，促进立足于实际需求和工程应用的实际问题开展科研攻关与创新，进而持续推动交通科学研究成果的“顶天立地”.

该丛书内容将首先是对交通科学理论和工程实践的经典总结，同时强调经典理论和实践与大数据和现代信息技术的结合，更期待据此提出的新理论、新模型和新方法；研究对象可为道路交通、行人流、轨道交通和水运交通等，可涵盖车车和车路联网技术、自动驾驶技术、交通视频技术、交通物联网和交通规划及管理等. 书稿形式可为专著、编著、译著和专题等，中英文不限. 该丛书主要面向从事交通科学研究和工程应用的学者、技术专家和在读研究生等.

该丛书编委会聚集了我国一批优秀的交通科学学者和工程应用专家，基于他们的治学态度和敬业精神，相信能够实现丛书的目标并保证书稿质量. 最后，上海麓通信息科技有限公司长期以来为丛书的策划和宣传做了大量工作, 在此表示由衷的感谢!

张　鹏

2019 年 3 月

前　言

余自而立之年毅然更弦易辙, 硕博连续攻读五载, 于丙戌年仲夏获博士学位, 后赴上海交通大学控制科学与工程博士后科研流动站工作两年, 小有所成. 之后回母校任教, 在交通流建模与控制领域继续深耕不辍, 日渐精进, 发表多篇创新之作奠定论著基础. 本著作汇集了早期攻读博士学位及博士后研究阶段的重要科研成果、回归山东大学任教期间创新科研成果以及在指导硕士、博士生过程中拓展的科研新思路, 是余从事学术研究廿余载之精华.

本著作率先提出“控制理论在交通流建模中应用”的理念, 引领交通流建模理论研究新方向. 余从事交通流理论研究多年, 结合本人在自动控制理论领域的深厚功底, 将经典控制理论、现代控制理论和离散控制系统方法运用到交通流建模过程中, 开辟了一条经典交通跟驰理论向无人驾驶车辆跟驰理论探索的新途径, 与当前热度居高不下的智能交通系统和无人驾驶技术发展异常契合, 符合未来世界科技发展的趋势和方向.

本著作内容由浅入深, 由易到难, 共三篇：先介绍宏微观交通流模型的控制元素, 再介绍道路条件对交通流的外部控制作用, 最后介绍交通流跟驰系统控制器设计与分析. 第一篇, 三章内容分别是宏观交通流模型、微观交通流模型和格子交通流模型的控制“端倪”; 第二篇, 三章内容分别是斜坡道路、弯道和信号灯等外部条件对交通流的控制作用; 第三篇, 三章内容分别是经典补偿法、状态空间法和离散控制理论在交通流跟驰系统中的应用.

本著作内容具备三个显著特点即宏观与微观结合、内部与外部结合、经典与现代结合. 宏观和微观结合主要是指在宏观和微观交通流数学模型中皆发掘出了控制元素, 书中分别以示例予以分析, 揭示模型中控制项的作用本质是一种控制器; 内部和外部结合主要是指交通流建模既要考虑自身内部因素的作用, 同时又要考虑外部条件的作用, 内部因素一般是指模型中的车头间距、速度等参数, 外部条件一般是指道路条件和信号灯等环境参数, 本质都是交通流的控制项; 经典和现代结合主要是指在进行交通流模型分析时所采用的方法既有经典补偿法, 又有状态空间法以及离散控制方法, 涉及经典控制、现代控制和离散控制理论.

本著作之所以完成, 首先, 得益于自己多年的坚持, 从追逐学术梦想伊始, 坚持不忘初心, 坚持创新研究, 坚持同一方向, 方得始终, 成就此著. 其次, 感谢两位优秀的博士生宋涛和王子豪, 他们协助我完成全部著作资料的整理和搜集工作,使我在繁忙的工作之余完成本著作的写作. 最后, 感谢家人多年的默默支持, 感谢国内同行给出的建设性意见和建议, 感谢科学出版社的支持.

受本人水平及能力所限, 本著作如有不当之处, 恳请读者批评指正, 不胜感激.

朱文兴

于辛丑仲秋山东大学千佛山校区

2022 年 10 月 10 日

目 录

第二篇 交通流的外部控制作用

第三篇　交通流跟驰系统控制器的设计与分析

第 1 章 绪 论

1.1 交通流控制

在控制论中, "控制" 的定义是: 为了 "改善" 某个或某些受控对象的功能或发展, 需要获得并使用信息, 以这种信息为基础施加于该对象上的作用, 称为控制. "控制论" 一词最初起源于希腊文 "mberuhhtz", 原意为 "操舵术", 就是掌舵的方法和技术的意思. 1834 年, 法国著名的物理学家安培写了一篇论述科学哲理的文章, 在进行学科分类时, 他将管理国家的科学称为 "控制论". 控制论的创始人、美国科学家诺伯特 · 维纳在 1948 年将控制论定义为 "关于在动物和机器中控制和通信的科学", 自此, 控制论作为一门科学理论被正式提出. 控制论自提出以来, 对工程技术起到了大大的推动作用, 吸引了很多非工程领域的专家学者关注, 他们将其引入到各自所从事的学科领域之中, 包括社会学、经济学、心理学、数学、生理学、逻辑学等. 控制论的分析观点, 广泛地渗透到各个领域, 这是由它研究的内涵所决定的, 其核心是研究一切物质、能量和信息变换如何满足人类的最佳需求.

控制论的发展大致经历了三个过程, 分为三个阶段. 20 世纪 30 到 50 年代为第一个过程, 此过程为经典控制理论阶段. 经典控制理论主要研究单输入单输出线性定常或离散控制系统, 它建立了系统、信息、调节、控制、反馈、稳定性等控制理论的基本概念和分析方法, 这些基本方法对于现如今依然发挥着重要作用. 20 世纪的 50 到 70 年代为第二个过程, 此过程为现代控制理论阶段, 主要研究的是多输入多输出的非线性时变系统, 运用数学中的线性代数、矩阵理论等, 主要用于最优控制、随机控制、自适应控制等技术. 20 世纪 70 年代至今为第三个阶段, 称为大系统理论阶段, 这个阶段研究的是各种复杂系统, 如宏观经济系统、资源分配系统、生态环境系统、能源系统等, 运用各种先进的技术, 解决社会中出现的各种复杂问题, 现在发展火热的人工智能技术, 便是这个阶段的重要产物.

控制的基础就是信息, 一切信息的传递都是为了控制, 而控制也是通过信息传递来实现的. 在科学技术日新月异飞速发展的今天, 控制的思维和方法已经进入了社会的方方面面, 在人们生产生活中发挥着重要的作用. 今天, 控制科学已成为一门无处不在的学科, 是多学科方法的综合结果[1-5].

本著作所叙述的交通流建模及其系统问题充满了控制论思想. 众所周知, 单个车辆在交通系统中不是孤立运行的, 其周围存在大量客观信息, 如其他车辆、道路条件、信号灯、自然条件等. 专家学者首先通过数学方法对交通流进行建模, 再通过引入各种内在和外在信息不断改进和完善交通流模型, 这些信息在交通系统中所起的作用就是一种控制. 比如, 在交通流模型中考虑前方车辆交互作用、后视效应、期望速度以及不同道路环境、路况信息等对交通流的影响, 其实质都是对车辆周边信息的不断辨识, 并施加于交通流, 车辆根据这些信息调整并采取相应的驾驶行为, 从而使交通流运行行为发生变化, 这个过程就是交通流系统以交通信息为基础产生控制作用的过程, 也是作者撰写本著作的中心思想.

1.2　交通流理论的发展

交通流理论是运用数学和力学定律研究道路交通流规律的理论, 交通流理论萌芽于 20 世纪 30 年代, 起初是应用概率论分析交通流量和车速的关系. 从 20 世纪 40 年代起, 交通流理论在运筹学和计算机技术等学科发展的基础上, 获得新的进展, 概率论方法、流体力学方法和动力学方法都分别应用于交通流的研究. 几十年来, 很多具有不同背景的物理学者都致力于交通流理论的研究, 提出了许多有意义的观点. 从几十年来的研究成果看, 交通流理论主要分成三大类型：微观理论模型、宏观理论模型和中观理论模型. 微观交通流模型主要有两种, 分别是车辆跟驰模型和元胞自动机模型, 它们主要描述单个车辆在相互作用下的个体行为, 分析每个车辆的速度、位移及其加速度; 宏观交通流模型是将交通流作为由大量车辆组成的可压缩连续流体介质, 研究车辆集体的综合平均行为, 其单个车辆的个体特性并不显式出现; 中观交通流模型主要包括气体动力学模型, 交通流被看作相互作用的粒子, 其中, 每个粒子代表一辆车.

车辆跟驰理论最初是由 Pipes[6] 提出来的, 他用一个加速度方程来描述道路上一辆车跟随另一辆车的运动行为, 只包含一个微分方程, 从力学观点讲, 它是一个质点系动力学系统. 它假设车队中的每辆车须与前车保持一定的距离以免碰撞, 后车加速和减速都取决于前车, 建立前车与后车的相互关系, 这样, 每辆车的运动通过一个微分方程来描述, 通过求解方程可以确定车流的演化过程. 车辆跟驰模型的快速发展源于 1995 年 Bando 教授提出的最优速度模型[7], 该模型避免了经典模型中加速度是由前后两车的速度差确定带来的问题, 提出车辆跟随过程中的加速度是由最优速度和当前车的速度差来确定的, 且最优速度是两车之间车头间距的函数. 在该模型之后, 模型不断改进, 先后提出广义力模型[8]、全速度差模型[9]、广义最优速度模型[10]、全广义最优速度模型[11-13]、混合最优速度模型[13] 等. 元胞自动机模型应用于交通研究在 20 世纪 80~90 年代得到了迅猛发展. 在元胞自动机模型中, 道路被划分成一个个等距离的格子, 每个格点表示一个元胞, 在某一个时刻, 格子要么是空的, 要么被一辆车占据, 在每一个时间步里, 根据给定的规则, 对系统的状态进行更新. 与其他模型相比, 元胞自动机模型在保留交通流复杂的非线性行为的基础上, 更易于计算机操作, 并能灵活地修改各种规则、模拟交通实际的各种情况, 如路障、高速公路的匝道等. 国内外研究交通流元胞自动机模型的人很多[14-19], 他们取得了很多著名的成果并应用到交通实际中, 在此不一一列举.

宏观交通流模型最初是由英国学者 Lighthill 和 Whitham[20,21] 提出来的, 他们把交通车辆流比拟成流体流, 建立了一个简单的流体力学交通流模型, 并采用动力学波的理论加以研究, 模型由守恒方程以及关于密度或平均速度的动量方程表示, 是以偏微分方程的形式来表达的. 之后不久, Richards 也独立提出了类似的模型[22], 故现在这一模型被称为 LWR 模型. 后来, 人们用特征线方法和各种数值方法求解了这个方程, 并借此描述了非线性交通流密度波和激波的形成, 这一模型没有考虑动力学过程, 故亦称运动学模型或交通波模型. Payne[23] 在此基础上, 根据车辆跟驰理论的基本思想, 将动力学方程引入连续模型, 与连续模型一起, 构成交通流动力学新模型. 从此以后, 对宏观交通流理论的研究进入蓬勃发展的时期. 2002 年, 姜锐[24] 等提出了一个新的连续模型, 他将已有高阶模型的密度梯度项用速度梯度取代, 取代了现代模型中存在的不合理特征速度问题, 以便更好地描述交通流. 而日本学者 Nagatani[25] 则把车辆跟驰理论的方法引入到流体力学模型的研究中, 提出了格子交通流模型, 他将连续模型离散化, 把道路上的一维流体划分成若干相等的格子, 每一格子里的交通流密度是均匀的, 从而运用线性稳定性理论和非线性方法分析了交通流, 获得了系统的纽结-反纽结孤立子解, 很好地刻画了交通流的特性. 从 Nagatani 模型之后, 格子交通流模型又经过不断发展, 出现考虑次近邻效应的优化车流格子模型[26]、扩展格子交通流模型[27]、广义最优格子交通流模型[28]、考虑后视效应的最优格子交通流模型[29] 等.

中观交通流模型主要包括气体动力学模型, 最早的气体动力学模型是 Prigogine[30] 提出来的, 该模型认为车辆的期望速度是由道路的性质而不是驾驶员的个性所决定的, 这与实际不符, 因此, 许多学者在此基础上改进了模型, Treiber, Helbing 等[31,32] 分别对气体动力学模型做出了有益的改进, 提出了非局部的气体动力学模型, 并在此基础上开发了软件包 MASTER. 赵建玉等[33] 改进了气体动力学模型的弛豫时间, 她认为 Helbing 等虽然把弛豫时间跟密度和速度变量关联起来, 但是, 实际上弛豫时间还与相邻车辆的速度差有关, 因此, 对弛豫时间模型做了改进, 使之更加完善.

1.3 研究展望

从最早的 LWR 模型以及 1953 年 Pipes 提出车辆跟驰模型开始至今, 交通流理论模型的研究已经取得令人振奋的进展, 受关注程度已经达到了前所未有的高度. 本著作以交通流模型研究进展为主线, 逐步解析挖掘模型中的控制元素, 并应用控制理论分析交通流系统稳定性、非线性特性, 逐步形成了一套基于控制理论研究的交通流理论体系.

随着信息技术的不断发展, 有人驾驶逐步向无人驾驶过渡, 无人与有人驾驶车辆混合运行在不久的将来成为现实, 在无人驾驶车辆数不断增加时, 混合运行车辆的协调控制及交通安全问题将成为重点研究领域. 因此, 未来的交通流理论研究, 控制理论学者将会发挥更为重要的作用. 他们着重研究控制技术应用于交通流系统建模, 并设计新颖的交通控制策略, 使混行交通流更加有序稳定运行, 进一步减少能量消耗等, 为未来交通系统发展提供控制理论支撑.

第一篇　交通流模型的控制元素

交通流模型主要有三类, 即宏观、微观和中观交通流模型. 宏观交通流模型主要是指流体力学模型; 微观交通流模型主要有两种, 分别是车辆跟驰模型和元胞自动机模型; 中观交通流模型主要包括空气分子动力学模型. 在交通流理论的发展过程中, 各种控制元素不断出现在交通流模型中, 使得交通流运行更平稳、更高效, 交通流理论模型中逐渐出现控制的"端倪". 本篇分析了流体力学模型、跟驰模型和格子交通流模型发展过程中的控制元素, 并进行了数理和仿真分析, 讨论了模型在不同控制元素作用下的运行效果.

第 2 章 流体力学模型的控制元素及分析

宏观交通流模型主要是指流体力学模型, 该模型把交通流描述为由大量车辆组成的可压缩连续流体介质, 分析车流的平均性质如车流平均速度和平均密度等. 该模型自提出以来, 便引起了国内外学者的广泛关注, 并将其不断发展. 而在发展过程中, 也不断完善了流体力学模型中的控制信息, 如姜锐引入的速度梯度信息以及宁波大学王子豪等引入的平均速度场、驾驶员行为习惯等皆为控制元素.

2.1 流体力学模型起源及初期发展

2.1.1 LWR 模型

宏观交通流模型最初由英国流体力学家 Lighthill 和 Whitham 在《论动力波》中提出, 开创了交通流动力学理论的先河. 在宏观流体力学模型中, 平均速度 $v(x,t)$ 和平均密度 $\rho(x,t)$ 满足连续性方程, 也称守恒方程, 如下

$$\frac{\partial \rho}{\partial t}+\frac{\partial(\rho v)}{\partial x}=0 \tag{2-1}$$

假设平均速度-密度关系表示为

$$v(x,t)=V_e(\rho(x,t)) \tag{2-2}$$

则可以得到

$$\frac{\partial \rho}{\partial t}+\left(V_e+\rho\frac{\partial V_e}{\partial \rho}\right)\frac{\partial \rho}{\partial x}=0 \tag{2-3}$$

其中, 令 $c(\rho)=V_e+\rho\dfrac{\partial V_e}{\partial \rho}$ 表示为非线性运动波的波速. 通常来讲, 运行速度 v 会随着密度的增大而减小, 即 $V_e'(\rho)<0$, 则小扰动以 $c(\rho)=V_e+\rho\dfrac{\partial V_e}{\partial \rho}<V_e$ 的特征速度传播, 说明前车不会受到后车行驶状况的影响, 所以该模型是各向异性的.

LWR (Lighthill-Whitham-Richards) 模型能够简洁明了地说明交通流运行基本情况, 能够对交通拥堵的疏导、交通激波的存在及形成进行解析论证, 但实际交

通流不会一直都处于平衡状态, 该模型无法描述车辆走走停停以及拥堵时扰动反向传播等非平衡交通现象, 因此, 该模型不能准确描述交通流, 即便如此, LWR 模型的提出, 也是交通流领域里程碑式的成就, 大量专家学者在此基础上进行研究, 衍生出了许多成果, 交通流理论的研究呈现出百花齐放的盛况.

2.1.2　PW 模型

1971 年, Payne 在 LWR 模型的基础上, 引入了跟驰理论的基本思想, 将动力学方程引入到连续模型中, 与连续模型一起构成了交通流动力学新模型, 也称为高阶连续介质模型, Whitham[34] 于 1974 年也建立了类似的模型. 因此, 该模型通常被称为 Payne-Whitham 模型或 PW 模型, 其运动方程如下

$$\frac{\partial v}{\partial t}+v\frac{\partial v}{\partial x}=-\frac{\mu}{\rho T}\frac{\partial \rho}{\partial x}+\frac{V_e-v}{T} \tag{2-4}$$

其中, 方程右端第一项为期望项, 表示驾驶员对前方交通情况发生改变做出反应的过程; 第二项为弛豫项, 描述驾驶员在时间 T 内调节车辆速度以达到平衡状态的加速过程, $\mu=-0.5\dfrac{\partial V_e}{\partial \rho}$ 为敏感系数, T 表示弛豫时间.

PW 模型考虑了非平衡状态的速度-密度关系, 与一阶的 LWR 模型相比, 可以更加准确地描述交通情况, 在 20 世纪 70 到 80 年代得到了非常广泛的应用. 而 PW 模型也是在宏观交通流模型中出现了控制的“端倪”. 从控制的角度上看, 期望项就是在模型中引入了一个控制项, 控制着交通流的速度向平衡状态调整. 当交通流系统处于平衡状态时, 期望项为零, 没有控制作用产生. 当交通流的速度不等于期望速度时, 期望项就会发生控制作用; 当速度大于期望速度, 即 $\dfrac{V_e-v}{T}<0$ 时, 期望项就会控制交通流模型速度减小; 反之, 当速度小于期望速度, 即 $\dfrac{V_e-v}{T}>0$ 时, 交通流模型也会在期望项的作用下, 增大速度.

2.2　流体力学模型中的控制元素

2.2.1　速度梯度模型

姜锐等提出了全速度差模型[9] (式 (3-7)) 之后, 在此基础上演绎出了速度梯度模型[24], 将全速度差模型中的微观量转化为宏观量, 转化关系为

$$v_n(t)\to v(x,t),\quad v_{n+1}(t)\to v(x+\Delta,t),\quad V(\Delta x)\to V_e(\rho)$$

$$a=\frac{1}{T},\quad \lambda=\frac{1}{\tau}$$

其中 T 表示弛豫时间, τ 是扰动向后传播距离 Δ 所需要的时间. 将上述宏观变量代入全速度差模型中, 得到

$$\frac{\mathrm{d}v(x,t)}{\mathrm{d}t}=\frac{V_e(\rho(x,t))-v}{T}+\frac{v(x+\Delta,t)-v(x,t)}{\tau} \tag{2-5}$$

将上式右端第二项中 $v(x+\Delta,t)$ 在 (x,t) 处作泰勒展开, 忽略高阶项, 得到

$$\frac{\mathrm{d}v(x,t)}{\mathrm{d}t}=\frac{V_e(\rho(x,t))-v(x,t)}{T}+\frac{\Delta}{\tau}\frac{\partial v}{\partial x} \tag{2-6}$$

令 $c_0=\dfrac{\Delta}{\tau}$, 表示扰动的传播速度, 则姜锐-吴清松的速度梯度模型可由以下方程组表示

$$\begin{cases}\dfrac{\partial \rho}{\partial \mathrm{t}}+\dfrac{\partial(\rho v)}{\partial x}=0 & (2\text{-}7)\\[2ex] \dfrac{\partial v}{\partial t}+v\dfrac{\partial v}{\partial x}=\dfrac{V_e(\rho)-v}{T}+c_0\dfrac{\partial v}{\partial x} & (2\text{-}8)\end{cases}$$

速度梯度模型与其他高阶模型相比, 速度梯度项取代了密度梯度项作为弛豫项, 该模型的替换解决了以往高阶模型中存在的特征速度问题, 从而使新模型能够满足交通流的各向异性的问题. 而与其他高阶模型相同, 期望项和弛豫项的存在, 使宏观交通流模型存在控制元素. 在期望项和弛豫项的控制作用下, 交通流系统不断向平衡状态演化, 交通流系统的稳定性得到了显著改善.

2.2.2 平均场速度差控制效应

在姜锐的速度梯度模型的研究基础上, 众多学者对流体力学模型做了进一步研究. 宁波大学葛红霞教授团队的王子豪提出了基于平均场速度差效应的流体力学模型[35], 下面从控制角度重新分析该模型的作用.

在实际的交通流中, 车辆不是单一行驶的, 而是由许多车辆在道路上连续行驶形成交通流, 因此, 交通流中车辆间的相互作用势必会对交通流运行产生作用. 平均场速度差效应即为车辆间的相互作用, 基于平均场速度差效应的流体力学模型为

$$\begin{cases}\dfrac{\partial \rho}{\partial t}+\rho\dfrac{\partial v}{\partial x}+v\dfrac{\partial \rho}{\partial x}=0\\[2ex] \dfrac{\partial v}{\partial t}+\left(v-\lambda\Delta-p\left(\Delta+l_0\theta\right)\right)\dfrac{\partial v}{\partial x}=a\left(V_e(\rho)-v\right)+\dfrac{1}{2}\lambda\Delta^2 v_{xx}\end{cases} \tag{2-9}$$

其中 $V_e(\rho)$ 表示最优速度; λ 为驾驶员速度差敏感系数; p 为平均场速度差效应的强度系数; l_0 代表当前车辆前方的道路长度; Δ 为两车之间的车头间距.

从控制理论角度, 流体力学模型的平均场速度差作为一个控制项对模型的稳定性产生了控制效果, 其控制效果如图 2-1 和图 2-2 所示. 图 2-1 为不同强度系数 p 的中性稳定性曲线, 从图中可以看到, 随着强度系数 p 的增加, 中性稳定性曲线峰值减小, 对应的稳定区域增大, 不稳定区域减小, 说明平均场速度差对系统产生了控制效果, 且强度系数 p 增大, 稳定性增强. 图 2-2 展示了不同强度系数 p 作用下的交通流密度波演化情况, 从图中可以看到, 随着强度系数 p 的增大, 车流波动变缓, 证明系统稳定性增强, 即在平均场速度差的控制作用下, 交通流的稳定性增强.

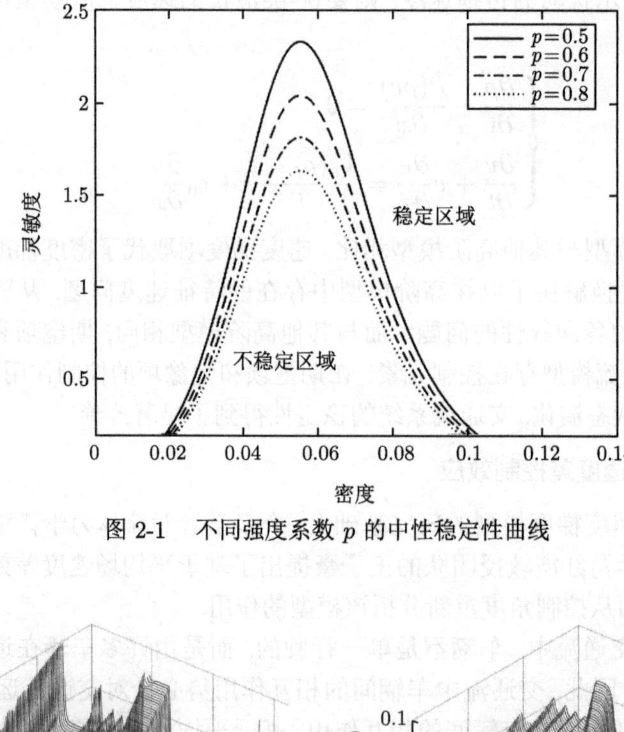

图 2-1 不同强度系数 p 的中性稳定性曲线

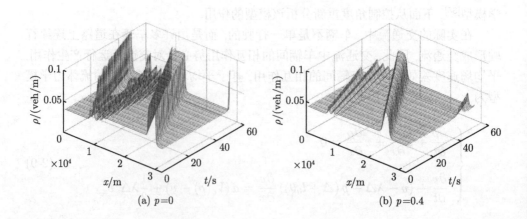

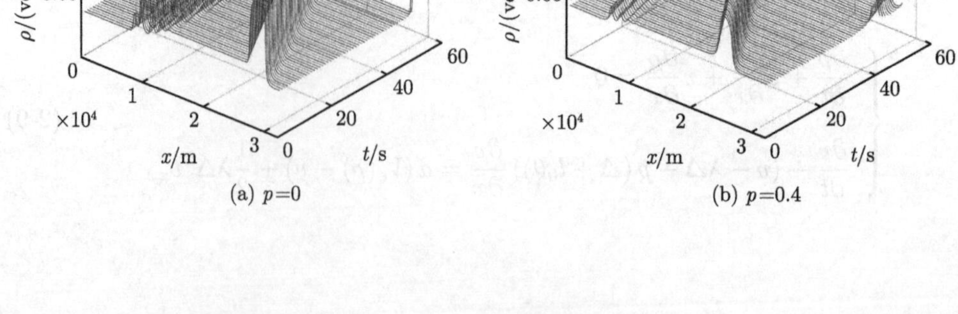

(a) p=0 (b) p=0.4

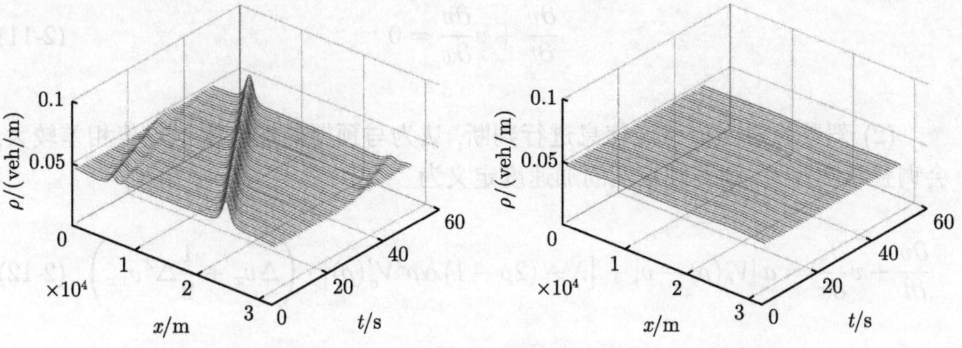

图 2-2 在不同平均场速度差强度系数下的均匀车流中小扰动的演化过程

2.2.3 有界理性和胆小激进驾驶行为控制效应

宁波大学葛红霞教授团队的王子豪提出了一个基于驾驶员有界理性和胆小激进驾驶行为的流体力学模型[36]. 在实际的道路交通中, 驾驶员的行为习惯往往受到交通环境的影响, 体现为驾驶员有界理性和胆小激进驾驶行为. 在复杂多变的交通环境中, 驾驶员往往会根据道路情况的变化而改变自己的驾驶行为, 而不同的司机会表现出不同的驾驶行为, 比如经验丰富的驾驶员在保证安全的前提下会主动调整车速, 以求在最短时间内到达目的地, 而新手司机因经验不足可能会在任何路况下都保持谨小慎微的驾驶方式. 然而, 无论是激进驾驶方式还是胆小驾驶方式都会对交通流产生影响, 从控制的角度可解释为激进和胆小驾驶方式都会对交通流产生控制作用.

基于驾驶员有界理性和胆小激进驾驶行为改进的流体力学模型如下

$$\frac{\partial v}{\partial t}+v\frac{\partial v}{\partial x}=\begin{cases}0, & |v_t+vv_x|\leqslant\varepsilon\\ a\left[V_e(\rho)-v\right]+\left[\lambda-(2p-1)\alpha\rho^2V_e'(\rho)\right] & \\ \quad\cdot\left(\Delta v_x+\dfrac{1}{2}\Delta^2v_{xx}\right), & \text{其他}\end{cases}\tag{2-10}$$

其中 ε 是驾驶员有界理性效应的影响因子. $p\in[0,1]$ 表示两种驾驶特性之间的强度系数. 当 $0.5\leqslant p\leqslant 1$ 时, 表示驾驶员的激进驾驶行为占主要部分; 当 $p=1$ 时, 表示完全为激进驾驶特性. 与之相反, 当 $0\leqslant p\leqslant 0.5$ 时, 驾驶员主要表现为胆小驾驶行为; 当 $p=0$ 时, 表示完全为胆小驾驶特性.

(1) 驾驶员对当前路况信息进行判断, 认为不需要调整当前驾驶行为, 保持当前运行速度, 则

$$\frac{\partial v}{\partial t}+v\frac{\partial v}{\partial x}=0 \tag{2-11}$$

(2) 驾驶员对当前路况信息进行判断, 认为与预期的加速度绝对值相差较大, 会调整驾驶行为, 则驾驶车辆的加速度定义为

$$\frac{\partial v}{\partial t}+v\frac{\partial v}{\partial x}=a\left[V_e(\rho)-v\right]+\left[\lambda-(2p-1)\,\alpha\rho^2 V_e'(\rho)\right]\cdot\left(\Delta v_x+\frac{1}{2}\Delta^2 v_{xx}\right) \tag{2-12}$$

有界理性和胆小激进驾驶行为对交通流的控制作用如图 2-3 和图 2-4 所示. 两图分别表示相同扰动但不同胆小激进强度系数 p 和有界理性效应影响因子 ε 时交通流密度波的时空变化. 从图 2-3 中可以发现, 随着强度系数 p 的增大, 交通流密度波的波动变平缓, 即在激进效应的控制下, 交通流稳定性得到改善, 且强度系数 p 越大, 稳定性越强; 从图 2-4 中可以看到, 在有界理性效应的控制下, 稳定性得到了改善, 具体表现为随着影响因子 ε 的增大, 交通流系统稳定性明显增强.

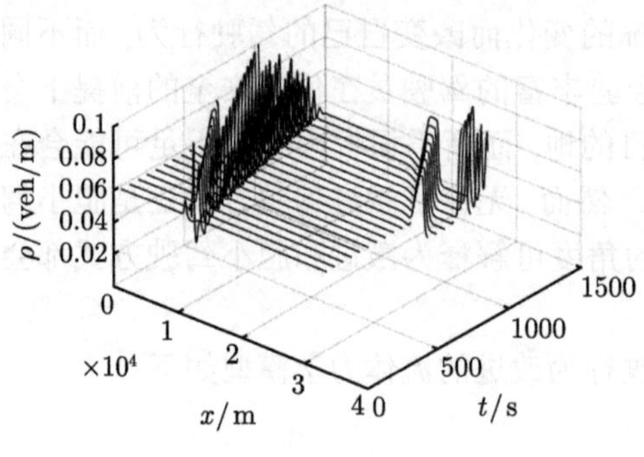

(a) $p=0.1$

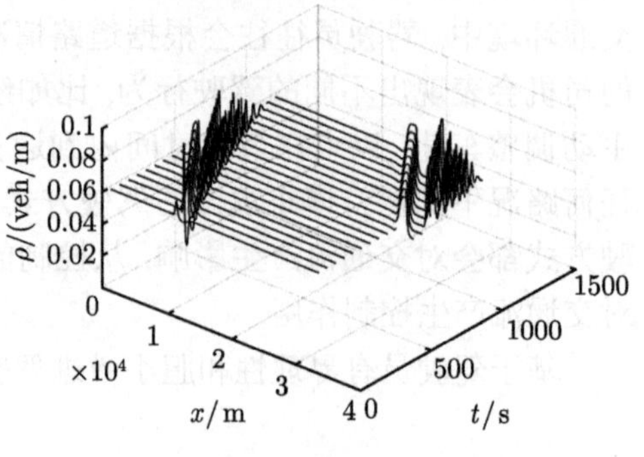

(b) $p=0.3$

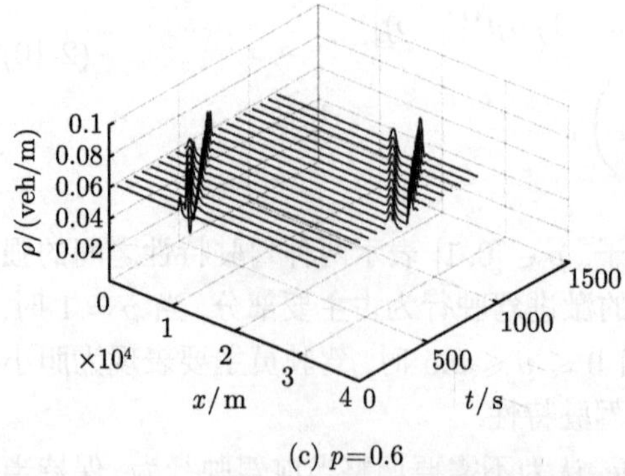

(c) $p=0.6$

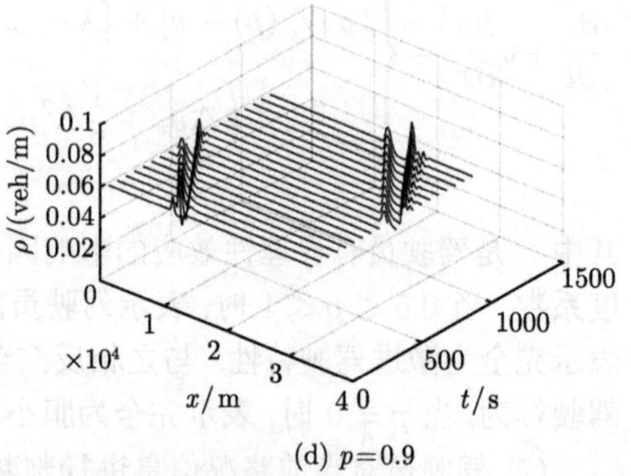

(d) $p=0.9$

图 2-3　相同扰动但不同强度系数 p 的交通流密度波的时空变化

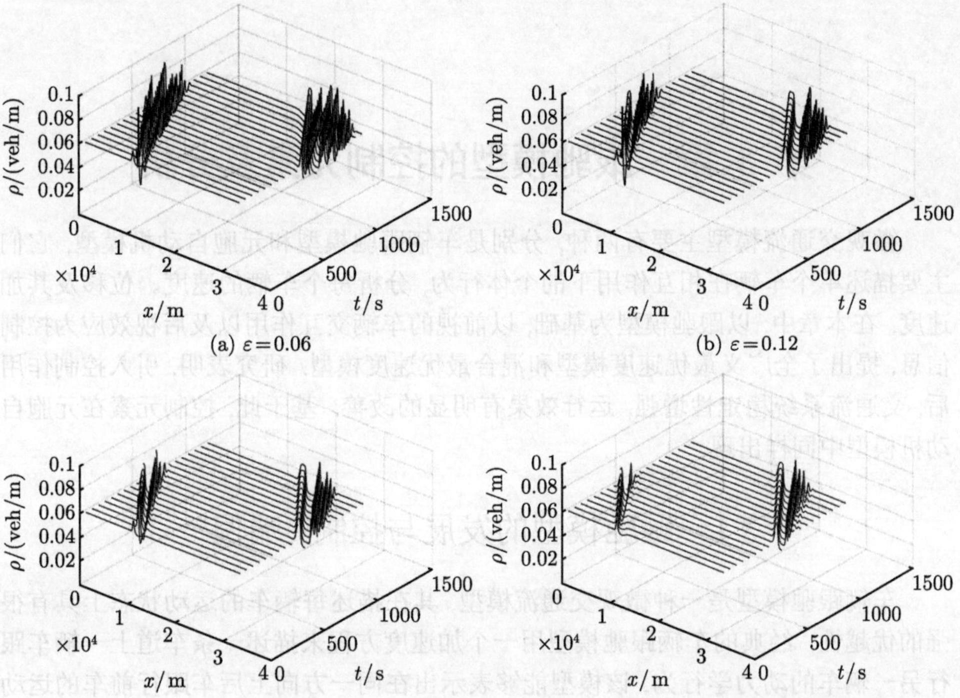

(a) $\varepsilon=0.06$ (b) $\varepsilon=0.12$

(c) $\varepsilon=0.2$ (d) $\varepsilon=0.3$

图 2-4 相同扰动但不同有界理性效应影响因子 ε 的交通流密度波的时空变化

2.3 本章小结

本章选取流体力学交通流模型发展过程中的几个重要的模型, 包括最初提出的 LWR 模型、PW 模型以及姜锐教授提出的速度梯度模型; 分析了在流体力学交通流理论发展过程中逐渐出现的控制元素; 并在此基础上, 详细介绍了两种改进的流体力学模型, 包括基于平均场速度差效应的流体力学模型和基于驾驶员有界理性和胆小激进驾驶行为的流体力学模型, 通过模拟仿真分析讨论了其模型中出现的控制元素及其控制效果. 结果表明, 引入控制机制后, 交通流的稳定性得到了显著改善.

第 3 章　跟驰模型的控制元素及分析

微观交通流模型主要有两种, 分别是车辆跟驰模型和元胞自动机模型, 它们主要描述单个车辆在相互作用下的个体行为, 分析每个车辆的速度、位移及其加速度. 在本章中, 以跟驰模型为基础, 以前视的车辆交互作用以及后视效应为控制信息, 提出了全广义最优速度模型和混合最优速度模型. 研究表明, 引入控制作用后, 交通流系统稳定性增强, 运行效果有明显的改善. 基于此, 控制元素在元胞自动机模型中同样出现.

3.1　跟驰模型的发展与控制"端倪"

车辆跟驰模型是一种微观交通流模型, 其在描述每辆车的运动状态上具有很强的优越性. 经典的车辆跟驰模型用一个加速度方程来描述一条车道上一辆车跟行另一辆车的动力学行为, 该模型能够表示出在同一方向上后车跟行前车的运动特征. 但在车流密度很小和很大的情况下, 这个模型所描述的车辆跟驰行为在某种程度上是不真实的, 而最优速度模型很好地解决了这个问题. 最优速度模型把动力学方程中的前车速度定义为最优速度函数, 使得在任何密度情况下都能够有效刻画车辆的跟驰行为特征. 然而, 最优速度模型的加速过程和减速过程中的实际速度偏离平衡速度都是对称的, 这一点与实际情况不符. 实际上, 刹车减速的加速度的绝对值通常大于加速过程的加速度. Helbing 等[8] 提出了相对简单的广义最优速度模型, 称为广义力模型, 该模型只考虑了相对速度差大于零的情况, 而相对速度差小于零的情况则没有考虑, 而姜锐等[9] 经过研究发现相对速度无论大于还是小于零, 都对后车的加速度有影响, 因此提出交通流的全速度差模型, 将前面两辆车的相对速度作为最优速度的重要控制因素. 薛郁[37,38] 等用数值模拟方法, 对该模型进行了研究, 发现相对速度在交通流演化过程中起到了稳定作用, 李志鹏等[39,40] 则扩展了全速度差模型, 把前方任意多对车辆之间的相对速度考虑到跟驰模型当中, 大大改进了交通流模型的鲁棒性. Nagatani[41] 则从车辆的交互作用上提出了考虑次近邻交互作用的最优速度模型, 该模型引进当前车辆和前面车辆之间的最优速度差即交互作用来改进模型. 但该模型也有局限性, 只要把当前车辆前方的任意多个交互作用[42] 和相对速度都考虑进来, 就可以解决这个局限性, 即全广义最优速度模型[11-13].

全广义最优速度模型是在最初 Pipes 的车辆跟驰理论基础上, 经过不断改进发展而来的, 它基本上是前视模型的综合形式. 但交通流跟驰理论中, 后面跟随车辆对当前车辆的作用也是无人驾驶车辆行驶必须考虑的重要因素. 2001 年, Nakayama 等[43] 率先提出了考虑后车作用的后视最优速度模型, 它与前视模型是相辅相成的, 不仅前面车辆对当前车辆具有影响, 从宏观角度上, 后面车辆对当前车辆也具有影响. 在该模型的基础上, 随后两三年, Hasebe 等[44,45] 分别提出和分析了扩展的后视最优速度模型, 他们把后面任意数目跟随的车辆作用统统考虑进来, 进而改善了模型, 使得模型的稳定性增强. 2006 年, 葛红霞等[46] 提出了改进的后视最优速度模型, 引进一个赫维赛德函数, 该模型有一定的新意. 但这些模型都没有考虑相对速度效应在后视过程中的作用, 而在前视模型中已经证明了相对速度效应的有效性, 而且, 前面赫维赛德函数的引进, 牺牲了系统的稳定性, 从宏观上讲有损交通流系统的稳定性, 基于此, 在后视模型中引进相对速度, 并去掉赫维赛德函数, 提出混合最优速度模型.

然而, 无论是考虑前车运行状态对交通流模型影响的全广义最优速度模型还是考虑后车运行对交通流模型影响的混合最优速度模型, 从控制角度讲, 都是交通流的内部变量对交通流产生了控制作用. 在全广义最优速度模型中, 将前方任意多辆车的交互作用, 包括相对速度以及相对最优速度, 作为控制信号来控制车辆的运行状态, 随着交通流的演化, 交通流趋于稳定, 即各车辆间相对速度以及相对最优速度逐渐趋于无穷小, 在理想的稳定状态下相对速度以及相对最优速度皆为零, 即偏差控制信号为零. 研究表明, 在跟驰模型中引入前方车辆的交互作用可以大大改善交通流的稳定性, 即交互作用对交通流的稳定性有明显的控制作用, 改善了交通流的稳定性, 缓解了交通堵塞. 在考虑后视效应的混合交通流模型中, 后车的交互作用亦被视为控制信号, 在它的控制作用下, 交通流稳定性明显增强. 总之, 在跟驰模型中控制元素早现 “端倪”. 下面, 分别详细介绍跟驰理论中的控制元素.

3.2 全广义最优速度模型

3.2.1 数学模型

1953 年, Pipes 教授[6] 提出了经典的跟驰模型. 它描述了在单车道上后车跟随前车的运动. 假设第 n 辆车跟随第 $n+1$ 辆车在某一单车道上行驶且不允许超车, 那么, 两车应该满足以下公式:

$$x_{n+1}(t) = x_n(t) + (b + Tv_n(t)) + L_{n+1} \tag{3-1}$$

其中, $x_n(t)$ 表示在 t 时刻第 n 辆车的位置, $x_{n+1}(t)$ 表示在 t 时刻第 n 辆车的前面第 $n+1$ 辆车的位置, b 表示两车之间的最小安全距离, T 是后车司机对前车刺激的反应时间, L_{n+1} 为第 $n+1$ 辆车的车长.

对公式 (3-1) 两边求导, 得

$$\frac{\mathrm{d}^2 x_n(t)}{\mathrm{d}t^2}=\frac{1}{T}\left(\frac{\mathrm{d}x_{n+1}(t)}{\mathrm{d}t}-\frac{\mathrm{d}x_n(t)}{\mathrm{d}t}\right) \tag{3-2}$$

其中, $\frac{\mathrm{d}^2 x_n(t)}{\mathrm{d}t^2}$ 表示在 t 时刻第 n 辆车的加速度, $\frac{\mathrm{d}x_{n+1}(t)}{\mathrm{d}t}$ 和 $\frac{\mathrm{d}x_n(t)}{\mathrm{d}t}$ 分别表示在 t 时刻第 $n+1$ 辆和第 n 辆车的速度. 该模型表示的基本跟车思想是当前车的速度大于后车时, 后车加速; 当前车的速度小于后车时, 后车减速. 该模型仅仅局限于考虑前后车速度差对后车的影响, 有明显的局限性: 当前后两车速度相等时, 无论两车的车头间距有多大, 后车都不会做出反应, 这显然与现实不符. 但是该模型开创了跟驰理论的解析方法, 为后续学者的进一步研究提供了坚实的理论基础.

1995 年, Bando 等[7] 提出了最优速度模型 (OVM) 解决 Pipes 模型存在的问题. 该模型的核心思想是每辆车都有一个最优速度, 而这个最优速度取决于这辆车与前车的距离. 该模型的动力学方程如下

$$\frac{\mathrm{d}^2 x_n(t)}{\mathrm{d}t^2}=a\left(V\left(\Delta x_n(t)\right)-\frac{\mathrm{d}x_n(t)}{\mathrm{d}t}\right) \tag{3-3}$$

其中, $\Delta x_n(t)=x_{n+1}(t)-x_n(t)$ 表示在 t 时刻第 n 辆车和第 $n+1$ 辆车的车头间距, a 是灵敏度, 且 $a=1/\tau$, τ 是后车司机对前车反应的延迟时间, 通常 $a=0.85\mathrm{s}^{-1}$, $V(\Delta x_n(t))$ 表示最优速度函数, 该函数是一个具有上边界的单调递增函数, 表达式如下

$$V(\Delta x_n(t))=\frac{v_{\max}}{2}[\tanh(\Delta x_n(t)-h_c)+\tanh(h_c)] \tag{3-4}$$

其中, $v_{\max}$ 表示车辆行驶的最大速度, h_c 表示安全距离.

后来, Helbing 等[8] 通过一系列真实道路上的经验数据, 对最优速度函数进行了相关标定, 得到了如下函数作为最优速度函数:

$$V(\Delta x_n(t))=V_1+V_2\tanh[C_1\left(\Delta x_n(t)-x_c\right)-C_2] \tag{3-5}$$

其中, $V_1=6.75$ m/s, $V_2=7.91$ m/s, $C_1=0.13\ \mathrm{m}^{-1}$, $C_2=1.57\ \mathrm{m}^{-1}$, x_c 表示车辆的长度.

最优速度函数表示后车的期望最优速度是由前后两车之间的车头间距来决定的, 而后车的加速度与后车期望最优速度减去当前实际速度的差值成正比. 比如, 当前后车距过大时, 后车的期望最优速度变大, 这一变化又决定后车需要采取较

大的加速度追赶前车, 从而使前后车距维持在一个合理的范围之内. 该模型突破了“以研究前车速度的变化来决定后车运动状态”的一般思路, 且模型简单明了, 参数也相对容易标定, 最重要的是它与实际的交通流行为吻合程度更好. 所以, 最优速度模型 (OVM) 在交通流的研究方面得到了非常广泛的应用, 对跟驰模型的许多后续研究都是在此模型基础上进行的.

1999 年, Nagatani 等[41] 提出了考虑两车交互作用的跟驰模型, 该模型表示如下

$$\frac{\mathrm{d}^2x_n(t)}{\mathrm{d}t^2}=a\left[V(\Delta x_n(t))+p\left(V(\Delta x_{n+1}(t))-V(\Delta x_n(t))\right)-\frac{\mathrm{d}x_n(t)}{\mathrm{d}t}\right] \tag{3-6}$$

其中, $V(\Delta x_{n+1}(t))-V(\Delta x_n(t))$ 表示在 t 时刻第 n 辆车和第 $n+1$ 辆车之间的最优速度差, 即交互作用, 而从控制论的角度上来说, 这个交互作用也是一种车辆间信息对交通流产生的控制作用. p 是常数, 取值在 0 和 0.5 之间, 这样可以使得后车的最优速度在方程中起主要控制作用. 但该模型的缺点是没有把车辆之间的相对速度对交通流的影响考虑进来.

姜锐等[9] 在 2001 年提出了全速度差模型, 他们认为当前车辆前方最近两辆车之间的相对速度无论大于或小于零对后车加速度的影响都是存在的, 从而改进了 Helbing 等提出的仅考虑相对速度小于零情况的广义力模型, 而前方最近两车的相对速度同样可以看作控制信息对当前车辆运动状态发挥控制作用, 其表达式如下

$$\frac{\mathrm{d}^2x_n(t)}{\mathrm{d}t^2}=a\left[V(\Delta x_n(t))-\frac{\mathrm{d}x_n(t)}{\mathrm{d}t}\right]+\lambda\left(\frac{\mathrm{d}x_{n+1}(t)}{\mathrm{d}t}-\frac{\mathrm{d}x_n(t)}{\mathrm{d}t}\right) \tag{3-7}$$

其中, λ 是相对速度刺激的反应系数 $(0\leqslant\lambda\leqslant 1)$.

2007 年, 李志鹏等[39] 在姜锐的全速度差模型的基础上, 提出了前向相对速度模型, 把第 n 辆车前方任意多的相对速度作为控制信息信号引进跟驰模型, 使得交通流系统的稳定性得到了改善, 该模型的数学表达式为

$$\frac{\mathrm{d}^2x_n(t)}{\mathrm{d}t^2}=a\left[V(\Delta x_n(t))-\frac{\mathrm{d}x_n(t)}{\mathrm{d}t}\right]+\lambda\left[\sum_{m=1}^{l}\alpha_m\left(\frac{\mathrm{d}x_{n+m}(t)}{\mathrm{d}t}-\frac{\mathrm{d}x_{n+m-1}(t)}{\mathrm{d}t}\right)\right] \tag{3-8}$$

其中, $\mathrm{d}x_{n+m}(t)/\mathrm{d}t$, $\mathrm{d}x_{n+m-1}(t)/\mathrm{d}t$ 表示在 t 时刻第 n 辆车前方的第 m 和 $m-1$ 辆车的速度; α_m 是在 t 时刻第 n 辆车前方的第 m 和 $m-1$ 辆车相对速度的加权系数, $m=1,2,\cdots,l$, l 是前方所有被考虑的车辆总数, $\sum_{m=1}^{l}\alpha_m=1$, $\alpha_m=q^{m-1}-q^m$, $\alpha_l=q^l$, $0<q<1$.

根据 Nagatani 和李志鹏等的研究结果, 可以看出, 车辆跟驰模型应该把第 n 辆车前方任意多的交互作用也考虑进来, 使模型更加趋于完善, 因此, 得到下面的数学表达式:

$$\frac{\mathrm{d}^2x_n(t)}{\mathrm{d}t^2}=a\left[V(\Delta x_n(t))+\sum_{m=1}^{l-1}p^m\left(V(\Delta x_{n+m}(t))-V(\Delta x_{n+m-1}(t))\right)-\frac{\mathrm{d}x_n(t)}{\mathrm{d}t}\right]$$
$$+\lambda\left[\sum_{m=1}^{l}\alpha_m\left(\frac{\mathrm{d}x_{n+m}(t)}{\mathrm{d}t}-\frac{\mathrm{d}x_{n+m-1}(t)}{\mathrm{d}t}\right)\right] \tag{3-9}$$

其中, $\Delta x_{n+m}(t)=x_{n+m+1}(t)-x_{n+m}(t)$, $\Delta x_{n+m-1}(t)=x_{n+m}(t)-x_{n+m-1}(t)$ 分别是在 t 时刻第 n 辆车前方的第 m 和 $m-1$ 辆车的车头间距, $V(\Delta x_{n+m}(t))$, $V(\Delta x_{n+m-1}(t))$ 分别是在 t 时刻第 n 辆车前方的第 m 和 $m-1$ 辆车的最优速度函数.

该模型把当前第 n 辆车前方所有可能的控制信息考虑进来, 因此, 称该模型为全广义最优速度模型. 当 $l=1$, $\lambda=0$ 时, (3-9) 式退化成 (3-3) 式, 即为最优速度模型; 当 $l=2$, $\lambda=0$ 时, (3-9) 式变成 (3-6) 式, 即广义最优速度模型; 当 $l=1$, $\lambda\neq 0$ 时, (3-9) 式变成 (3-7) 式, 即全速度差模型; 当 $p=0$, $\lambda\neq 0$ 时, (3-9) 式又变成 (3-8) 式, 即为前向最优速度模型. 可见, 全广义最优速度模型能够包含以前所有模型的形式, 因此, 该模型比以前所有模型都要全面.

从 Pipes 的跟驰模型到 Bando 的最优速度模型再到考虑前方任意多车辆交互作用的全广义最优速度模型, 跟驰模型一步一步发展趋于完善, 而在这个完善的过程中, 控制信息被逐渐引入到模型中. 从控制角度讲, 最初提出前方车辆对当前车辆运动状态的影响, 便是将前方车辆的运动状态信息作为控制输入信号来控制当前车辆运行, 从而使当前车辆的运动状态复制前车状态. 而考虑前向效应的跟驰模型, 其实也是前方车辆对当前车辆的控制作用体现, 随着越来越多前方车辆信息的引入, 控制作用越来越强, 交通流模型的稳定性也逐渐提高, 拥堵情况逐渐得到缓解. 下面, 就从数值分析和仿真模拟两方面去验证前向效应对交通流系统的控制作用效果.

3.2.2 控制效果对比

为了验证对比几种模型的控制效果, 将模型应用到模拟多辆车跟行第一辆车的加速和减速过程, 通过方程 (3-9) 结合 Helbing 等标定的最优速度函数 (3-5), 并根据下面方程更新速度和位置:

$$\dot{x}_n(t+\Delta t)=\dot{x}(t)+\ddot{x}(t)\Delta t \tag{3-10}$$

$$x_n(t+\Delta t)=x_n(t)+\dot{x}_n(t)\Delta t+\frac{1}{2}\ddot{x}_n(t)(\Delta t)^2 \tag{3-11}$$

时间更新步长选为 $\Delta t = 0.1\text{s}$, 实际的延迟时间 $\tau = 1\text{s}$, 因此, 灵敏度 $a = 1$, 相对速度刺激的感应系数为 $\lambda = 0.3$, 不失一般性, 取 $p = 0.2$, $q = 0.2$, $h_c = 4$.

第一辆车的运行轨迹如图 3-1 所示, 该图表示领行的车辆从 0 时刻开始加速, 加速到 12m/s 之后保持匀速运行至第 50s 开始减速, 直至速度为 0.

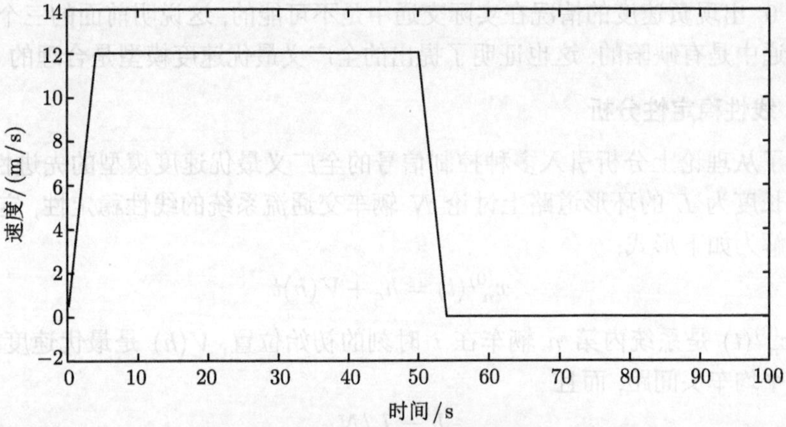

图 3-1　第一辆车的运行曲线

图 3-2 给出了第二至第五辆车分别按照最优速度模型、广义最优速度模型、前向最优速度模型和全广义最优速度模型跟随第一辆车运动的曲线. 从图 3-2 的

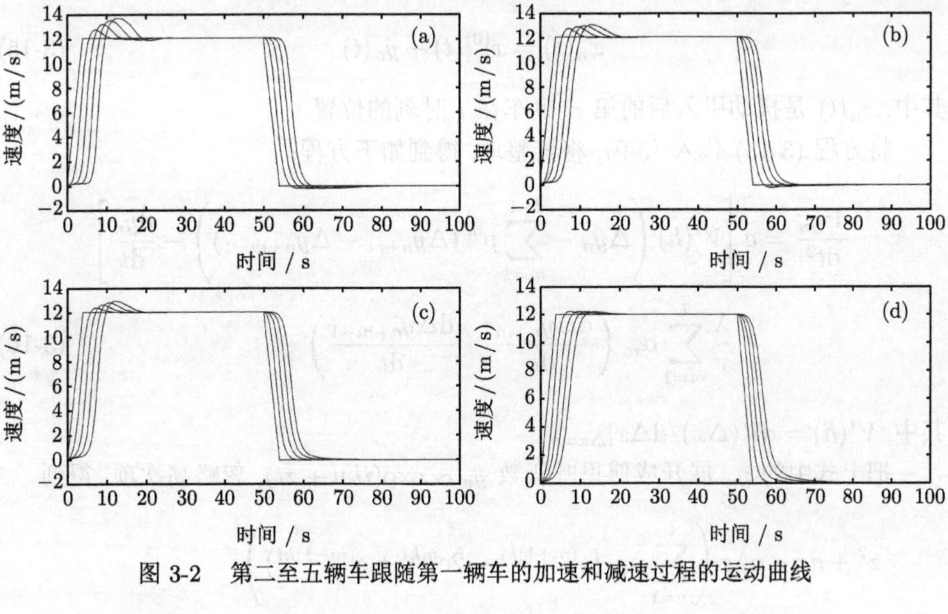

图 3-2　第二至五辆车跟随第一辆车的加速和减速过程的运动曲线

(a)~(d) 可以看出, 随着引入多个前向效应控制信息, 在加速转匀速运行的转折点, 跟随车辆的运行速度振荡幅度越来越小, 到最后一个全广义最优速度模型模拟的运动曲线振荡已经很小, 基本趋于平坦, 这说明引进前方更多的控制信息, 能够提高后面车辆跟行前车的跟随稳定性. 由跟行车辆从减速到静止的减速过程曲线可以看出, 前三种情况都出现了负速度即速度小于零的情况, 而只有第四种情况速度等于 0, 出现负速度的情况在实际交通中是不可能的, 这说明前面的三个模型在实际交通中是有缺陷的, 这也证明了提出的全广义最优速度模型是合理的.

3.2.3 线性稳定性分析

为了从理论上分析引入多种控制信号的全广义最优速度模型的先进性, 假设在一条长度为 L 的环形道路上讨论 N 辆车交通流系统的线性稳定性, 定义系统的定态解为如下形式:

$$x_n^{(0)}(t) = h_c + V(h)t \tag{3-12}$$

其中, $x_n^{(0)}(t)$ 是系统内第 n 辆车在 t 时刻的初始位置, $V(h)$ 是最优速度函数, h 是系统平均车头间距, 而且

$$h = L/N \tag{3-13}$$

向初始均匀稳定的 N 辆车交通流系统引入一个很小的扰动 $y_n(t)$, 其表达式如下

$$y_n(t) = \mathrm{e}^{ikn}, \quad |y_n| \ll 1 \tag{3-14}$$

引入扰动后的系统状态方程为

$$x_n(t) = x_n^{(0)}(t) + y_n(t) \tag{3-15}$$

其中, $x_n(t)$ 是扰动引入后的第 n 辆车在 t 时刻的位置.

将方程 (3-15) 代入 (3-9), 将其整理, 得到如下方程:

$$\begin{aligned}\frac{\mathrm{d}^2 y_n}{\mathrm{d}t^2} = a\left[V'(h)\left(\Delta y_n - \sum_{m=1}^{l-1} p^m\left(\Delta y_{n+m} - \Delta y_{n+m-1}\right)\right) - \frac{\mathrm{d}y_n}{\mathrm{d}t}\right] \\ + \frac{\lambda}{\tau}\sum_{m=1}^{l}\alpha_m\left(\frac{\mathrm{d}\Delta y_{n+m}}{\mathrm{d}t} - \frac{\mathrm{d}\Delta y_{n+m-1}}{\mathrm{d}t}\right)\end{aligned} \tag{3-16}$$

其中, $V'(h) = \mathrm{d}V(\Delta x)/\mathrm{d}\Delta x|_{\Delta x=h}$.

把上式中的 y_n 展开成傅里叶级数 $y_n \sim \exp(ikn + zt)$, 忽略高次项, 得到

$$z^2 + az - a\lambda z\left(\sum_{m=1}^{l}\alpha_m\left(\mathrm{e}^{(m+1)ki} - 2\mathrm{e}^{mki} + \mathrm{e}^{(m-1)ki}\right)\right)$$

$$-aV'(h)\left(\mathrm{e}^{ki}-1+\sum_{m=1}^{l-1}p^m\left(\mathrm{e}^{(m+1)ki}-2\mathrm{e}^{mki}+\mathrm{e}^{(m-1)ki}\right)\right)=0 \tag{3-17}$$

假设方程 (3-17) 的解为如下形式: $z=z_1(i(-k))+z_2(i(-k))^2+\cdots$, 将其代入上式, 求解后, 可以得到系统的稳定性条件、亚稳定性条件和不稳定条件分别如下

$$V'(h)<\frac{1+2\sum_{m=1}^{l-1}p^m+2\lambda\sum_{m=1}^{l}\alpha_m}{2\tau} \tag{3-18}$$

$$V'(h)=\frac{1+2\sum_{m=1}^{l-1}p^m+2\lambda\sum_{m=1}^{l}\alpha_m}{2\tau} \tag{3-19}$$

$$V'(h)>\frac{1+2\sum_{m=1}^{l-1}p^m+2\lambda\sum_{m=1}^{l}\alpha_m}{2\tau} \tag{3-20}$$

最优速度的导数 $V'(h)$ 在转折点 $h=h_c$ 处具有最大值 $v_{\max}/2$, 图 3-3 中, 亚稳态曲线上的顶点是临界点 (h_c,a_c). 图 3-3 画出了对应三种不同交通流模型的亚稳态曲线, 从中可以看出全广义最优速度模型稳定性是最强的, 它对应的稳定区域面积最大, 其他两个模型对应的稳定区域都要小一些, 这也说明, 引入当前车辆前方的交互控制作用, 有助于改善交通流系统的稳定性, 提高系统的抗干扰能力.

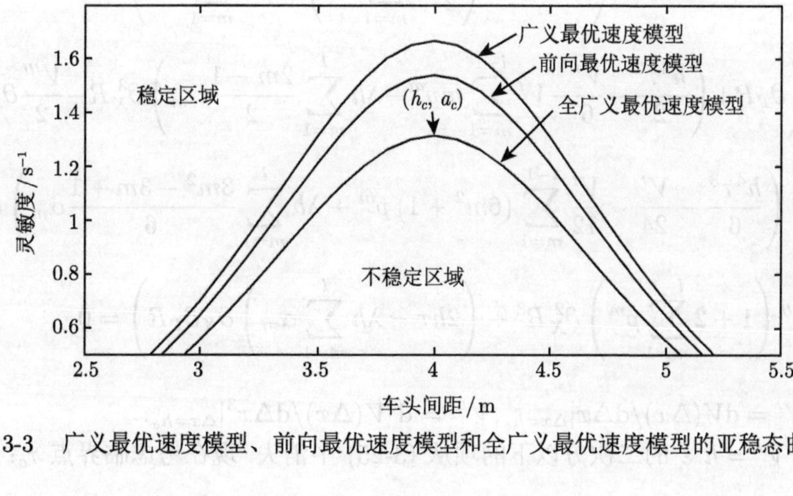

图 3-3 广义最优速度模型、前向最优速度模型和全广义最优速度模型的亚稳态曲线

3.2.4 非线性分析

下面, 运用非线性方法来分析方程 (3-9), 并求解在临界点附近的纽结-反纽结孤立子解. 将方程 (3-9) 改写成如下形式

$$\begin{aligned}\frac{\mathrm{d}\Delta x_n(t+\tau)}{\mathrm{d}t}=&V(\Delta x_{n+1})-V(\Delta x_n)+\sum_{m=1}^{l-1}p^m(V(\Delta x_{n+m+1}(t))\\&-2V(\Delta x_{n+m}(t))+V(\Delta x_{n+m-1}(t)))\\&+\lambda\left[\sum_{m=1}^{l}\alpha_m\left(\frac{\mathrm{d}\Delta x_{n+m}(t)}{\mathrm{d}t}-\frac{\mathrm{d}\Delta x_{n+m-1}(t)}{\mathrm{d}t}\right)\right]\end{aligned}\tag{3-21}$$

考虑在临界点 (h_c, a_c) 附近的慢变量的变化行为, 引入一个小的正数 ε, 定义空间变量为 n 和时间变量为 t, 慢变量 X 和 T 分别如下

$$\mathrm{X}=\varepsilon(n+ht)\tag{3-22}$$

$$T=\varepsilon^3\cdot t\tag{3-23}$$

其中, h 是一个常数, 根据期望的密度波的振幅满足：$A\propto\varepsilon$, 设车头间距为

$$\Delta x_n(t)=h_c+\varepsilon R(X,T)\tag{3-24}$$

将公式 (3-22), (3-23) 和 (3-24) 代入 (3-21) 并展开到 ε^5, 得到表达式如下

$$\begin{aligned}&\varepsilon^2(h-V')\partial_X R+\varepsilon^3\left(h^2\tau-V'\left(\frac{1}{2}+\sum_{m=1}^{l-1}p^m\right)-\lambda h\sum_{m=1}^{l}\alpha_m\right)\partial_X^2 R\\&+\varepsilon^4\left(\partial_T R+\left(\frac{h^3\tau^2}{2}-\frac{V'}{6}-V'\sum_{m=1}^{l-1}mp^m-\lambda h\sum_{m=1}^{l}\frac{2m-1}{2}\alpha_m\right)\partial_X^3 R-\frac{V'''}{2}\partial_X R^3\right)\\&+\left(\varepsilon^5\left(\frac{h^4\tau^3}{6}-\frac{V'}{24}-\frac{V'}{12}\sum_{m=1}^{l-1}(6m^2+1)p^m+\lambda h\sum_{m=1}^{l}\frac{3m^2-3m+1}{6}\alpha_m\right)\partial_X^4 R\right.\\&\left.-\frac{3}{4}V'''\left(1+2\sum_{m=1}^{l-1}p^m\right)\partial_X^2 R^3+\left(2h\tau-\lambda h\sum_{m=1}^{l}\alpha_m\right)\partial_X\partial_T R\right)=0\end{aligned}\tag{3-25}$$

其中, $V'=\mathrm{d}V(\Delta x)/\mathrm{d}\Delta x|_{\Delta x=h_c}$, $V'''=\mathrm{d}^3V(\Delta x)/\mathrm{d}\Delta x^3|_{\Delta x=h_c}$.

取 $V'=h,\varepsilon$ 的二次方以下的项从 (3-25) 中消失, 现在考虑临界点 τ_c：

$$\frac{\tau}{\tau_c}=1+\varepsilon^2 \tag{3-26}$$

其中，$\tau_c=\left(1+2\sum_{m=1}^{l-1}p^m+2\lambda\sum_{m=1}^{l}\alpha_m\right)\Big/2V'$，公式 (3-25) 可改写成如下形式：

$$\begin{aligned}
&\varepsilon^4\Bigg(\partial_T R+\frac{1}{24}\Bigg(V'\Bigg(3\Bigg(1+2\sum_{m=1}^{l-1}p^m+2\lambda\sum_{m=1}^{l}\alpha_m\Bigg)^2\\
&-24\sum_{m=1}^{l-1}mp^m-12\lambda\sum_{m=1}^{l}(2m-1)\alpha_m-4\Bigg)\Bigg)\partial_X^3 R-\frac{V''}{2}\partial_X R^3\Bigg)\\
&+\varepsilon^5\Bigg(\frac{1}{48}V'\Bigg(\Bigg(1+2\sum_{m=1}^{l-1}p^m+2\lambda\sum_{m=1}^{l}\alpha_m\Bigg)^2\times\Bigg(-5-12\sum_{m=1}^{l-1}p^m-4\lambda\sum_{m=1}^{l}\alpha_m\Bigg)^3\\
&-4\sum_{m=1}^{l-1}(6m^2+1)p^m+8\Bigg(1+2\sum_{m=1}^{l-1}p^m+2\lambda\sum_{m=1}^{l}\alpha_m\Bigg)-2\\
&+48\Bigg(\sum_{m=1}^{l-1}mp^m\Bigg)\times\Bigg(1+2\sum_{m=1}^{l-1}p^m+2\lambda\sum_{m=1}^{l}\alpha_m\Bigg)+\Bigg(24\lambda\sum_{m=1}^{l}(2m-1)\alpha_m\Bigg)\\
&\times\Bigg(1+2\sum_{m=1}^{l-1}p^m+2\lambda\sum_{m=1}^{l}\alpha_m\Bigg)+8\lambda\sum_{m=1}^{l}(3m^2-3m+1)\alpha_m\Bigg)\partial_X^4 R\\
&+\frac{V'\Bigg(1+2\displaystyle\sum_{m=1}^{l-1}p^m+2\lambda\sum_{m=1}^{l}\alpha_m\Bigg)}{2}\partial_X^2 R\\
&-\frac{V'''}{4}\Bigg(1+2\sum_{m=1}^{l-1}p^m-2\lambda\sum_{m=1}^{l}\alpha_m\Bigg)\partial_X^2 R^3\Bigg)=0
\end{aligned} \tag{3-27}$$

为了得到标准方程作如下转换：

$$\begin{aligned}
T=-\frac{1}{24}\Bigg(V'\Bigg(3\Bigg(1+2\sum_{m=1}^{l-1}p^m+2\lambda\sum_{m=1}^{l}\alpha_m\Bigg)^2\\
-24\sum_{m=1}^{l-1}mp^m-12\lambda\sum_{m=1}^{l}(2m-1)\alpha_m-4\Bigg)\Bigg)T'
\end{aligned} \tag{3-28}$$

$$R=(12V''')^{-\frac{1}{2}}\Bigg(V'\Bigg(3\Bigg(1+2\sum_{m=1}^{l-1}p^m+2\lambda\sum_{m=1}^{l}\alpha_m\Bigg)^2$$

$$-24\sum_{m=1}^{l-1}mp^m-12\lambda\sum_{m=1}^{l}(2m-1)\alpha_m-4\Bigg)\Bigg)^{\frac{1}{2}}R' \tag{3-29}$$

把 (3-28), (3-29) 代入 (3-27), 得到标准方程如下

$$\partial_{T'}R'-\partial_X^3R'+\partial_XR'^3=-\varepsilon\left\{12d_1\partial_X^2R'+\frac{1}{2}d_3\partial_X^4R'-\frac{1}{2}d_2\partial_X^2R'^3\right\} \tag{3-30}$$

其中

$$d_1=\left(1+2\sum_{m=1}^{l-1}p^m+2\lambda\sum_{m=1}^{l}\alpha_m\right)\Bigg(3\left(1+2\sum_{m=1}^{l-1}p^m+2\lambda\sum_{m=1}^{l}\alpha_m\right)^2$$

$$-24\sum_{m=1}^{l-1}mp^m-12\lambda\sum_{m=1}^{l}(2m-1)\alpha_m-4\Bigg)^{-1} \tag{3-31}$$

$$d_2=\left(1+2\sum_{m=1}^{l-1}p^m-2\lambda\sum_{m=1}^{l}\alpha_m\right) \tag{3-32}$$

$$d_3=\Bigg(\left(1+2\sum_{m=1}^{l-1}p^m+2\lambda\sum_{m=1}^{l}\alpha_m\right)^2\times\left(-5-12\sum_{m=1}^{l-1}p^m-4\lambda\sum_{m=1}^{l}\alpha_m\right)^3$$

$$-4\sum_{m=1}^{l-1}(6m^2+1)p^m+8\left(1+2\sum_{m=1}^{l-1}p^m+2\lambda\sum_{m=1}^{l}\alpha_m\right)-2$$

$$+48\left(\sum_{m=1}^{l-1}mp^m\right)\times\left(1+2\sum_{m=1}^{l-1}p^m+2\lambda\sum_{m=1}^{l}\alpha_m\right)+\left(24\lambda\sum_{m=1}^{l}(2m-1)\alpha_m\right)$$

$$\times\left(1+2\sum_{m=1}^{l-1}p^m+2\lambda\sum_{m=1}^{l}\alpha_m\right)+8\lambda\sum_{m=1}^{l}(3m^2-3m+1)\alpha_m\Bigg)$$

$$\times\Bigg(3\left(1+2\sum_{m=1}^{l-1}p^m+2\lambda\sum_{m=1}^{l}\alpha_m\right)^2$$

$$-24\sum_{m=1}^{l-1}mp^m-12\lambda\sum_{m=1}^{l}(2m-1)\alpha_m-4\Bigg)^{-1} \tag{3-33}$$

从公式 (3-30) 可以知道, 如果 $\varepsilon=0$, 方程就简化成标准的改进 KdV 方程. 为得到标准 KdV 方程的稳态解, 令 $R_0'(XT')=R_0'(X-cT')$, 其中, c 可以由方程

(3-30) 的右边项求出来. 因此, 改进 KdV 方程的解如下所示

$$R'_0(X-cT')=\sqrt{c}\tanh\left(\sqrt{\frac{c}{2}}(X-cT')\right) \tag{3-34}$$

假设 $R'(XT')=R'_0(XT')+\varepsilon R'_1(XT')$, 把它代入方程 (3-30), 可以得到关于 R'_1 的方程:

$$LR'_1=M[R'_0] \tag{3-35}$$

其中

$$L=c\partial_X+\partial_X^3-3(\partial_X R'_0)^2-3R_0'^2\partial_X \tag{3-36}$$

$$M[R'_0]=12d_1\partial_X^2 R'_0+\frac{1}{2}d_3\partial_X^4 R'_0-\frac{1}{2}d_2\partial_X^2 R_0'^3 \tag{3-37}$$

为了得到纽结-反纽结孤立子解的传播速度 c, 引进方程 (3-35) 的可解性条件:

$$(\Phi_0,M[R'_0])\equiv\int_{-\infty}^{+\infty}(\Phi_0 M[R'_0])\mathrm{d}X=0 \tag{3-38}$$

其中, Φ_0 的零阶特征函数的伴随算子 L^* 形式如下

$$L^*\Phi_0=0,\quad L^*=-c\partial_X-\partial_X^3+3R_0'^2\partial_X \tag{3-39}$$

通过积分, 可以计算出密度波传播速度的值为

$$\begin{aligned}
c=&120\left(1+2\sum_{m=1}^{l-1}p^m+2\lambda\sum_{m=1}^{l}\alpha_m\right)\times\left(2\left[\left(1+2\sum_{m=1}^{l-1}p^m+2\lambda\sum_{m=1}^{l}\alpha_m\right)^2\right.\right.\\
&\times\left(-5-12\sum_{m=1}^{l-1}p^m-4\lambda\sum_{m=1}^{l}\alpha_m\right)-4\sum_{m=1}^{l-1}(6m^2+1)p^m\\
&+8\left(1+2\sum_{m=1}^{l-1}p^m+2\lambda\sum_{m=1}^{l}\alpha_m\right)-2+48\left(\sum_{m=1}^{l-1}mp^m\right)\\
&\times\left(1+2\sum_{m=1}^{l-1}p^m+2\lambda\sum_{m=1}^{l}\alpha_m\right)+\left(24\lambda\sum_{m=1}^{l}(2m-1)\alpha_m\right)\\
&\left.\times\left(1+2\sum_{m=1}^{l-1}p^m+2\lambda\sum_{m=1}^{l}\alpha_m\right)+8\lambda\sum_{m=1}^{l}(3m^2-3m+1)\alpha^m\right]\\
&-\left[3\left(1+2\sum_{m=1}^{l-1}p^m-2\lambda\sum_{m=1}^{l}\alpha_m\right)\times\left(3\left(1+2\sum_{m=1}^{l-1}p^m+2\lambda\sum_{m=1}^{l}\alpha_m\right)^2\right.\right.
\end{aligned}$$

$$
- 24\sum_{m=1}^{l-1} mp^m - 12\lambda\sum_{m=1}^{l}(2m-1)\alpha_m - 4\Bigg)\Bigg]\Bigg)^{-1} \tag{3-40}
$$

由于考虑了临界点附近的慢变行为, 取 $V'(h_c)\tau = (1/2+\sum_{m=1}^{l-1}p^m+\lambda\sum_{m=1}^{l}\alpha_m)+\varepsilon^2$, ε 表达为

$$
\varepsilon = \sqrt{V'\tau - \left(\frac{1}{2} + \sum_{m=1}^{l-1} p^m + \lambda\sum_{m=1}^{l}\alpha_m\right)} \tag{3-41}
$$

综上所述, 可以求得纽结解为

$$
\begin{aligned}
\Delta x_n(t) = h_c & \\
&+ \sqrt{\begin{aligned}&-(12V''')^{-1}\times cV'\left(V'\tau - \frac{1}{2}\left(1+2\sum_{m=1}^{l-1}p^m + 2\lambda\sum_{m=1}^{l}\alpha_m\right)\right)\\ &\times\left(3\left(1+2\sum_{m=1}^{l-1}p^m+2\lambda\sum_{m=1}^{l}\alpha_m\right)^2 - 24\sum_{m=1}^{l-1}mp^m\right.\\ &\left.-12\lambda\sum_{m=1}^{l}(2m-1)\alpha_m - 4\right)\end{aligned}}\\
&\times\tanh\left(\sqrt{\frac{1}{2}c\left(V'\tau - \frac{1}{2}\left(1+2\sum_{m=1}^{l-1}p^m+2\lambda\sum_{m=1}^{l}\alpha_m\right)\right)}\right.\\
&\times\left(n+V't\left(1-\frac{1}{24}c\left(V'\tau-\frac{1}{2}\left(1+2\sum_{m=1}^{l-1}p^m+2\lambda\sum_{m=1}^{l}\alpha_m\right)\right)\right.\right.\\
&\times\left(3\left(1+2\sum_{m=1}^{l-1}p^m+2\lambda\sum_{m=1}^{l}\alpha_m\right)^2 - 24\sum_{m=1}^{l-1}mp^m\right.\\
&\left.\left.\left.\left.-12\lambda\sum_{m=1}^{l}(2m-1)\alpha_m - 4\right)\right)\right)\right)
\end{aligned} \tag{3-42}
$$

其中, $V' = V'(h_c)$, 参数 h_c, c, p, l, α_m 的取值和意义跟前述一样.

上述讨论的纽结-反纽结孤立子解仅限于条件 $l \geqslant 2$ 的情况, 当 $l = 1$ 时, Komatsu 等已经讨论过, 纽结波解表示的是包含自由运行相和拥挤阻塞相的共存相. 如图 3-4 所示, 实线表示亚稳态曲线, 虚线表示共存相曲线. 交通流状态被这两条曲线分成了三个区域: 共存相曲线以上的是稳定区域, 亚稳态曲线下面的是不稳定区域, 而介于两条曲线之间的区域则表示亚稳定区域. 这个相图与传统的

气体和液体相变过程是不一样的, 传统的气液相变直接从稳定到不稳定, 没有共存相的存在, 而交通系统则从自由运行相到拥挤阻塞相的变化过程中要经过共存相.

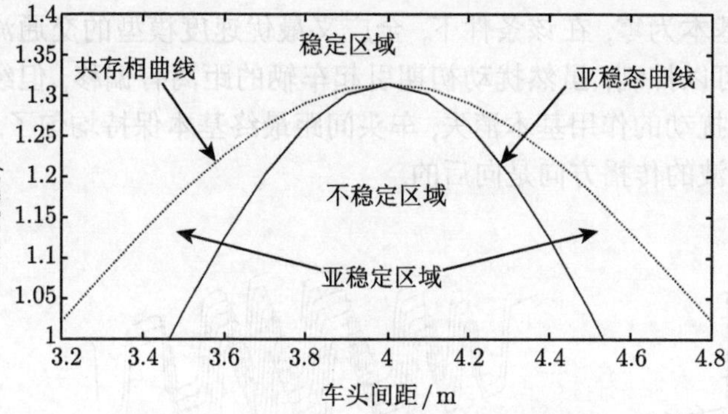

图 3-4 灵敏度与车头间距空间的相图

3.2.5 仿真分析

为了研究该模型的一些特性, 下面进行数值模拟实验, 所有的车辆都在一条环形的道路上, 满足周期性的边界条件, 其中, 环形道路的长度 $L = 400\text{m}$, 车辆数目为 $N = 100$ 辆, 初始设置为

$$x_1(0) = 1\text{m}, \quad x_n(0) = \frac{(n-1)L}{N}, \quad n = 2, 3, 4, \cdots, N$$

$$\dot{x}_n(0) = 0, \quad n = 1, 2, \cdots, N \tag{3-43}$$

其中, $x_1(0)$ 是系统的第一辆车在 $t = 0$ 时刻的初始位置; $x_n(0)$ 是第 n 辆车在 $t = 0$ 时刻的初始位置; 其他的参数取如下数值 $p = 0.1, \lambda = 0.15$.

数值模拟过程分别采用四种不同的模型: 广义最优速度模型、前视最优速度模型、前向相对速度模型和全广义最优速度模型, 仿真模拟的时间足够长且在 $t = 20000\text{s}$ 时停止, 稳态的图形如图 3-5(a)~(d) 所示, 分别表示 $t = 19850\text{s}$ 到 $t = 20000\text{s}$ 的时空演化图形和在某一时刻的车头间距轮廓. 图 (a)~(d) 分别对应广义最优速度模型、前视最优速度模型、前向相对速度模型和全广义最优速度模型, 它们的参数取值均为 $a = 1, l = 4, h_c = 4$. 从四个图依次可以看出, 每个不同模型的系统在引入一个小的扰动之后, 交通拥挤现象不可避免地出现了, 且拥挤最终是稳定的, 而幅度却是依次减小的, 具体的结果可以从图中的数据图标比较出来, 这说明随着多种效应的引入, 交通流的稳定性不断增强, 特别引入前方所有的交互作用及相对速度效应之后, 交通拥挤的幅度最小. 可见, 全广义最优速度模型是这些模型中抑制交通拥挤效果最好的.

图 3-6(a)~(d) 分别给出了在同一参数 $a = 1.34, l = 4$ 条件下, 四种不同模型的车头间距在 $t = 19850\text{s}$ 和 $t = 19950\text{s}$ 时刻的曲线图, 从 (a) 到 (d) 的车头间距偏离中心车头间距的幅度是越来越小的, 与图 3-5 的趋势是一致的, 并且图 3-6(d) 的幅度已经基本为零, 在该条件下, 全广义最优速度模型的交通流系统对任何扰动已经完全可以抑制, 虽然扰动初期引起车辆的距离有偏移, 但经过足够长的时空演化之后, 扰动的作用基本消失, 车头间距最终基本保持均匀了. 图 3-6 还显示出, 系统密度波的传播方向是向后的.

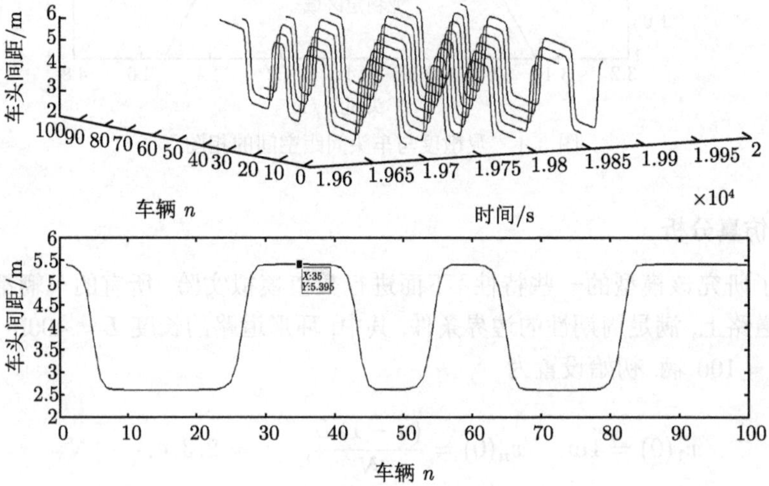

(a) 广义最优速度模型

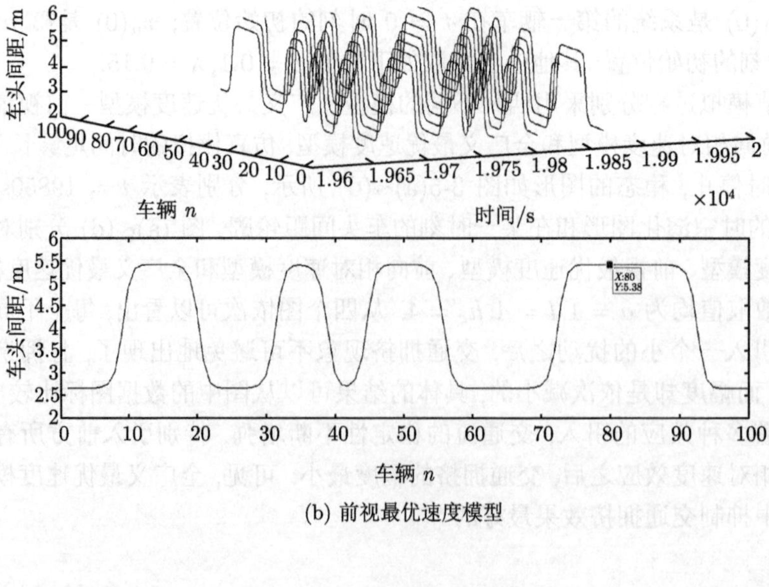

(b) 前视最优速度模型

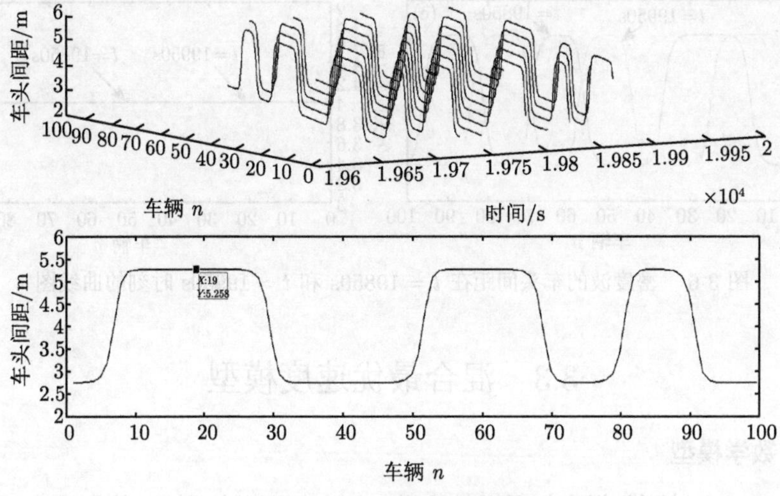

(c) 前向相对速度模型

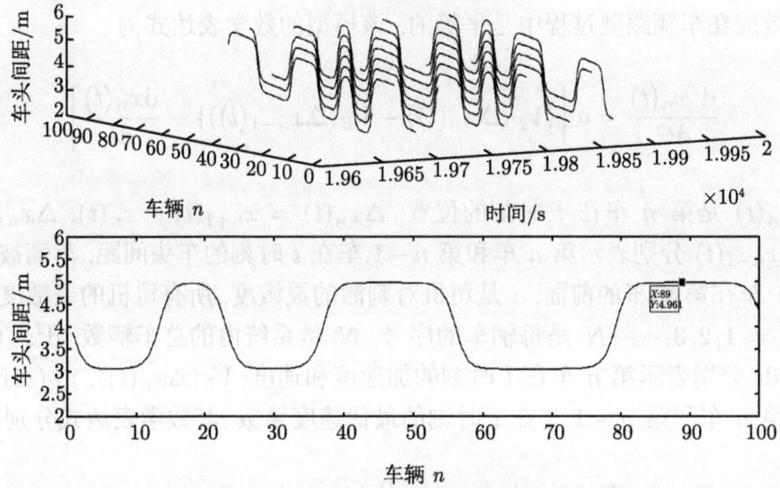

(d) 全广义最优速度模型

图 3-5 四种不同模型的车头间距时空演化过程

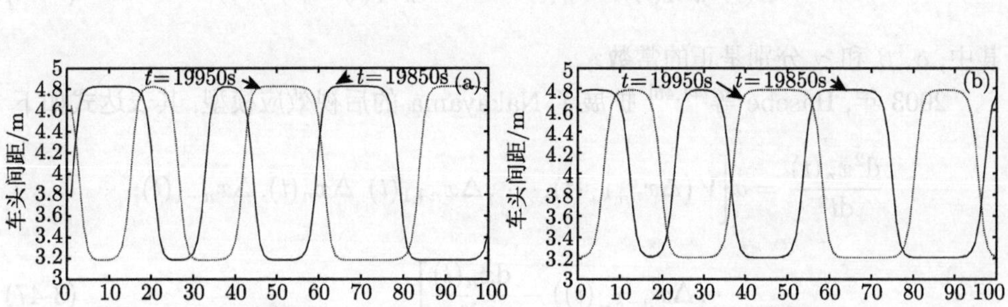

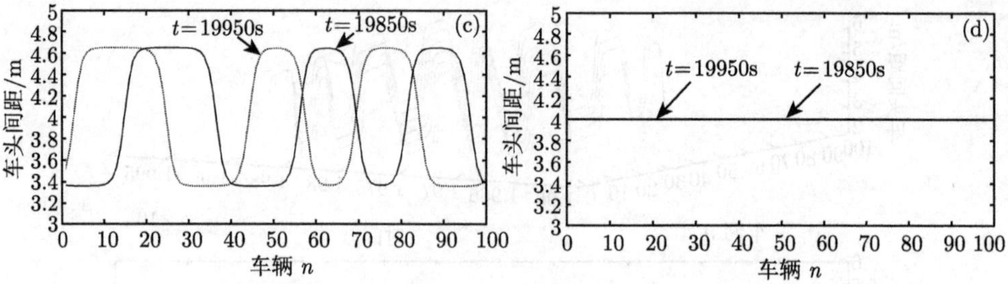

图 3-6 密度波的车头间距在 $t = 19850$s 和 $t = 19950$s 时刻的曲线图

3.3 混合最优速度模型

3.3.1 数学模型

Nakayama 等[43] 提出把后视效应引入到车辆跟驰模型中, 他们认为后视效应和前视效应在车辆跟驰过程中是平等的. 该模型的数学表达式为

$$\frac{\mathrm{d}^2 x_n(t)}{\mathrm{d}t^2} = a\left[\{V_F(\Delta x_n(t)) + V_B(\Delta x_{n-1}(t))\} - \frac{\mathrm{d}x_n(t)}{\mathrm{d}t}\right] \tag{3-44}$$

其中, $x_n(t)$ 是第 n 车在 t 时刻的位置; $\Delta x_n(t) = x_{n+1}(t) - x_n(t)$, $\Delta x_{n-1}(t) = x_n(t) - x_{n-1}(t)$ 分别表示第 n 车和第 $n-1$ 车在 t 时刻的车头间距; 车辆被标记为第 $n+1$ 车在第 n 车的前面; a 是司机对刺激的灵敏度, 所有司机的灵敏度取一样的值; $n = 1, 2, 3, \cdots, N$ 是每辆车的序号, N 是系统内的总车辆数, $\mathrm{d}^2 x_n(t)/\mathrm{d}t^2$, $\mathrm{d}x_n(t)/\mathrm{d}t$ 分别表示第 n 车在 t 时刻的加速度和速度; $V_F(\Delta x_n(t))$, $V_B(\Delta x_{n-1}(t))$ 分别是第 n 车和第 $n-1$ 车在 t 时刻的最优速度函数, 其数学表达式分别为

$$V_F(\Delta x_n(t)) = \alpha \tanh(\Delta x_n(t) - \beta) + \gamma \tag{3-45}$$

$$V_B(\Delta x_{n-1}(t)) = -(\alpha \tanh(\Delta x_{n-1}(t) - \beta) + \gamma) \tag{3-46}$$

其中, α, β 和 γ 分别是正的常数.

2003 年, Hasebe 等[44,45] 扩展了 Nakayama 的后视效应模型, 其表达式如下

$$\frac{\mathrm{d}^2 x_n(t)}{\mathrm{d}t^2} = a\Bigg[V\big(\Delta x_{n+k_+}(t), \cdots, \Delta x_{n+1}(t), \Delta x_n(t), \Delta x_{n-1}(t), \\ \cdots, \Delta x_{n-k_-}(t)\big) - \frac{\mathrm{d}x_n(t)}{\mathrm{d}t}\Bigg] \tag{3-47}$$

最优速度函数扩展了 $(k_+ + k_- + 1)$ 个变量, 其中, $\Delta x_{n+k_+}(t), \cdots, \Delta x_{n+1}(t)$ 是第 n 车在 t 时刻前方 k_+ 辆车的车头间距, $\Delta x_{n-1}(t), \cdots, \Delta x_{n-k_-}(t)$ 是第 n 车在 t 时刻后方跟随的 k_- 辆车的车头间距, 变量被定义为 $\Delta x_{n+k} = x_{n+k+1} - x_{n+k}$ 且 $k = k_+, k_+ - 1, \cdots, k_-$.

2006 年, 葛红霞等[46] 提出了改进的后视效应最优速度模型, 该模型引入了一个赫维赛德函数 $H(\cdot)$, 该函数的作用是当后随车辆与前车的距离小于安全距离时, 后车对前车产生推力, 大于安全距离时, 后车对前车不起作用. 该模型表示为

$$\frac{\mathrm{d}^2 x_n(t)}{\mathrm{d}t^2} = a\bigg[(1-p)\, V_F(\Delta x_n(t), \Delta x_{n+1}(t), \cdots, \Delta x_{n+k-1}(t)) + pH(h_c - \Delta x_{n-1}(t))\, V_B(\Delta x_{n-1}(t)) - \frac{\mathrm{d}x_n(t)}{\mathrm{d}t}\bigg] \tag{3-48}$$

其中, k 是当前车辆前方被考虑车辆的序号; p 是常数, 取值在 0 到 0.5 之间; h_c 是安全距离, 其他函数和参数与前述一致.

该模型引进赫维赛德函数有一定的实际意义, 但存在明显的不足是牺牲了系统的部分稳定性, 这与宏观交通流的要求不符. 另外, 前面提出的后视效应模型均没有引进相对速度效应. 因此, 提出如下模型:

$$\frac{\mathrm{d}^2 x_n(t)}{\mathrm{d}t^2} = a\bigg[(1-p)\, V_F(\Delta x_n(t), \Delta x_{n+1}(t)) + pV_B(\Delta x_{n-1}(t)) - \frac{\mathrm{d}x_n(t)}{\mathrm{d}t} + \lambda \Delta v_n(t)\bigg] \tag{3-49}$$

其中, $V_F(\Delta x_n(t), \Delta x_{n+1}(t)) = (1-q)\, V(\Delta x_n(t)) + qV(\Delta x_{n+1}(t))$; q, p 的作用一样, λ 是一个常数, 取值在 0 到 1 之间; $\Delta v_n(t) = \mathrm{d}x_{n+1}(t)/\mathrm{d}t - \mathrm{d}x_n(t)/\mathrm{d}t$; $\mathrm{d}x_{n+1}(t)/\mathrm{d}t$ 表示第 $n+1$ 车在 t 时刻的速度; 其他参数跟前述一样. 该模型中, 相邻两车的车头间距无论是大于还是小于安全距离, 后视效应始终存在, 如果后车与前车的距离大于安全距离, 交通流的稳定性将被削弱, 去掉赫维赛德函数可以使得模型恢复完整, 稳定性又增强了. 而相对速度效应作为控制信号引入到后视效应模型中, 对系统稳定性又会有明显增强. 图 3-7 给出了两种情况下的比较, 实线部分是去掉赫维赛德函数后 (改进后) 模型的亚稳态曲线, 虚线是带有赫维赛德函数 (改进前) 模型的亚稳态曲线. 很明显, 两种情况下的稳定区域是不一样的, 后者的稳定区域面积要小于前者的, 所以, 本著作提出的模型的稳定性要强于以前模型.

与考虑前向交互作用的跟驰模型相同, 后视效应模型也是在不断发展中逐渐地出现了控制的元素. 根本上来讲, 后视效应对跟驰模型的作用本身就是一种控

制信号, 而混合最优速度模型又在此基础上引入了相对速度效应, 在这两种控制信号的作用下, 同样起到了提高交通流稳定性, 缓解交通拥堵的作用. 同样地, 下面也从理论分析和模拟仿真两个方面验证混合最优速度模型对交通流的作用效果.

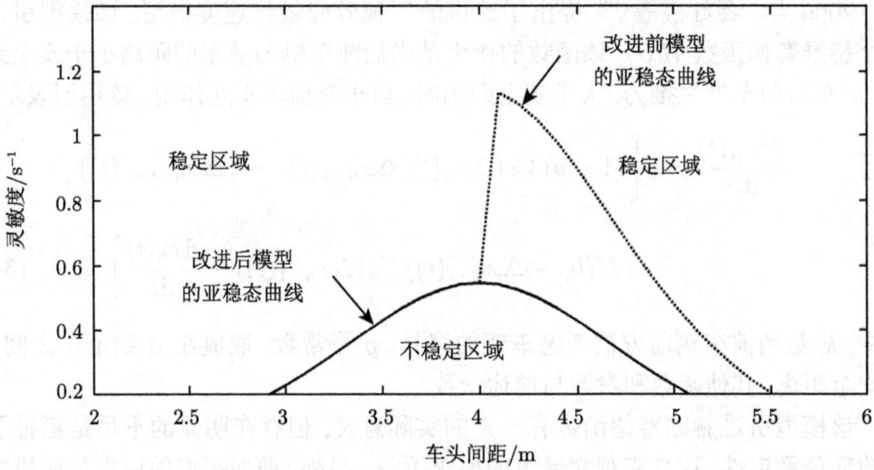

图 3-7　改进前后两种模型的亚稳态曲线

3.3.2　线性稳定性分析

现在运用线性稳定性理论来分析带有相对速度效应的混合最优速度模型的稳定性解, 在均匀交通流情况下, 系统的定态解是

$$x_n^0(t) = hn + (1-p)\,V_F(h,h) + pV_B(h), \quad h = L/N \tag{3-50}$$

其中, h 是平均车头间距; $(1-p)\,V_F(h,h) + pV_B(h)$ 是混合最优速度函数; L 是环形道路的长度; N 是系统内的总车辆数; 假设系统的周期性边界条件是 $x_{N+1} \equiv x_1$.

取 $y_n(t) = \mathrm{e}^{ikn+zt}$, $|y_n(t)| \ll 1$ 作为一个小的扰动引入均匀的交通流, 则均匀交通流的初始值产生一个偏离, 描述为

$$x_n(t) = x_n^0(t) + y_n(t) \tag{3-51}$$

将 (3-51) 代入方程 (3-49) 展开 $y_n(t)$ 的傅里叶级数形式, 忽略高次项, 得到线性化的方程为

$$\begin{aligned} &z^2 + az - a\lambda(\mathrm{e}^{ki}-1)z - a[(1-p)V'(h)((1-q)(\mathrm{e}^{ki}-1) \\ &+ q(\mathrm{e}^{2k}-\mathrm{e}^{ki})) + pV_B'(h)(1-\mathrm{e}^{-ki})] = 0 \end{aligned} \tag{3-52}$$

其中, $V'(h)=\left.\dfrac{\mathrm{d}V(\Delta x_n(t))}{\mathrm{d}\Delta x_n(t)}\right|_{\Delta x_n(t)=h}$, $V_B'(h)=\left.\dfrac{\mathrm{d}V_B(\Delta x_n(t))}{\mathrm{d}\Delta x_n(t)}\right|_{\Delta x_n(t)=h}$.

方程 (3-52) 的解的形式是 $z=z_1(ik)+z_2(ik)^2+\cdots$, 把它代入 (3-52) 得到如下形式的解

$$z_1=(1-p)V'(h)+pV_B'(h) \tag{3-53}$$

$$z_2=-\frac{z_1^2}{a}-\frac{p}{2}V_B'(h)+\frac{(1-p)(1+2q)}{2}V'(h)+\lambda z_1 \tag{3-54}$$

根据系统稳定性的条件, 可以得到系统的亚稳定性、稳定性和不稳定性的条件分别如下

$$\frac{1}{a}=\frac{(1-p)(1+2q)V'(h)-pV_B'(h)+2\lambda[(1-p)V'(h)+pV_B'(h)]}{2[(1-p)V'(h)+pV_B'(h)]^2} \tag{3-55}$$

$$\frac{1}{a}<\frac{(1-p)(1+2q)V'(h)-pV_B'(h)+2\lambda[(1-p)V'(h)+pV_B'(h)]}{2[(1-p)V'(h)+pV_B'(h)]^2} \tag{3-56}$$

$$\frac{1}{a}>\frac{(1-p)(1+2q)V'(h)-pV_B'(h)+2\lambda[(1-p)V'(h)+pV_B'(h)]}{2[(1-p)V'(h)+pV_B'(h)]^2} \tag{3-57}$$

在方程 (3-56) 的条件下, 系统是稳定的, 当引入一个小的扰动时, 交通流在初期有一个小的变化, 但随着时间的推移, 扰动的影响会渐渐消失, 最终系统又处于一个平衡状态. 而在 (3-55) 和 (3-57) 两个条件下, 当系统引入一个小的扰动时, 初始状态仍然产生一个小的偏离, 但随着时间的推移, 交通流将演化成交通流密度波, 并且在不同的条件下, 幅度是不一样的.

从图 3-8 可以看出, 引入和不引入相对速度对后视效应模型来说显然是不一样的, 图中的实线表示引入相对速度后的模型对应的亚稳态曲线, 虚线部分则是引入相对速度之前的模型对应的亚稳态曲线. 很显然, 相对速度效应作为控制信号被引入后, 系统的稳定区域增大, 交通流的稳定性明显增强, 能够更好地抑制交通拥挤形成, 而不引入相对速度效应, 在同等条件下, 抑制交通拥挤的作用要弱一些.

图 3-9 给出了在不同相对速度效应作用下, 亚稳态曲线的变化趋势, 随着 λ 从 0.3 到 1.0 的增大, 亚稳态曲线是下降的, 系统的稳定区域面积是增大的, 所以系统的稳定性也随着 λ 的增大而增强.

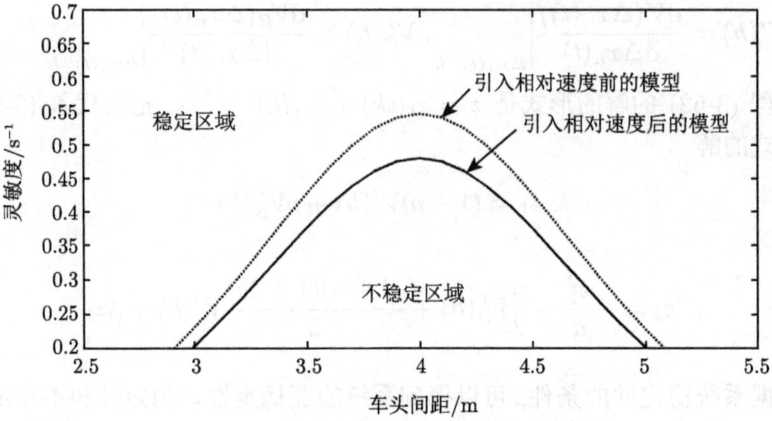

图 3-8 引入相对速度效应前后的模型的比较

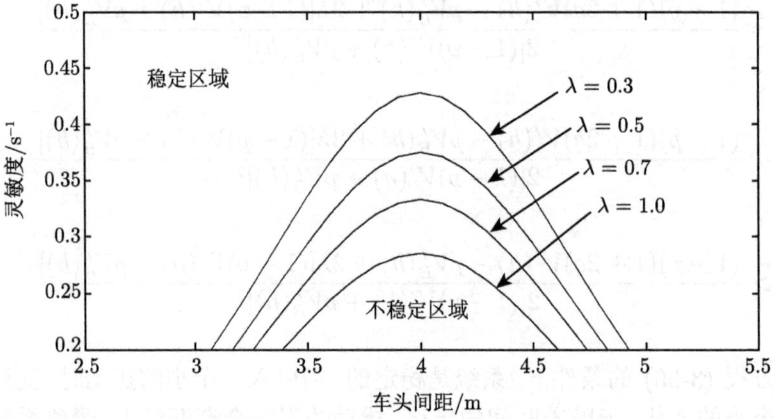

图 3-9 对应不同 λ 的亚稳态曲线

3.3.3 仿真分析

为研究引入相对速度效应的混合最优速度模型, 采取与前一章条件相同的数值模拟方法, 不失一般性, 在仿真设置中取值如下: $\alpha = 1, \beta = h_c, \gamma = \tanh(\beta)$, $p = 0.2, q = 0.2$ 和 $\lambda = 0.3$, 所有的车辆都在一条封闭的环形道路上, 满足周期性边界条件, 道路长度为 $L = 400$, $N = 100$, 系统的初始状态与 (3-43) 式一致.

系统仿真时间总长仍为 $t = 20000$s, 仿真结果如图 3-10 和图 3-11 所示, 图 3-10 展示出在司机灵敏度 a 取 0.3 和 0.5 时, 对应两种模型的所有车辆的车头间距, (a) 和 (c) 为引入相对速度效应前的模型对应的车头间距, (b) 和 (d) 为引入相对速度效应后的模型对应的车头间距. 当 a 取相同值时, 引入后比引入前的车头间距偏离平均车头间距的幅度要小一些, 同一个模型当中, a 取 0.5 比取

0.3 对应的车头间距偏离平均车头间距的幅度要小一些, 特别是 $a=0.5$ 时, 引入相对速度效应模型的车头间距, 在经过很长一段时间的演化之后基本与平均车头间距一致. 看来, 在某一条件下, 无论有多少扰动, 引入相对速度的交通系统能够抑制交通拥挤的形成, 而在同一条件下, 不引入相对速度效应的系统, 拥挤照常出现, 这说明了引入相对速度效应的必要性.

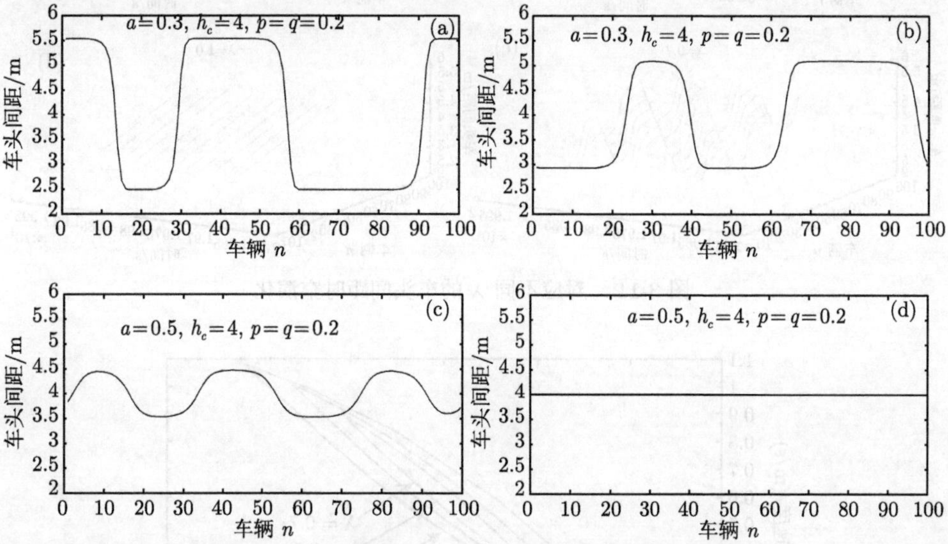

图 3-10 两种模型下, 对应不同灵敏度的车头间距

图 3-11 给出了 $a=0.37$ 情况下, 对应不同 λ 值的所有车辆车头间距的时空演化图, 图 (a)~(d) 分别对应 $\lambda=0.3, 0.5, 0.7, 1.0$ 的情况, 在图 (a)~(c) 中可以看到, 交通拥挤是以密度波的形式出现的, 并且随着 λ 取值的增大, 密度波的幅度是越来越小的, 特别是当 $\lambda=1.0$ 时, 密度波消失了, 系统的车头间距均匀了, 这说明随着相对速度效应的增大, 交通拥挤逐渐被抑制了, 这些结果与前面的理论分析是一致的.

图 3-12 给出的是车头间距-速度空间在 $t=20000\text{s}$、司机灵敏度为 $a=0.37$ 时的磁滞回环; 不同的 $\lambda=0.3, 0.5, 0.7$, 对应不同的回环, $\lambda=0.3$ 对应的回环最大, $\lambda=0.7$ 对应的回环最小. 实际上, 当 $\lambda=1.0$ 时, 回环已经变成了一个点. 当系统处于不稳定状态时, 引入一个很小的扰动, 经过很长时间的演化后, 就会得到稳定的磁滞回环, 每一个回环分别对应图 3-11(a)~(c). 图 3-13 画出了交通系统的流量和交通流密度的基本关系图, 其中对应不同取值的 $\lambda=0.3, 0.5, 0.7$ 流量与密度的关系是不同的, 但基本关系是一致的, 在密度很大和很小的区域, 相对速度效应对交通流量与密度的关系影响很小, 在拥挤区域, 当 $\rho<0.25$ 时, 随着 λ 的增大, 流量是增大的, 而当 $\rho>0.25$ 时, 其结果是相反的.

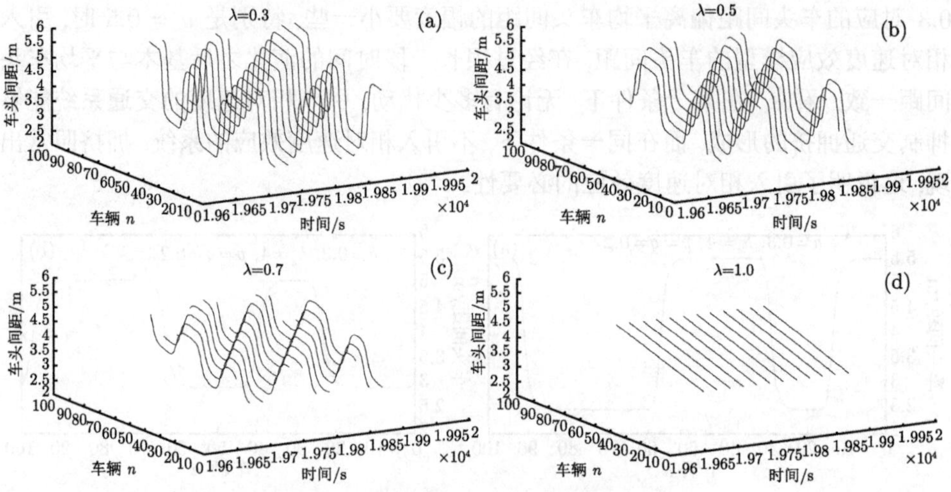

图 3-11　对应不同 λ 的车头间距时空演化

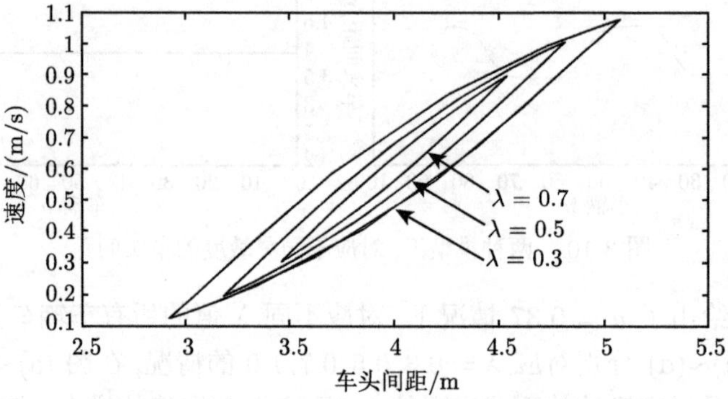

图 3-12　对应不同 λ 的磁滞回环

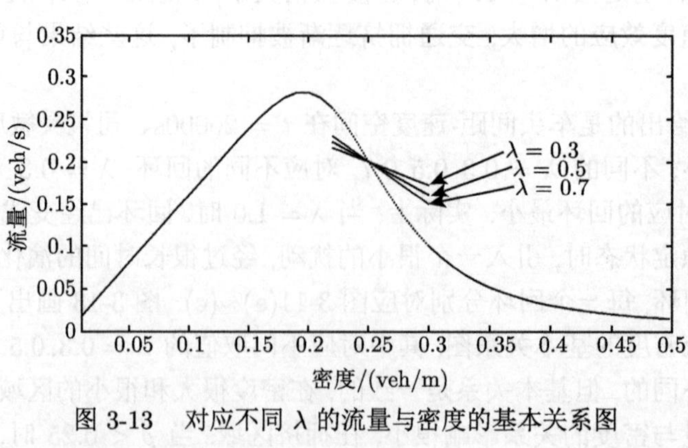

图 3-13　对应不同 λ 的流量与密度的基本关系图

3.4 本 章 小 结

本章分析了交通流跟驰模型中出现的控制元素, 提出了考虑前方任意多车辆控制作用的全广义最优速度模型和考虑后视控制效应的混合最优速度模型. 从控制的角度出发, 改进了已有模型的不足, 在抑制交通拥堵等方面的效果显著提高. 在考虑前方任意多车辆控制效应的全广义最优速度模型中, 通过加速过程和减速过程的数值模拟, 验证了模型中控制作用的有效性. 通过线性稳定性分析, 得到了系统稳定性、亚稳定性和不稳定性条件, 通过非线性分析得到了系统的纽结-反纽结孤立子解, 密度波的传播速度和传播方向, 理论分析结果与实际数值模拟结果一致. 而在考虑后视控制效应的混合最优速度模型中, 在后视效应的基础上引入了相对速度的控制作用, 采用与上面相类似的方法加以讨论, 结果表明, 理论分析与模拟仿真结果一致. 所有结果表明, 考虑相对速度控制作用的混合最优速度模型的运行效果最好, 该模型的特性表明它描述的交通行为是有效和合理的.

第 4 章 格子交通流模型的控制元素及分析

日本学者 Nagatani 教授在综合研究了宏观交通流模型和车辆跟驰模型的基础上，提出把连续交通流划分为由若干个格点组成的离散流体，每个格点内的交通流密度变化是激发交通流运动的原因；建立了基于当前格点内交通流密度变化的最优速度模型，当前格点车辆的加速度和平均速度均由最优速度来确定，理论分析和数值结果证明，该模型能够反映交通流的动力学行为特性. 在格子交通流模型中，同样引入前视交互作用和后视效应作为控制信号，建立新的格子交通流模型. 这样，在格子交通流模型中同样发现了控制元素.

4.1 格子交通流模型的发展与控制“端倪”

第 2 章已经提到，1955 年，Lighthill 和 Whitham[20,21] 首先提出了宏观交通流运动学模型，该理论把大量的车辆看作一维可压缩的流体，交通流的特性与流体的特性在很多方面是一致的. 1956 年，Richards[22] 分析了高速公路上交通流出现的激波现象，在以后的几十年来，该模型又经过了不断的改进和发展. 1971 年，Payne 等[23] 认为驾驶员不仅依靠局部的交通情况，而且依靠前方和过去的交通情况来调整驾驶行为，车辆运行对前方的不同情况依赖性也是不同的，而如果将前方和过去的交通情况看作是控制信息作用到车辆运行中，这样在格子交通流模型中也出现了控制元素. 1993 年，Kerner 和 Konhauser 等[47] 改进 Payne 模型，提出了带有弛豫项、期望项、黏滞项的流体力学模型. 1998 年，在此基础上，日本学者 Nagatani[25] 第一次将连续模型离散化，引进车辆跟驰理论中的最优速度模型来研究交通流行为特性，该模型被称为格子交通流动力学模型，他把连续的交通流看作由一连串相互联系的一维离散的格点组成，并且用线性稳定性理论和非线性方法分析了系统的稳定性及非线性特性，得到了改进的 KdV 方程，求出了孤立子解. 2004 年，薛郁[26] 提出了优化车流的一维随机格子交通流模型，研究了最近邻车辆和次近邻车辆对驾驶员在行驶过程中不确定程度的影响. 2005 年，葛红霞等[27] 提出了把当前格点前方任意多格点的平均车流密度作为当前格点最优速度函数的变量，从而改进了 Nagatani 的格子交通流体力学模型，这种改进从理论分析上获得了系统稳定性的提高. 格子交通流模型的发展过程是不断引入控制元素和改进控制作用的过程. 作者在已有的研究基础上，从实际数值模拟中发现，把加权平均车流密度作为最优速度函数的变量存在一定的缺陷，而把当前格点之前任意相邻两个格点之间的最优速度差, 即交互作用, 用来改进最优速度函数, 则在相同条件下可以提高系统稳定性, 抑制拥挤的形成. 而相邻两格点最优速度差的引入, 同样也是一种对交通流的控制作用, 可以改善交通流的稳定性[28].

后视效应在车辆跟驰模型中已经讨论过, 其基本思想是本车运行的时候, 不仅要考虑前方车辆对当前车的影响, 还要考虑后面车辆对当前车的影响. 通过考虑跟随车辆的作用, 交通流系统的稳定性比单纯考虑前方效应的时候增强了, 对交通拥挤产生起到了很好的抑制作用, 这是将前方效应和后视效应同时作为控制信号引入到交通流系统中来改善交通流运行状态. 而在格子交通流模型中, 前方多种效应均已被考虑, 并被证明是有效的, 从 Nagatani 第一次提出格子交通流模型后, 薛郁、葛红霞等相继改进了格子交通流模型. 在第 3 章中, 作者讨论了一个引进前方任意数目交互效应的广义最优格子交通流模型, 这是一个综合考虑多种效应的模型, 但它没有考虑后视格子效应. 因此, 在本章中引入后视格子效应, 同时进一步引入并分析了格子相对流量效应. 通过数值仿真可以知道, 引入后视效应和相对流量效应两种控制信息可以使交通流得到更好的控制作用效果[29]. 下面, 将详细介绍广义格子交通流模型和后视效应格子交通流模型, 并分析其中的控制效应.

4.2 广义格子交通流模型

4.2.1 数学模型

Lighthill 和 Whitham 等[20,21] 提出的满足守恒定律的连续交通流模型如下

$$\frac{\partial \rho}{\partial t}+\frac{\partial \rho v}{\partial x}=0 \tag{4-1}$$

其中, $\rho(x,t)$ 是局部交通流密度, $v(x,t)$ 是局部交通流平均速度, 演化方程类似 Navier-Stokes 方程, 两者稍有不同.

Payne[23] 认为速度遵从动量方程, 由周围车流和内部惯性所决定, 内部惯性来自对已知交通状况的反应, 通常是由一个弛豫项来表示, Payne 模型的表达式如下所示

$$\frac{\partial v}{\partial t}+v\frac{\partial v}{\partial x}=\frac{V(\rho)-v}{\tau}-\frac{u\rho_x}{\rho\tau} \tag{4-2}$$

其中, 第一项为弛豫项, τ 为弛豫时间, $V(\rho)$ 表示驾驶员要调整到的最优速度, 该项描述驾驶员针对不同的交通状况在 τ 时间内对平衡速度的调整; 第二项为期望项, u 为期望的速度, 反映驾驶员对前方交通状况改变的反应过程. 弛豫项的引进

使得在格子交通流模型中出现了控制的元素, 弛豫项作为一个控制因素的引入改善了格子交通流模型的运行效果.

经过 Kerner 和 Konhauser[47] 的不断改进, 模型引进了一个黏滞项, 其表达式变为

$$\frac{\partial v}{\partial t}+v\frac{\partial v}{\partial x}=\frac{V(\rho)-v}{\tau}-c_0^2\frac{\partial L(\rho)}{x}+\frac{\mu}{\rho}\frac{\partial^2 v}{\partial x^2} \tag{4-3}$$

其中, 第三项为黏滞项, 表示驾驶员根据周围的交通状况来调整交通速度的预定趋势, 实际上也是引进了周围交通情况对车辆速度的控制作用, c_0,μ 为常数, 可以通过实际交通数据来标定.

Nagatani[25] 则把上述连续模型离散化, 提出了一个简单化的连续交通流模型:

$$\frac{\partial \rho v}{\partial t}=a\rho_0 V(\rho(x+\delta))-a\rho v \tag{4-4}$$

其中, $\rho(x+\delta)$ 表示在 t 时刻位置 $x+\delta$ 处的交通流密度且 $\rho(x+\delta)=\dfrac{1}{h(x,t)}$, $h(x,t)$ 为 t 时刻位置 x 处的车头间距; ρ_0 是平均车流密度; a 是驾驶员的灵敏度, 它与驾驶员的反应时间 τ 相关, 且 $a=\dfrac{1}{\tau}$; δ 表示平均车头间距, 且 $\delta=\dfrac{1}{\rho_0}$; $\rho_0 V(\rho(x+\delta))$ 表示最优交通流量. 其基本思想是驾驶员根据观察到的前方的车头间距或者车流密度来调整车辆的速度, 以避免拥挤或碰撞的发生. 这正像车辆跟驰理论中最优速度模型的思想, 公式 (4-4) 的右侧表示交通流量 ρv 在给定的车流密度弛豫到某一个最优交通流量 $\rho_0 V(\rho(x+\delta))$.

薛郁[26] 提出了考虑次近邻效应的最优格子交通流模型, 该模型在 Nagatani 模型的基础上做了改进:

$$\frac{\partial \rho v}{\partial t}=a((1-p)\rho_0 V(\rho(x+\delta))+p\rho_0 V(\rho(x+2\delta)))-a\rho v \tag{4-5}$$

其中, p 是常数, 表示次近邻效应的大小, 其取值在 0 到 0.5 之间, 这可保证最近邻效应起主导作用. 当 $p=0$ 时, 模型就简化成公式 (4-4) 的形式. 其他的参数如前所述. 该模型将近邻控制效应引入模型, 是格子交通流模型中控制元素的重要体现.

2005 年, 葛红霞等[27] 提出了扩展的最优格子交通流模型, 该模型把当前格点前方所有格点的平均密度作为最优交通流量函数中 $V(\cdot)$ 的变量, 模型表达式如下所示

$$\frac{\partial \rho v}{\partial t}=a\left(\rho_0 V\left(\sum_{m=1}^{n}\beta_m\rho(x+(m-1)\delta)\right)\right)-a\rho v \tag{4-6}$$

其中, $\rho(x+m\delta)$ 是当前格点前方第 m 格点的交通流密度; β_m 是 $\rho(x+m\delta)$ 的加权函数; $m=1,2,\cdots,n$ 且 n 是当前格点前方被考虑的格点总数; 其他参数如前.

国内外的专家学者对格子交通流模型的不断完善, 实际上也是将控制元素不断地引入到格子交通流模型中, 改善了交通流模型的稳定性, 缓解了交通拥堵. 进一步, 在公式 (4-6) 的基础上, 将格点之间的交互作用效应这一个重要的控制信号考虑进来, 提出了考虑任意数量前方相邻格点之间交互作用的改进模型:

$$\frac{\partial \rho v}{\partial t}=a\rho_0 V_s(\rho(x+\delta))-a\rho v \tag{4-7}$$

且

$$\rho_0 V_s(\rho(x+\delta))=\rho_0 V(\rho(x+\delta))+\sum_{m=1}^{n-1} p^m \Delta\rho_0 V(\rho(x+m\delta)) \tag{4-8}$$

$$\Delta\rho_0 V(\rho(x+m\delta))=\rho_0 V(\rho(x+(m+1)\delta))-\rho_0 V(\rho(x+m\delta)) \tag{4-9}$$

其中, $\Delta\rho_0 V(\rho(x+m\delta))$ 是两个相邻格点之间的最优流量差, 它反映了两相邻格点之间的交互效应; $\rho_0 V_s(\rho(x+\delta))$ 是考虑当前格点前方任意数目的交互效应的综合最优交通流量函数; $\rho_0 V(\rho(x+m\delta))$ 是当前格点前方第 m 格点的最优交通流量函数; 其他参数如前所述. 当 $n=2$ 时, 模型退化成公式 (4-5) 形式, 当 $n=1, p=0$ 时, 模型跟公式 (4-4) 一样.

公式 (4-7) 的右边表示交通流量 ρv 在给定的车流密度弛豫到某一个最优交通流量 $\rho_0 V_s(\rho(x+\delta))$, 其基本思想是当前格点的交通流量根据前方任意数目相邻格点之间的交互效应来调整.

具有一维空间变量 x 的连续方程 (4-1) 可以改进成如下模型 A 的形式:

$$\frac{\partial \rho}{\partial t}+\rho_0\frac{\partial \rho v}{\partial x}=0 \tag{4-10}$$

相应的公式 (4-7) 变为

$$\frac{\partial \rho v}{\partial t}=a\rho_0 V_s(\rho(x+1))-a\rho v \tag{4-11}$$

且

$$\rho_0 V_s(\rho(x+1))=\rho_0 V(\rho(x+1))+\sum_{m=1}^{n-1} p^m \Delta\rho_0 V(\rho(x+m)) \tag{4-12}$$

$$\Delta\rho_0 V(\rho(x+m))=\rho_0 V(\rho(x+m+1))-\rho_0 V(\rho(x+m)) \tag{4-13}$$

其中, $\partial\rho v/\partial x=\rho_0\partial\rho v/\partial x^*(x^*=x/\delta)$ 且 x^* 跟 x 一样.

在公式 (4-10) 到 (4-13) 的基础上, 可以推出格子交通流模型 B:

$$\frac{\partial \rho_{j+1}}{\partial t} + \rho_0(\partial \rho_{j+1} v_{j+1} - \partial \rho_j v_j) = 0 \tag{4-14}$$

$$\frac{\partial \rho_j v_j}{\partial t} = a\rho_0 V_s(\rho_{j+1}) - a\rho_j v_j \tag{4-15}$$

且

$$\rho_0 V_s(\rho_{j+1}) = \rho_0 V(\rho_{j+1}) + \sum_{m=1}^{n-1} p^m \Delta \rho_0 V(\rho_{j+m}) \tag{4-16}$$

$$\Delta \rho_0 V(\rho_{j+m}) = \rho_0 V(\rho_{j+m+1}) - \rho_0 V(\rho_{j+m}) \tag{4-17}$$

其中, j 表示一维格点链上的第 j 个格点; ρ_{j+m} 表示一维格点链上的第 j 个格点前方的第 m 个格点上的交通流密度; $\rho_j(t), v_j(t)$ 分别表示一维格点链上的第 j 个格点的交通流密度和车辆平均速度.

分别消掉 (4-11)~(4-13) 和 (4-15)~(4-17) 的速度变量 v, 可以得到模型 A 和 B 的密度方程为

$$\frac{\partial^2 \rho}{\partial t^2} + a\frac{\partial \rho}{\partial t} + a\frac{\partial \rho_0^2 V_s(\rho)}{\partial x} = 0 \tag{4-18}$$

$$\frac{\partial^2 \rho_j}{\partial t^2} + a\frac{\partial \rho_j}{\partial t} + a\rho_0^2(V_s(\rho_{j+1}) - V_s(\rho_j)) = 0 \tag{4-19}$$

其中

$$\rho_0 V_s(\rho_j) = \rho_0 V(\rho_j) + \sum_{m=1}^{n-1} p^m \Delta \rho_0 V(\rho_{j+m-1}) \tag{4-20}$$

$$\Delta \rho_0 V(\rho_{j+m-1}) = \rho_0 V(\rho_{j+m}) - \rho_0 V(\rho_{j+m-1}) \tag{4-21}$$

公式 (4-19) 包括 (4-20), (4-21), (4-16), (4-17), 就是考虑当前格点前方任意数目交互效应的广义最优格子交通流模型.

$V(\rho)$ 是以交通流密度为变量的最优速度函数, 它是具有边界的单调递减函数, 与 Bando 等提出的以车头间距为变量的最优速度函数类似, 唯一不同的是后者是单调递增函数. $V(\rho)$ 的表达式为

$$V(\rho) = \tanh\left(\frac{2}{\rho_0} - \frac{\rho}{\rho_0^2} - \frac{1}{\rho_c}\right) + \tanh\left(\frac{1}{\rho_c}\right) \tag{4-22}$$

其中, 当 $\rho_0 = \rho_c$ 时, 函数有一个临界点 $\rho = \rho_c$.

4.2.2 线性稳定性分析

为了研究广义最优格子交通流模型刻画的交通流特性, 下面应用线性稳定性理论来分析. 首先, 定义均匀交通流的状态具有均匀交通流密度 ρ_0 和最优速度 $V(\rho_0)$, 均匀交通流的定态解是

$$\rho_j(t) = \rho_0, \quad v_j(t) = V(\rho_0) \tag{4-23}$$

假设 $y_j(t) \ll 1$ 是一个很小偏离稳态交通流的干扰, 引入到稳态交通流的状态方程中, 可以得到

$$\rho_j(t) = \rho_0 + y_j(t) \tag{4-24}$$

将 (4-24) 代入 (4-19) 中, 展开得到方程为

$$\frac{\partial^2 \rho_j}{\partial t^2} + a\frac{\partial \rho_j}{\partial t} + a\rho_0^2 V'\left(y_{j+1} - y_j + \sum_{m=1}^{n-1} p^m \left(y_{j+m+1} - 2y_{j+m} + y_{j+m-1}\right)\right) = 0 \tag{4-25}$$

其中, $V' = \mathrm{d}V(\rho)/\mathrm{d}\rho|_{\rho=\rho_0}$.

展开 $y_j(t) = \exp(ikj + zt)$ 的傅里叶级数形式, 忽略掉高次项, 可以得到关于 z 的二次方程:

$$z^2 + az + a\rho_0^2 V'\left(\mathrm{e}^{ki} - 1 + \sum_{m=1}^{n-1} p^m(\mathrm{e}^{(m+1)ki} - 2\mathrm{e}^{mki} + \mathrm{e}^{(m-1)ki})\right) = 0 \tag{4-26}$$

将 $z = z_1 ik + z_2(ik)^2 + \cdots$ 代入 (4-26), 忽略掉高次项, 可以得到 z_1 和 z_2 的表达式:

$$z_1 = -\rho_0^2 V' \tag{4-27}$$

$$z_2 = -\rho_0^2 V'\left(\frac{1}{2} + \sum_{m=1}^{n-1} p^m + \frac{\rho_0^2 V'}{a}\right) \tag{4-28}$$

根据系统稳定性判据, 可以知道, $z_2 > 0$ 可以使得交通流系统保持稳定. 因此, 得到系统的稳定性条件:

$$V' < -\frac{a}{2\rho_0^2}\left(1 + 2\sum_{m=1}^{n-1} p^m\right), \quad 0 < p \leqslant \frac{1}{2} \tag{4-29}$$

同样可得到系统的亚稳定性条件和不稳定性条件分别是

$$V' = -\frac{a}{2\rho_0^2}\left(1 + 2\sum_{m=1}^{n-1} p^m\right), \quad 0 < p \leqslant \frac{1}{2} \tag{4-30}$$

$$V' > -\frac{a}{2\rho_0^2}\left(1+2\sum_{m=1}^{n-1}p^m\right), \quad 0 < p \leqslant \frac{1}{2} \tag{4-31}$$

图 4-1 给出了系统对应不同 n 值的亚稳态曲线、共存曲线和数值模拟曲线，在每一条亚稳态曲线的顶点都是一个临界点 (ρ_c, a_c)，随着 n 值的增大，系统的稳定区域是不断增大的，当 $n \geqslant 4$ 时，系统的稳定区域基本一样，这就说明，考虑前方交互效应时，越靠近当前格点的交互效应的作用越大，相反则越小，这与交通实际是一致的.

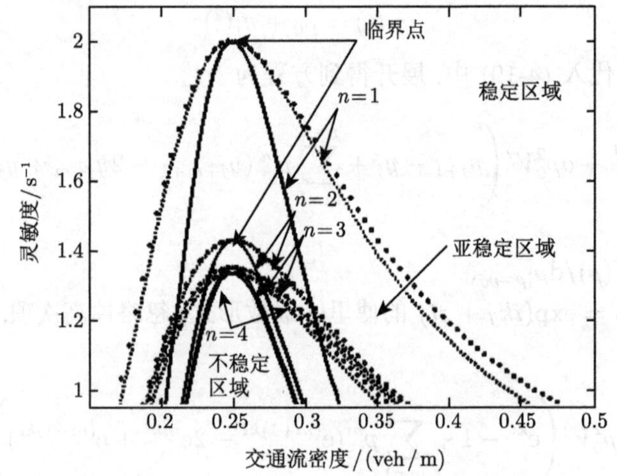

图 4-1 对应不同 n 值的系统相图

4.2.3 改进的 KdV 方程

下面运用非线性分析方法，来研究广义最优格子交通流模型. 首先，定义空间变量引入 j 和时间变量 t，并在临界点 (ρ_c, a_c) 附近引入一个小的正数 ε；其次，定义慢变量 X 和 T 分别如下

$$X = \varepsilon(j + ht) \tag{4-32}$$

$$T = \varepsilon^3 t \tag{4-33}$$

其中，h 是一个常数，将在后面的讨论中定义.

交通流系统在临界点附近的状态方程为

$$\rho_j(t) = \rho_c + \varepsilon R(X, T) \tag{4-34}$$

为了讨论方便，将 (4-19) 变换成如下微分-差分方程形式：

$$\frac{\partial \rho_j(t+\tau)}{\partial t} = -\rho_0^2(V_s(\rho_{j+1}) - V_s(\rho_j)) \tag{4-35}$$

将 (4-32)~(4-34) 代入 (4-35) 展开到 ε 的五次方项, 得到如下方程:

$$\begin{aligned}
&\varepsilon^2(h+\rho_c^2V')\partial_X R + \varepsilon^3\left(h^2\tau + \rho_c^2V'\left(\frac{1}{2}+\sum_{m=1}^{n-1}p^m\right)\right)\partial_X^2 R \\
&+\varepsilon^4\left(\partial_T R + \left(\frac{h^3\tau^2}{2}+\frac{\rho_c^2V'}{6}+\rho_c^2V'\sum_{m=1}^{n-1}mp^m\right)\partial_X^3 R + \frac{\rho_c^2V'''}{2}\partial_X R^3\right) \\
&+\varepsilon^5\left(\left(\frac{h^4\tau^3}{6}+\frac{\rho_c^2V'}{24}+\frac{\rho_c^2V'}{12}\sum_{m=1}^{n-1}(6m^2+1)p^m\right)\partial_X^4 R\right. \\
&\left.+\frac{3}{4}\rho_c^2V'''\left(1+2\sum_{m=1}^{n-1}p^m\right)\partial_X^2R^3 + 2h\tau\partial_X\partial_T R\right) = 0
\end{aligned} \tag{4-36}$$

其中, $V' = \mathrm{d}V(\rho)/\mathrm{d}\rho|_{\rho=\rho_c}$, $V''' = \mathrm{d}^3V(\rho)/\mathrm{d}\rho^3|_{\rho=\rho_c}$.

取 $h = -\rho_c^2V'$, ε 的二次方项从式 (4-36) 中消失, 同时考虑临界点 τ_c:

$$\frac{\tau}{\tau_c} = 1+\varepsilon^2 \tag{4-37}$$

其中, $\tau_c = \left(1+2\sum_{m=1}^{n-1}p^m\right)\Big/(-2\rho_c^2V')$, 代入方程 (4-36), 可以得到如下的方程:

$$\begin{aligned}
&\varepsilon^4\left(\partial_T R + \frac{1}{24}\rho_c^2V'\left(-3\left(1+2\sum_{m=1}^{n-1}p^m\right)^2 + 24\sum_{m=1}^{n-1}mp^m + 4\right)\partial_X^3 R\right. \\
&\left.+\frac{\rho_c^2V'''}{2}\partial_X R^3\right) + \varepsilon^5\left(-\frac{1}{48}\rho_c^2V'\left(-5\left(1+2\sum_{m=1}^{n-1}p^m\right)^3 - 4\sum_{m=1}^{n-1}(6m^2+1)p^m\right.\right. \\
&\left.+8\left(1+2\sum_{m=1}^{n-1}p^m\right)+4\left(\sum_{m=1}^{n-1}mp^m\right)\cdot\left(1+2\sum_{m=1}^{n-1}p^m\right)-2\right)\partial_X^4 R \\
&\left.-\frac{\rho_c^2V'\left(1+2\sum_{m=1}^{n-1}p^m\right)}{2}\partial_X^2 R + \frac{\rho_c^2V'''}{4}\left(1+2\sum_{m=1}^{n-1}p^m\right)\partial_X^2R^3\right) = 0
\end{aligned} \tag{4-38}$$

为了得到标准方程, 做如下转换:

$$T' = \frac{1}{24}\rho_c^2 V'\left(3\left(1+2\sum_{m=1}^{n-1}p^m\right)^2 - 24\sum_{m=1}^{n-1}mp^m - 4\right)T \tag{4-39}$$

$$R = \left(\frac{V'\left(3\left(1+2\sum_{m=1}^{n-1}p^m\right)^2 - 24\sum_{m=1}^{n-1}mp^m - 4\right)}{12V'''}\right)^{\frac{1}{2}} R' \tag{4-40}$$

将方程 (4-39) 和 (4-40) 代入 (4-38) 可以得到标准方程:

$$\partial_T R' - \partial_X^3 R' + \partial_X R'^3 = -\varepsilon\left\{12d_1\partial_X^2 R' + \frac{1}{2}d_2\partial_X^4 R' - \frac{1}{2}d_3\partial_X^2 R'^3\right\} \tag{4-41}$$

其中

$$d_1 = \frac{1+2\sum_{m=1}^{n-1}p^m}{3\left(1+2\sum_{m=1}^{n-1}p^m\right)^2 - 24\sum_{m=1}^{n-1}mp^m - 4} \tag{4-42}$$

$$d_2 = 1+2\sum_{m=1}^{n-1}p^m \tag{4-43}$$

$$\begin{aligned} d_3 = &\left(-5\left(1+2\sum_{m=1}^{n-1}p^m\right)^3 - 4\sum_{m=1}^{n-1}(6m^2+1)p^m + 8\left(1+2\sum_{m=1}^{n-1}p^m\right)\right.\\ &\left.+4\left(\sum_{m=1}^{n-1}mp^m\right)\left(1+2\sum_{m=1}^{n-1}p^m\right)-2\right)\\ &\times\left(3\left(1+2\sum_{m=1}^{n-1}p^m\right)^2 - 24\sum_{m=1}^{n-1}mp^m - 4\right)^{-1} \end{aligned} \tag{4-44}$$

从方程 (4-41) 可以知道, 如果在临界点附近 $\varepsilon = 0$, 方程可以简化成标准的改进 KdV 方程. 非线性分析的任务是求得改进 KdV 方程的稳态解, 考虑 $R'_0(X,T') = R'_0(X - cT')$, 其中, 参数 c 可以从方程 (4-32) 的右端求出来, 因此, 改进 KdV 方程的解如下

$$R_0'(X-cT')=\sqrt{c}\tanh\left(\sqrt{\frac{c}{2}}(X-cT')\right) \tag{4-45}$$

假设 $R'(X,T')=R_0'(X,T')+\varepsilon R_1'(X,T')$, 并代入 (4-41) 式, 可以得到关于 R_1' 的方程如下所示

$$LR_1'=M[R_0'] \tag{4-46}$$

其中

$$L=c\partial_X+\partial_X^3-3(\partial_X R_0')^2-3R_0'^2\partial_X \tag{4-47}$$

$$M[R_0']=12d_1\partial_X^2 R_0'+\frac{1}{2}d_3\partial_X^4 R_0'-\frac{1}{2}d_2\partial_X^2 R_0'^3 \tag{4-48}$$

为了确定纽结-反纽结孤立子解的传播速度, 下面引进方程 (4-48) 的可解性条件:

$$(\varPhi_0,M[R_0'])\equiv\int_{-\infty}^{+\infty}(\varPhi_0 M[R_0'])\mathrm{d}X=0 \tag{4-49}$$

其中, $\varPhi_0$ 是伴随算子 L^* 的零阶特征函数, 给出如下关系式

$$L^*\varPhi_0=0,\quad L^*=-c\partial_X-\partial_X^3+3R_0'^2\partial_X \tag{4-50}$$

通过执行积分运算, 计算出传播速度 c 的表达式:

$$\begin{aligned}c=120\left(1+2\sum_{m=1}^{n-1}p^m\right)\cdot\Bigg(2\Bigg[-5\left(1+2\sum_{m=1}^{n-1}p^m\right)^3-4\sum_{m=1}^{n-1}(6m^2+1)p^m\\+8\left(1+2\sum_{m=1}^{n-1}p^m\right)+4\left(\sum_{m=1}^{n-1}mp^m\right)\left(1+2\sum_{m=1}^{n-1}p^m\right)-2\Bigg]\\-3\left(1+2\sum_{m=1}^{n-1}p^m\right)\left(3\left(1+2\sum_{m=1}^{n-1}p^m\right)^2-24\sum_{m=1}^{n-1}mp^m-4\right)\Bigg)^{-1}\end{aligned} \tag{4-51}$$

由于考虑的是临界点附近的慢变行为特性, 取 $-\rho_c^2V'(\rho_c)\tau=\frac{1}{2}+\sum_{m=1}^{n-1}p^m+\varepsilon^2$, ε 的表达式为

$$\varepsilon=\sqrt{-\rho_c^2V'\tau-\left(\frac{1}{2}+\sum_{m=1}^{n-1}p^m\right)} \tag{4-52}$$

综上所述, 可以得到传播纽结孤立子解表示如下

$$\rho_j(t)=\rho_c+\sqrt{\begin{aligned}&(12(-\rho_c^2V'''))^{-1}\cdot\left(-c(-\rho_c^2V')\left((-\rho_c^2V')\tau-\frac{1}{2}\left(1+2\sum_{m=1}^{n-1}p^m\right)\right)\right.\\&\left.\times\left(3\left(1+2\sum_{m=1}^{n-1}p^m\right)^2-24\sum_{m=1}^{n-1}mp^m-4\right)\right)\end{aligned}}$$
$$\times\tanh\left(\sqrt{\frac{1}{2}c\left((-\rho_c^2V')\tau-\frac{1}{2}\left(1+2\sum_{m=1}^{n-1}p^m\right)\right)}\right.$$
$$\times\left(j+(-\rho_c^2V')t\left(1-\frac{1}{24}c\left((-\rho_c^2V')\tau-\frac{1}{2}\left(1+2\sum_{m=1}^{n-1}p^m\right)\right)\right.\right.$$
$$\left.\left.\left.\times\left(3\left(1+2\sum_{m=1}^{n-1}p^m\right)^2-24\sum_{m=1}^{n-1}mp^m-4\right)\right)\right)\right) \tag{4-53}$$

其中, $V'=V'(\rho_c)$; 其他参数如前定义.

4.2.4 仿真分析

为了与以前的模型进行比较, 特别是与之相近的扩展格子交通流模型, 分别计算出在相同取值的情况下, 即 $p=0.25$, 对应不同的前方被考虑格点数时的不同的临界点值和密度波传播速度表示在表 4-1 中. a_{c_1} 和 a_{c_2} 分别是两种模型的司机灵敏度, c_1 和 c_2 分别是两种模型密度波的传播速度. 从表 4-1 可以很容易观察到, 两种模型的灵敏度在考虑相同的格点数时, 它们的值是不同的, 但它们具有相同的变化趋势, 即随着考虑格点个数的增加, 灵敏度是减少的, 而两个模型对应的密度波的传播速度的变化趋势是不一样的, 对应新模型的密度波传播速度是越来越小的, 而对应以前模型的传播速度则是越来越快的.

表 4-1 不同的 a_{c_1}, a_{c_2} 和对应的传播速度 c_1, c_2

n	1	2	3	4	5	6	7	8	11	20
a_{c_1}	2	1.3333	1.23077	1.20755	1.20188	1.2001	1.2	1.2	1.2	1.2
c_1	24	7.8689	5.4400	4.9610	4.8870	4.8736	4.8799	4.8840	4.8868	4.8869
a_{c_2}	3.0	2.0	1.84615	1.81132	1.80282	1.8007	1.8	1.8	1.8	1.8
c_2	27	32	33.9656	34.5222	34.666	34.7022	34.7143	34.7143	34.7143	34.7143

下面给出解析解与数值模拟结果之间的比较, 系统对应不同的考虑格点数时

的 τ-ρ 的解析关系式如下所示

$$\tau = 256(\rho_j(t) - \rho_c)^2 + \frac{1}{2}, \quad n = 1 \tag{4-54}$$

$$\tau = \frac{51.2(5 + 54p + 108p^2 - 152p^3)}{(1 + 12p - 12p^2)(1 + 2p)}(\rho_j(t) - \rho_c)^2 + \frac{1 + 2p}{2}, \quad n = 2 \tag{4-55}$$

$$\tau = \frac{51.2(5 + 54p + 186p^2 + 400p^3 - 840p^4 - 456p^5 - 152p^6)}{(1 + 12p + 24p^2 - 24p^3 - 12p^4)(1 + 2p + 2p^2)}(\rho_j(t) - \rho_c)^2 + \frac{1 + 2p + 2p^2}{2}, \quad n = 3 \tag{4-56}$$

$$\tau = \frac{51.2(5+54p+186p^2+646p^3+1236p^4+552p^5+76p^6 - 672p^7 - 456p^8 - 152p^9)}{(1+12p+24p^2+36p^3 - 36p^4 - 24p^5 - 12p^6)(1+2p+2p^2+2p^3)} \times (\rho_j(t) - \rho_c)^2 + \frac{1 + 2p + 2p^2 + 2p^3}{2}, \quad n = 4 \tag{4-57}$$

数值模拟是按照式 (4-35) 改写为如下差分形式来进行的

$$\rho_j(t + 2\tau) = \rho_j(t + \tau) + \tau\rho_0^2(V_s(\rho_{j+1}(t)) - V_s(\rho_j(t))) \tag{4-58}$$

系统的初始设置是：$L = 100$, 其中 L 表示系统的总格点数量且 $\rho_j = \rho_0 = \rho_c = 0.25$, 系统的干扰是加在第一格点的一个正的变化 $\Delta\rho = 0.05$, 因此, $\rho_1 = 0.3$, $\rho_2 = 0.2$ 分别是第一和第二格点的初始状态. 不失一般性, 取 $p = 0.2$, 数值模拟是对以前模型和新模型两种情况来进行的, 数值模拟的结果表示在表 4-1 和图 4-2 中.

图 4-1 的圆点虚线表示数值模拟结果, 虚线表示数值分析的结果, 从图示可以看出数值模拟结果与非线性分析的结果基本一致. 图示也可以看出, 曲线将交通流分成了三个区域：稳态区 (稳定区域), 亚稳态区 (亚稳定区域) 和非稳态区 (不稳定区域). 均匀交通流在稳态区域是稳定的. 而在其他区域则是不稳定的, 如果加入一个小的扰动, 均匀交通流就会随着时间的推进而演化成交通拥挤.

图 4-2 展示了两种模型在相同条件下, 经过足够长时间的演化而得到的稳定的密度波. 实线表示广义最优格子交通流量模型, 虚线表示扩展最优速度模型. 从图示可以清楚地看到, 实线偏离中心位置的幅度要小于虚线的偏离幅度. 这说明新模型在抑制交通拥挤方面, 效果要好于以前模型, 也说明了广义最优格子交通流模型是有效的.

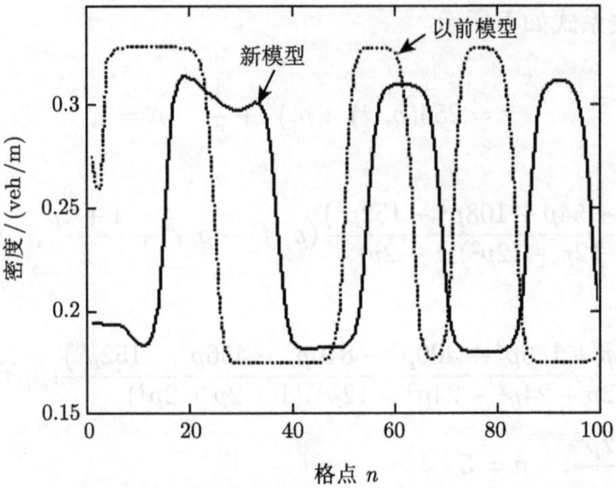

图 4-2　数值模拟结果, 实线和虚线分别对应新模型和以前模型

4.3　后视效应格子交通流模型

4.3.1　数学模型

在 Nagatani 等提出的交通流模型的基础上, 提出如下引进后视效应和相对流量效应的模型:

$$\frac{\partial \rho v}{\partial t} = a((1-q)\rho_0 V_F(\rho(x+\delta), \rho(x+2\delta)) + q\rho_0 V_B(\rho(x))) - a\rho v + a\lambda(\Delta \rho v) \quad (4\text{-}59)$$

$$\rho_0 V_F(\rho(x+\delta), \rho(x+2\delta)) = (1-p)\rho_0 V(\rho(x+\delta)) + p\rho_0 V(\rho(x+2\delta)) \quad (4\text{-}60)$$

$$\Delta \rho v = \rho(x+\delta)v(x+\delta) - \rho v \quad (4\text{-}61)$$

其中, $\rho(x+\delta)$ 是 t 时刻位置 $x+\delta$ 的局部密度且 $\rho(x+\delta) = 1/h(x,t)$, 而 $h(x,t)$ 是位置 x 的车头间距; x 表示当前格点的位置, ρ_0 是平均密度, δ 是平均车头间距且 $\delta = 1/\rho_0$; a 是驾驶员的灵敏度, 它与驾驶员的反应时间 τ 有关, $a = \dfrac{1}{\tau}$; $\rho_0 V_F(\rho(x+\delta), \rho(x+2\delta))$, $\rho_0 V_B(\rho(x))$ 分别表示前视两个格点的最优交通流量和后视一个格点的最优交通流量; $\rho_0 V(\rho(x+\delta))$, $\rho_0 V(\rho(x+2\delta))$ 分别是当前格点和当前格点前方的次近邻格点的最优交通流量; ρv, $\rho(x+\delta)v(x+\delta)$ 分别表示当前格点和前方格点之间的流量; $\Delta \rho v$ 表示当前格点和前方格点之间的相对流量; p, q 和 λ 是正的常数, 前两者取值在 0 到 0.5 之间, 可以保证前一项较后一项起主导作用, 后者的取值在 0 到 1 之间.

如果 $p=0, q=0, \lambda=0$, 则模型退化成 Nagatani 分析的模型形式, 如果 $q=0, \lambda=0$, 则模型跟薛郁等提出的最优格子交通流模型是一致的. 由此可见, 本模型可以涵盖以前的模型, 同时优于以前模型.

$V(\rho)$ 表示最优速度函数, 4.2 节已经定义过, 在此不再赘述, 它表示的是前视效应最优速度; 而 $V_B(\rho)$ 则表示后视效应最优速度函数, 其取值与前视效应最优速度相反:

$$V_B(\rho)=-\left[\tanh\left(\frac{2}{\rho_0}-\frac{\rho}{\rho_0^2}-\frac{1}{\rho_c}\right)+\tanh\left(\frac{1}{\rho_c}\right)\right] \tag{4-62}$$

根据与 4.2 节中相同的方法, 可以得到空间变量 x 的连续交通流模型 A 的形式如下

$$\frac{\partial\rho}{\partial t}+\rho_0\frac{\partial\rho v}{\partial x}=0 \tag{4-63}$$

$$\frac{\partial\rho v}{\partial t}=a(\rho_0V_{FB}(\rho(x+1))-\rho v+\lambda\Delta\rho v) \tag{4-64}$$

且

$$\rho_0V_{FB}(\rho(x+1))=(1-q)\rho_0V_F(\rho(x+1),\rho(x+2))+q\rho_0V_B(\rho(x)) \tag{4-65}$$

$$\rho_0V_F(\rho(x+1),\rho(x+2))=(1-p)V\rho_0(\rho(x+1))+p\rho_0V(\rho(x+2)) \tag{4-66}$$

$$\Delta\rho v=\rho(x+1)v(x+1)-\rho v \tag{4-67}$$

其中, $\partial\rho v/\partial x=\partial\rho v/(\delta\partial(x/\delta))=\rho_0\partial\rho v/\partial x^*(x^*=x/\delta)$; x^* 跟 x 的意义完全一样; $\Delta\rho v=\rho(x+1)v(x+1)-\rho v$ 表示当前格点和前方相邻格点之间的相对流量; $\rho_0V_{FB}(\rho(x+1))$ 表示当前位置的综合最优交通流量.

在式 (4-63)~(4-67) 的基础上, 可以得到离散形式的格子交通流模型 B 如下所示

$$\frac{\partial\rho_{j+1}}{\partial t}+\rho_0(\partial\rho_{j+1}v_{j+1}-\partial\rho_jv_j)=0 \tag{4-68}$$

$$\frac{\partial\rho_jv_j}{\partial t}=a(\rho_0V_{FB}(\rho_{j+1})-\rho_jv_j+\lambda\Delta\rho_jv_j) \tag{4-69}$$

且

$$\rho_0V_{FB}(\rho_{j+1})=(1-q)\rho_0V_F(\rho_{j+1}\rho_{j+2})+q\rho_0V_B(\rho_j) \tag{4-70}$$

$$\Delta\rho_jv_j=\rho_{j+1}v_{j+1}-\rho_jv_j \tag{4-71}$$

其中, j 表示一维格点链上的第 j 个格点; ρ_{j+1} 和 ρ_{j+2} 分别表示第 j 个格点前方第一和第二个格点的交通流密度; ρ_jv_j 分别表示第 j 个格点的交通流密度和

平均速度; $\Delta\rho_j v_j = \rho_{j+1}v_{j+1} - \rho_j v_j$ 表示当前格点和前方紧邻格点之间的相对流量; $\rho_j v_j$ 和 $\rho_{j+1}v_{j+1}$ 分别表示第 j 个格点前方第一和第二个格点的交通流量. $\rho_0 V_{FB}(\rho_{j+1})$ 表示当前格点的综合最优交通流量.

消去方程 (4-63)~(4-67) 和 (4-68)~(4-71) 的速度变量 v, 可以得到模型 A 和模型 B 关于密度的离散形式的方程如下所示

$$\frac{\partial^2 \rho}{\partial t^2} + a\frac{\partial \rho}{\partial t} + a\frac{\partial \rho_0^2 V_{FB}(\rho)}{\partial x} = 0 \tag{4-72}$$

$$\frac{\partial^2 \rho_j}{\partial t^2} + a\left(\frac{\partial \rho_j}{\partial t} - \lambda\left(\frac{\partial \rho_{j+1}}{\partial t} - \frac{\partial \rho_j}{\partial t}\right)\right) + a\rho_0^2(V_{FB}(\rho_{j+1}) - V_{FB}(\rho_j)) = 0 \tag{4-73}$$

$$\rho_0 V_{FB}(\rho_j) = (1-q)\rho_0 V_F(\rho_j, \rho_{j+1}) + q\rho_0 V_B(\rho_{j-1}) \tag{4-74}$$

方程 (4-73) 包括 (4-70), (4-71), (4-74) 式是基于后视效应和相对流量效应的最优格子交通流模型.

4.3.2 线性稳定性分析

为了证明本节中提出模型的合理性, 仍然采取如前面内容一样的线性稳定性理论来分析该模型的交通流的稳定性条件.

定义均匀交通流的定态解为

$$\rho_j(t) = \rho_0, \quad v_j(t) = V(\rho_0) \tag{4-75}$$

其中, ρ_0 是平均车流密度, $V(\rho_0)$ 为最优速度, $\rho_j(t)$ 和 $v_j(t)$ 分别是 t 时刻第 j 个格点的车流密度和车流平均速度.

假设 $y_j(t) = \exp(ikj + zt)$ 且 $|y_j(t)| \ll 1$ 是 t 时刻第 j 个格点的一个小小的偏移, 状态方程为

$$\rho_j(t) = \rho_0 + y_j(t) \tag{4-76}$$

将 (4-76) 代入方程 (4-73), 整理后得到如下方程:

$$\begin{aligned}&\frac{\partial^2 \rho_j}{\partial t^2} + a\frac{\partial \rho_j}{\partial t} - a\lambda\frac{\partial \rho_j}{\partial t}(y_{j+1} - y_j) + a\rho_0^2((1-q)V_F'((1-p)(y_{j+1} - y_j)\\&\quad + p(y_{j+2} - y_{j+1})) + qV_B'(y_j - y_{j-1})) = 0\end{aligned} \tag{4-77}$$

其中, $V_F' = \mathrm{d}V_F(\rho)/\mathrm{d}\rho|_{\rho=\rho_0}$, $V_B' = \mathrm{d}V_B(\rho)/\mathrm{d}\rho|_{\rho=\rho_0}$.

将 $y_j(t)$ 展开成傅里叶级数形式, 并消去高次项, 得到关于 z 的线性化方程如下

$$z^2 + az - a\lambda(\mathrm{e}^{ki} - 1)z - a\rho_0^2[(1-p)V_F'(h)(\mathrm{e}^{2ki} - 2\mathrm{e}^{ki} + 1) + pV_B'(h)(1 - \mathrm{e}^{-ki})] = 0 \tag{4-78}$$

将 $z = z_1 ik + z_2(ik)^2 + \cdots$ 代入 (4-78), 忽略高次项, 整理后得到仅包含一次和二次项的方程, 求解得到

$$z_1 = -\rho_0^2((1-p)V_F'(h) + pV_B'(h)) \tag{4-79}$$

$$z_2 = -\frac{z_1^2}{a} + \frac{p}{2}\rho_0^2 V_B'(h) - \frac{(1-p)(1+2q)}{2}\rho_0^2 V_F'(h) + \lambda z_1 \tag{4-80}$$

根据系统的稳定性理论, 如果系统解的实部小于零, 则系统就是稳定的, 即如果 $z_2 > 0$, 系统就始终是稳定的. 这样就得到系统的稳定性条件、亚稳定性条件和不稳定性条件分别如下

$$\frac{1}{a} < \frac{(1-p)(1+2q)V_F'(h) - pV_B'(h) + 2\lambda[(1-p)V_F'(h) + pV_B'(h)]}{-2\rho_0^2[(1-p)V_F'(h) + pV_B'(h)]^2} \tag{4-81}$$

$$\frac{1}{a} = \frac{(1-p)(1+2q)V_F'(h) - pV_B'(h) + 2\lambda[(1-p)V_F'(h) + pV_B'(h)]}{-2\rho_0^2[(1-p)V_F'(h) + pV_B'(h)]^2} \tag{4-82}$$

$$\frac{1}{a} > \frac{(1-p)(1+2q)V_F'(h) - pV_B'(h) + 2\lambda[(1-p)V_F'(h) + pV_B'(h)]}{-2\rho_0^2[(1-p)V_F'(h) + pV_B'(h)]^2} \tag{4-83}$$

从线性分析的结果可以看出, 系统在条件 (4-81) 的情况下是稳定的, 当加入一个小的扰动后, 在初期, 系统有一个小的变化, 但随着时间的推移, 这个扰动会慢慢消失, 最终系统又趋于稳定的状态. 当系统处于 (4-82), (4-83) 两个条件下, 系统是不稳定的, 当系统受到微小的扰动后, 系统开始有一个小的偏离, 随着时间的推进, 经过足够长的时间后, 这个小的扰动最终演化成交通拥挤, 并形成稳定的密度波. 图 4-3 给出了对应以前模型和当前模型的亚稳态曲线图, 其中实线表示考虑后视效应和相对流量效应的模型的亚稳态曲线, 虚线是仅考虑后视效应而不考虑相对流量效应的模型的亚稳态曲线, 圆点虚线表示两种效应都不考虑的模型的亚稳态曲线. 通过比较可以看出, 对应两种效应都考虑的模型的稳定性区域最

大, 两种效应都不考虑的模型的稳定性最差. 看来, 从提高系统稳定性方面引入两种效应是合理的.

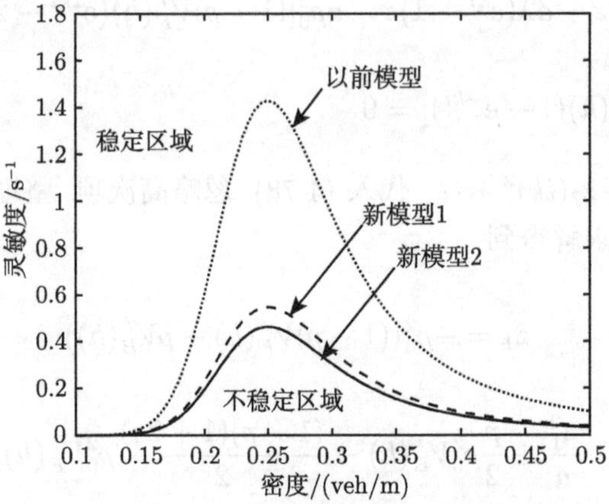

图 4-3　以前模型和两个新模型的亚稳态曲线

图 4-4 和图 4-5 分别给出了在不同后视效应 q 和不同相对流量效应 λ 的情况下, 系统在密度-灵敏度空间的亚稳态曲线, 其中的平均车流密度为 $\rho_0 = 0.25\text{veh/m}$. 两个图中的实线分别表示在不同 q 和不同 λ 的情况下的亚稳态曲线: 图 4-4 中, 当 λ 固定时, 随着 q 值的增大, 亚稳态曲线是下降的, 稳定区域面积是增大的; 图 4-5 中, 当 q 固定时, 随着 λ 值的增大, 亚稳态曲线也是下降的, 稳定区域面积也是增大的. 这说明两种效应对系统的影响都是积极的, 能够起到稳定交通流的作用, 比以前模型能够更有效地抑制交通拥挤的产生.

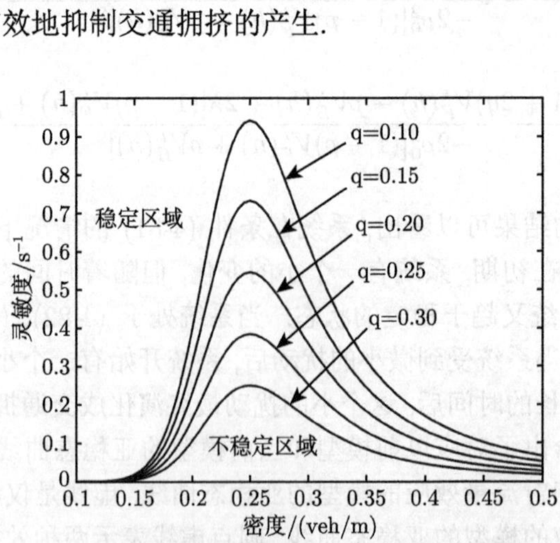

图 4-4　新模型在不同后视效应值的亚稳态曲线

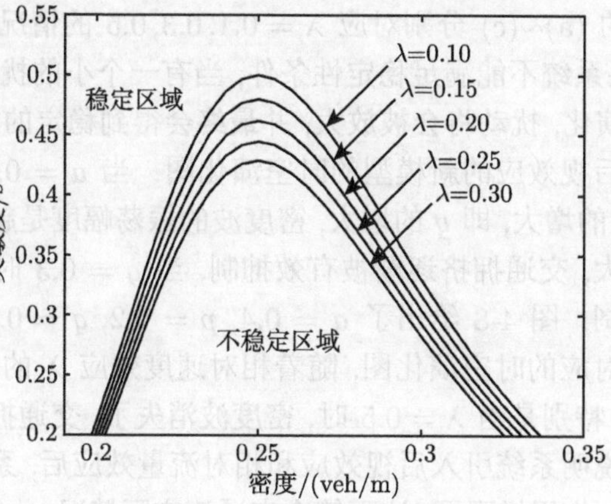

图 4-5 新模型在不同相对速度效应值的亚稳态曲线

4.3.3 仿真分析

在 (4-64) 模型的基础上, 写成差分形式的方程如下

$$\rho_j(t+2\tau) = \rho_j(t+\tau) + \tau\rho_0^2(V_{FB}(\rho_{j+1}(t)) - V_{FB}(\rho_j(t))) \tag{4-84}$$

系统的初始条件设置如下：$L = 100$, 其中 L 表示系统的总格点数量且 $\rho_j = \rho_0 = \rho_c = 0.25$, 系统的干扰是加在第一格点的一个正的变化 $\Delta\rho = 0.05$, 因此, $\rho_1 = 0.3$, $\rho_2 = 0.2$ 分别是第一、第二格点的初始状态, 数值模拟是对以前模型和新模型两种情况来进行的, 时间是 20000s, 数值模拟的结果表示在图 4-6~图 4-8 中.

图 4-6 给出了新模型和以前模型在 $a = 0.4$, $p = 0.2$, $q = 0.2$, $\lambda = 0.3$ 情况下的平均车头间距的轮廓视图, 平均车头间距是对应每个格点的车流密度的倒数. 图 4-6 中, 点虚线表示以前模型不考虑后视和相对流量效应的模型对应的平均车头间距曲线, 长虚线表示只考虑后视效应的模型 (新模型 1) 对应的曲线, 实线表示考虑两种效应的模型 (新模型 2) 对应的曲线. 从图 4-6 中可以观察到, 点虚线偏离中心车头间距的幅度最大, 而实线偏离得最小, 这也说明当系统引入小的扰动经过足够长的时间演化成稳定的密度波时, 交通拥挤的振荡幅度是不同的, 考虑两种效应的模型对应的振荡幅度最小, 以前模型对应的振荡幅度最大, 而只考虑一种效应的模型对应的振荡幅度居中, 这说明在抑制拥挤方面新模型要好于以前模型, 考虑两种效应要好于考虑一种效应.

图 4-7 和图 4-8 给出了对应新模型的平均车头间距时空演化图, 图 4-7(a)~(d) 分别对应在 $t = 20000$s 时, $q = 0.0, 0.1, 0.2, 0.3$ 且 $a = 0.4$, $p = 0.2$ 的情况的演

化图. 而图 4-8 的 (a)~(c) 分别对应 $\lambda = 0.1, 0.3, 0.5$ 的情况. 从图 4-7 和图 4-8 都可以看到, 如果系统不能满足稳定性条件, 当有一个小的扰动加入到系统时, 经过足够长时间的演化, 扰动将会被放大, 并最终会得到稳定的密度波. 图 4-7 展示的是对应仅考虑后视效应的新模型的时空演化图：当 $a = 0.4$, $p = 0.2$, $\lambda = 0.0$ 时, 随着后视效应的增大, 即 q 的增大, 密度波的振荡幅度是越来越小的. 可见, 随着后视效应的增大, 交通拥挤逐渐被有效抑制, 当 $q = 0.3$ 时, 密度波消失了, 交通拥挤完全被抑制. 图 4-8 给出了 $a = 0.4$, $p = 0.2$, $q = 0.2$ 条件下, 考虑相对流量效应的模型对应的时空演化图, 随着相对速度效应 λ 的增大, 密度波的振荡幅度也越来越小, 特别是当 $\lambda = 0.5$ 时, 密度波消失了, 交通拥挤也完全被抑制了. 以上数值模拟都说明系统引入后视效应和相对流量效应后, 系统的稳定性提高了, 对交通拥挤的抑制作用增强了, 这更符合交通流实际情况.

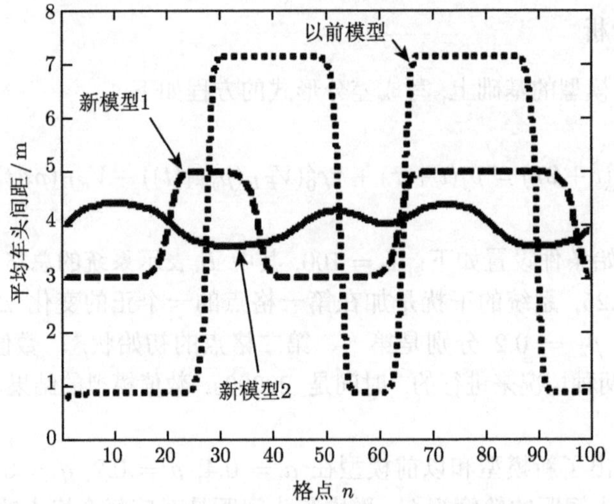

图 4-6　三种模型对应的平均车头间距曲线

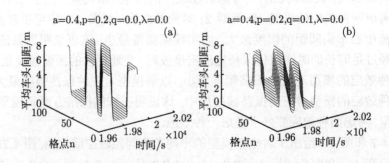

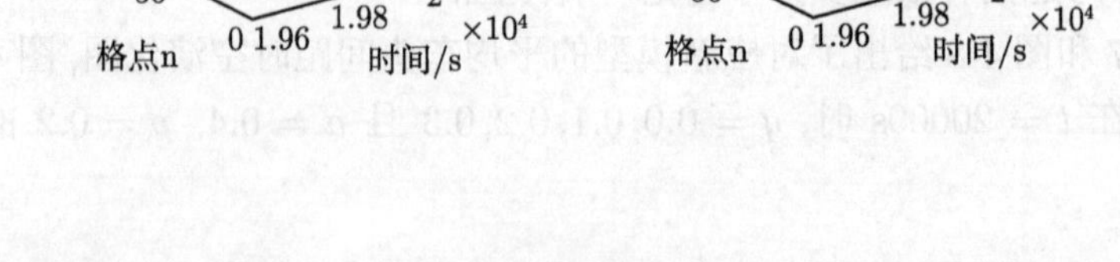

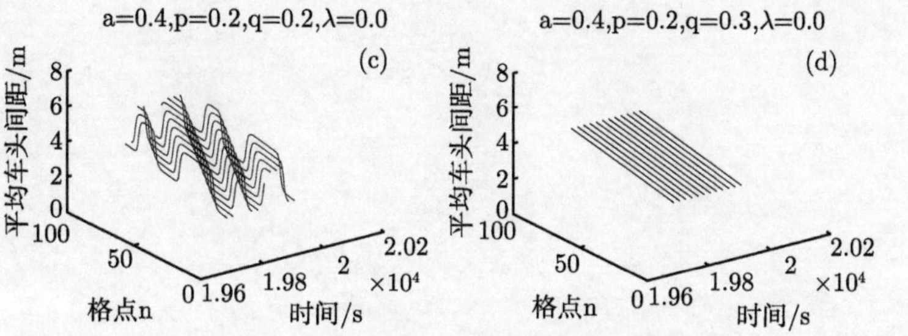

图 4-7 不同后视效应的时空演化图

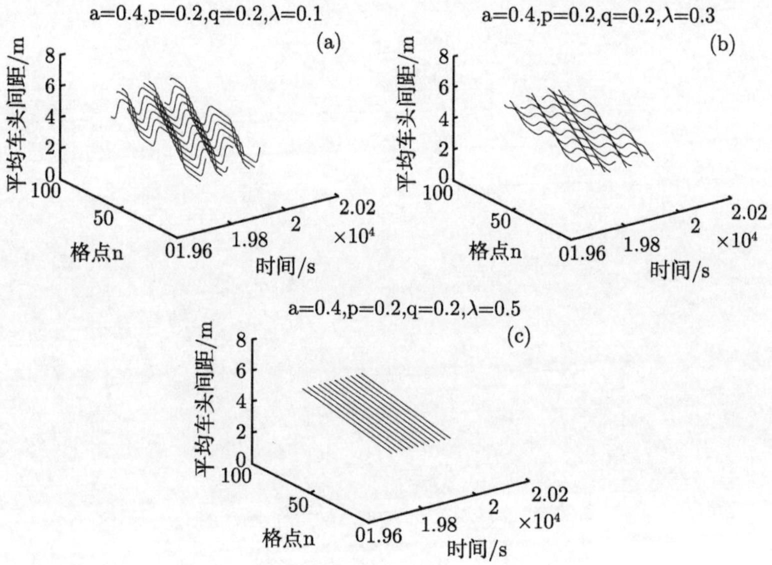

图 4-8 不同相对流量效应的时空演化图

4.4 本 章 小 结

本章分析了格子交通流模型中的控制元素, 提出了考虑前方任意数目相邻格点之间交互作用的广义格子交通流模型和后视效应格子交通流模型. 在广义格子交通流模型中, 运用线性稳定性理论和非线性方法分析了交通流系统, 得到了稳定、亚稳定和不稳定性条件, 推导出系统的改进 KdV 方程, 求出临界点附近的纽结-反纽结孤立子解, 计算出系统在考虑前方不同格点数时的密度波传递速度和临界点的灵敏度, 并与以前的模型做了比较. 数值模拟结果与理论分析的结果基本一致. 而在后视效应的格子交通流模型中, 将后视控制效应引入到格子交通流模型中, 采取与上面相同的线性和非线性分析方法, 可以得到基本相同的结论.

第二篇　交通流的外部控制作用

在物理世界中, 实际道路既有平直的, 又有弯曲和上、下坡的道路, 不同道路条件对交通流的影响是显而易见的. 在城市路网中, 交通信号灯是城市交通系统重要的组成因素, 对交通流的控制作用是其主要功能体现. 在交通工程中, 要想使交通流模型能够真正描述实际交通行为, 就要建立符合实际道路条件的交通流模型. 本篇中, 研究斜坡道路、弯道条件和信号灯三种外部控制作用对交通流系统的影响进行建模, 利用数值模拟方法分析三种控制作用对交通流的影响, 研究结果对交通工程师和管理者分析实际交通系统有非常重要的理论和实际意义.

第 5 章　斜坡道路条件对交通流的控制作用

斜坡路况是道路中一种常见且重要的外部环境条件. 在实际道路中, 几乎绝大部分道路都存在一定的坡度, 因此, 研究坡度对交通流的影响意义重大. 本章将斜坡条件看作一种外部信号来研究其对于交通流的控制作用, 包括对交通流稳定性的影响以及对车辆能量消耗的控制作用. 此外, 孤立子波作为物理世界中一种广泛存在的重要现象, 也出现在交通流中, 本章从理论上研究了坡度条件对孤立子波的作用效果.

5.1　研究基础

对于无坡度道路上的交通流模型的研究, 在上一篇中已经做了详细的论述, 而对于斜坡道路上交通流的理论研究始于本世纪初, 李兴莉[48] 利用扩展的最优速度模型分析和研究了斜坡上的交通流相变行为. 2009 年, 日本学者 Komada[49] 利用 Bando 的最优速度模型, 考虑斜坡上车辆的重力分量作用, 提出了改进的最优速度模型, 并分析了上下坡搭接的道路, 多级上下坡搭接道路上的交通流行为, 通过数值模拟和仿真验证了重力效应在交通流中的作用和影响规律. 2011 年, 兰士勇等[50] 利用元胞自动机模型研究了斜坡道路上交通流的演化行为, 获得了较好的结果.

孤立子波已经在很多领域出现应用, 包括光纤、蛋白质和 DNA、电磁场、流体以及交通流等. 交通流中孤立子波出现在亚稳态区域, Kurtze 和 Hong[51] 利用非线性方法推导出流体动力学模型的 KdV 方程, 认为单脉冲密度波就是孤立子波; Muramatsu 和 Nagatani[52] 利用最优速度模型从解析和数值分析两个层面研究了开放边界条件下一维交通流孤立子波, 验证了 Kurtze 和 Hong 的结论; 祝会兵和戴世强[53] 在周期性边界条件下研究了孤立子波, 发现无论边界条件怎样, 孤立子波出现在亚稳态曲线附近, 当初始车头间距小于安全距离, 孤立子波呈现向上的姿态, 相反则呈现向下的姿态. 以上成果均是对交通流中孤立子波的有益研究.

在斜坡道路条件下, 由于道路坡度角的存在, 车辆在斜坡上运行时相较于坡度为零的平直道路有很大的不同. 从控制角度讲, 把整个交通流系统看作一个整体, 道路坡度情况看作一个控制条件, 那么在这个外部条件的作用下, 交通流系统会产生相应的变化, 相较于上一篇交通流内部条件变化对交通流的控制作用, 作者将斜坡道路条件称为外部控制条件. 在已有研究基础上, 本著作建立了斜坡条件下的跟驰模型和格子交通流模型, 并以上述两个模型为基础, 研究外部斜坡条件对于交通流的控制作用, 具体来说就是研究坡度效应对于交通流稳定性和能量消耗的控制作用, 以及坡度控制下密度波形成的时空演化规律和孤立子波变化规律[54-61].

5.2 考虑斜坡控制效应的跟驰模型

5.2.1 数学模型

考虑周期性边界条件下运行在单车道倾斜道路上的交通流, 如图 5-1 所示, 重力作用在车辆上, 分上坡和下坡两种情况, 坡度均用 θ 来表示, 车的质量用 m 来表示, 重力加速度用 g 来表示, 作用在车上的水平力则为 $mg\sin\theta$.

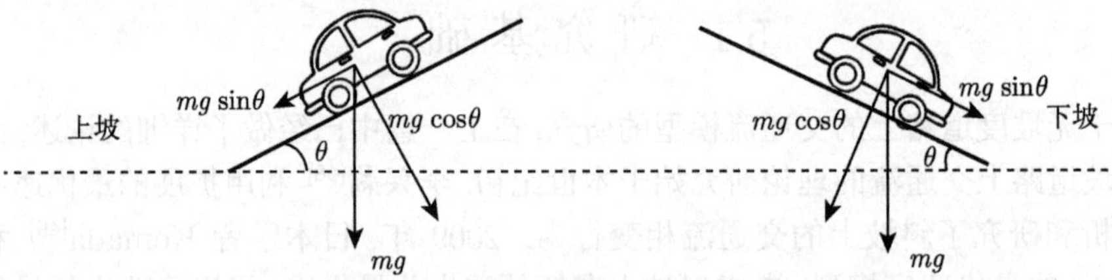

图 5-1 斜坡道路：上坡和下坡情况下重力作用在车辆上的说明

考虑坡度效应的交通流模型如下所示

$$\frac{\mathrm{d}^2 x_n(t)}{\mathrm{d}t^2} = a\left\{V(\Delta x_n) - \frac{\mathrm{d}x_n(t)}{\mathrm{d}t}\right\} \tag{5-1}$$

上坡情况下,

$$\begin{aligned} V(\Delta x_n) = &\frac{v_{f,\max}\left[\tanh\left(\Delta x_n - x_{c,u}\right) + \tanh\left(x_{c,u}\right)\right]}{2} \\ &- \frac{v_{g,u,\max}\left[\tanh\left(\Delta x_n - x_{c,u}\right) + \tanh\left(x_{c,u}\right)\right]}{2} \end{aligned} \tag{5-2}$$

下坡情况下,

$$\begin{aligned} V(\Delta x_n) = &\frac{v_{f,\max}\left[\tanh\left(\Delta x_n - x_{c,d}\right) + \tanh\left(x_{c,d}\right)\right]}{2} \\ &+ \frac{v_{g,d,\max}\left[\tanh\left(\Delta x_n - x_{c,d}\right) + \tanh\left(x_{c,d}\right)\right]}{2} \end{aligned} \tag{5-3}$$

其中, $x_n(t)$ 是车辆在 t 时刻的位置, $\Delta x_n(t) = x_{n+1}(t) - x_n(t)$ 是车辆在 t 时刻的车头间距, a 是司机的灵敏度, 它等于 $\dfrac{1}{\tau}$, 而 τ 是司机的反应延迟时间. $V(\Delta x_n)$ 是第 n 辆车的最优速度函数, $x_{c,u}$ 和 $x_{c,d}$ 是同一辆车分别在上坡和下坡情况下的刹车距离, $v_{f,\max}$ 是车辆在无坡度道路上的最大速度, $v_{g,u,\max}$ 和 $v_{g,d,\max}$ 分别是上坡和下坡情况下由于坡度的影响而使车辆减少和增加的最大速度变化量, 描述如下

$$v_{g,u,\max} = v_{g,d,\max} = \frac{mg}{\gamma}\sin\theta \tag{5-4}$$

其中, γ 是道路的摩擦系数, 显然, 最大速度变化量正比于道路的坡度, 随着坡度的增长, 最大速度是增大的, 为了方便, 取 $v_{f,\max}=2$, $\dfrac{mg}{\gamma}=1$, $v_{g,u,\max}=v_{g,d,\max}=\sin\theta$.

5.2.2 线性稳定性分析

为了研究在坡度效应下的交通流稳定性, 假设有 N 辆车在周期性边界条件下均匀地行驶在长度为 L、坡度为 θ 的道路上. 根据实际道路设计标准, 道路的坡度 $0^\circ \leqslant \theta \leqslant 6^\circ$. 根据上下坡道路的刹车距离不同, 建立如下刹车距离模型:

$$x_{c,u} = x_c(1-\alpha\sin\theta), \quad x_{c,d} = x_c(1+\beta\sin\theta) \tag{5-5}$$

其中, x_c 是无坡度道路的刹车距离, $x_{c,u}, x_{c,d}$ 分别表示上坡和下坡时的刹车距离. 为了方便起见, 取 $\alpha=\beta=1$. 刹车距离建模的思想是: 随着坡度的增大, 在上坡的情况下, 刹车距离是变短的, 下坡情况则正好相反. 为了方便, 定义如下函数:

$$V_0(\Delta x_n) = \tanh(\Delta x_n - x(\theta)) + \tanh(x(\theta)) \tag{5-6}$$

其中, $x(\theta) = x_{c,u} = x_c(1-\sin\theta)$ 或 $x(\theta) = x_{c,d} = x_c(1+\sin\theta)$ 分别表示上坡和下坡两种情况的安全距离, 是关于 θ 的函数.

最优速度函数可以写为如下形式:

$$V(\Delta x_n) = \left(\frac{2\pm\sin\theta}{2}\right)V_0(\Delta x_n) \tag{5-7}$$

方程 (5-1) 可以写为如下形式:

$$\frac{\mathrm{d}^2x_n(t)}{\mathrm{d}t^2} = a\left\{\left(\frac{2\pm\sin\theta}{2}\right)V_0(\Delta x_n) - \frac{\mathrm{d}x_n(t)}{\mathrm{d}t}\right\} \tag{5-8}$$

为了求得交通流运行的稳定性条件, 把上述方程列写成非对称差分方程的形式如下所示

$$x_n(t+2\tau) - x_n(t+\tau) - \tau\left(\frac{2\pm\sin\theta}{2}\right)V_0(\Delta x_n) = 0 \tag{5-9}$$

N-车系统的初始状态设为

$$x_n^{(0)}(t) = hn + \left(\frac{2\pm\sin\theta}{2}\right)V_0(h) \tag{5-10}$$

其中, $x_n^{(0)}(t)$ 是第 n 辆车在时刻 t 的初始位置, h 是系统的平均车头间距, $h = L/N, N$ 是 N-车系统的车辆总数目, $V_0(h)$ 是最优速度函数.

假设一个小的干扰 $y_n(t) = \mathrm{e}^{ikn+zt}, k = 0,1,2,\cdots, |y| \ll 1, z = u + iv$ (u 和 v 是实数) 加入到系统中, 得到如下方程:

$$x_n(t) = x_n^{(0)}(t) + y_n(t) \tag{5-11}$$

忽略 $y_n(t)$ 的高阶项, 并把公式 (5-11) 代入公式 (5-9) 中, 得到线性化的差分方程如下

$$y_n(t+2\tau) = y_n(t+\tau) + \left(\frac{2\pm\sin\theta}{2}\right)V_0'(h)\Delta y_n(t) \tag{5-12}$$

运用参考文献 [14] 的方法求得稳定性条件如下

$$V_0'(h) < \frac{2}{3\tau(2\pm\sin\theta)} \tag{5-13}$$

亚稳态条件如下

$$V_0'(h) = \frac{2}{3\tau(2\pm\sin\theta)}. \tag{5-14}$$

非稳定性条件如下

$$V_0'(h) > \frac{2}{3\tau\,(2\pm\sin\theta)} \tag{5-15}$$

如果表达式 (5-15) 成立, 一个小扰动加入均匀交通流中, 车辆运行将会产生拥挤现象.

图 5-2 画出了不同坡度道路上交通流的亚稳态曲线, 从图 5-2 可以观察到图中的实线代表亚稳态曲线, 虚线代表共存线, 实线之下的区域是不稳定区域, 虚线之上的区域是稳定区域, 两者之间的是亚稳定区域. 图 5-2 中的 (a) 和 (b) 分别

对应于上坡和下坡两种情况的曲线变化图, 从 (a) 可以看出, 上坡情况下, 随着坡度的增大, 稳定区域是越来越大的; 而从 (b) 即下坡情况下, 则观察到了相反的变化趋势. 因此, 可以得出结论: 随着坡度的变化, 两种情况下交通流的稳定性是变化的, 且两者的变化趋势不同. 另外, 两图中还可以得到对应于 $\theta = 0°$ 的临界点 (h_c, a_c), 它是亚稳态曲线的顶点. 对应于不同坡度的安全距离分别是: 上坡 $h_c = 4$m, 3.86m, 3.72m, 3.58m, 下坡 $h_c = 4$m, 4.14m, 4.28m, 4.42m.

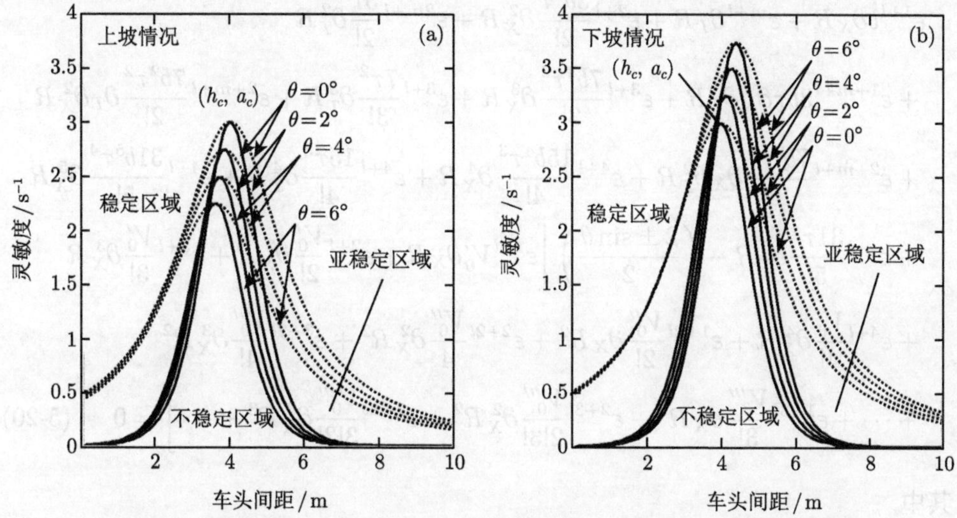

图 5-2 两种情况下不同坡度对应的亚稳态曲线 (实线) 和共存线 (虚线)

5.2.3 非线性分析与孤立子解

在此部分, 考虑长波情况下的慢变行为, 推导描述粗粒度下交通流聚集运动的方程. 对 $0 < \varepsilon \ll 1$, 定义对应于空间变量 n 和时间变量 t 的慢变量 X 和 T 分别如下所示

$$X = \varepsilon(n + bt), \quad T = \varepsilon^m t \tag{5-16}$$

其中, b 是一个待定常数, 车头间距设为

$$\Delta x(t) = h + \varepsilon^l R(X,T) \tag{5-17}$$

m, l 的值分别代表交通流不同的相, 设三组数值 $m = 2, l = 1$; $m = 3, l = 2$; $m = 3, l = 1$ 分别对应于稳定区域、亚稳定区域和不稳定区域.

公式 (5-8) 可以改写为

$$\frac{\mathrm{d}^2\Delta x_n(t)}{\mathrm{d}t^2} = a\left\{\left(\frac{2 \pm \sin\theta}{2}\right)[V_0(\Delta x_{n+1}) - V_0(\Delta x_n)] - \frac{\mathrm{d}\Delta x_n(t)}{\mathrm{d}t}\right\} \tag{5-18}$$

进一步得到差分方程如下

$$x_i(t+2\tau)-x_i(t+\tau)-\tau\left(\frac{2\pm\sin\theta}{2}\right)V_0(\Delta x_i)=0 \tag{5-19}$$

将 (5-16) 和 (5-17) 代入 (5-19), 并展开成 ε 的五次项, 得到如下非线性偏微分方程:

$$\begin{aligned}
&\varepsilon^{1+l}b\partial_X R+\varepsilon^{m+l}\partial_T R+\varepsilon^{2+l}\frac{3b^2\tau}{2!}\partial_X^2 R+\varepsilon^{2m+l}\frac{3\tau}{2!}\partial_T^2 R\\
&+\varepsilon^{1+m+l}3b\tau\partial_X\partial_T R+\varepsilon^{3+l}\frac{7b^3\tau^2}{3!}\partial_X^3 R+\varepsilon^{3+l}\frac{7\tau^2}{3!}\partial_T^3 R+\varepsilon^{2+m+l}\frac{7b^2\tau^2}{2!}\partial_T\partial_X^2 R\\
&+\varepsilon^{2+m+l}\frac{7b^2\tau^2}{2!}\partial_X\partial_T^2 R+\varepsilon^{4+l}\frac{15b^4\tau^3}{4!}\partial_X^4 R+\varepsilon^{4+l}\frac{15\tau^3}{4!}\partial_T^4 R+\varepsilon^{4+l}\frac{31b^5\tau^4}{5!}\partial_X^5 R\\
&+\varepsilon^{4+l}\frac{31\tau^4}{5!}\partial_T^5 R-\left(\frac{2\pm\sin\theta}{2}\right)\left[\varepsilon^{1+l}V_0'\partial_X R+\varepsilon^{2+l}\frac{V_0'}{2!}\partial_X^2 R+\varepsilon^{3+l}\frac{V_0'}{3!}\partial_X^3 R\right.\\
&+\varepsilon^{4+l}\frac{V_0'}{4!}\partial_X^4 R+\varepsilon^{1+2l}\frac{V_0''}{2!}\partial_X R^2+\varepsilon^{2+2l}\frac{V_0''}{4}\partial_X^2 R^2+\varepsilon^{3+2l}\frac{V_0''}{4!}\partial_X^3 R^2\\
&\left.+\cdots+\varepsilon^{1+3l}\frac{V_0'''}{3!}\partial_X R^3+\varepsilon^{2+3l}\frac{V_0'''}{2!3!}\partial_X^2 R^2+\varepsilon^{3+3l}\frac{V_0'''}{3!3!}\partial_X^3 R^3+\cdots\right]=0
\end{aligned} \tag{5-20}$$

其中

$$\partial_X=\frac{\partial}{\partial X},\quad \partial_T=\frac{\partial}{\partial T},\quad \partial_X\partial_T=\frac{\partial^2}{\partial X\partial T}$$

$$V'=\left.\frac{\mathrm{d}V(\Delta x)}{\mathrm{d}\Delta x}\right|_{\Delta x=h},\quad V''=\left.\frac{\mathrm{d}^2V(\Delta x)}{\mathrm{d}\Delta x^2}\right|_{\Delta x=h},\quad V'''=\left.\frac{\mathrm{d}^3V(\Delta x)}{\mathrm{d}\Delta x^3}\right|_{\Delta x=h}$$

首先, 讨论稳定条件下的交通流三角激波, 令 $m=2, l=1$, 从公式 (5-20) 得到非线性偏微分方程如下

$$\begin{aligned}
&\varepsilon^2\left[b-\frac{2\pm\sin\theta}{2}V_0'\right]\partial_X R+\varepsilon^3\left[\partial_T R+\frac{2\pm\sin\theta}{2}\frac{3V_0'^2\tau-V_0'}{2}\partial_X^2 R\right.\\
&\left.-\frac{2\pm\sin\theta}{2}V_0''R\partial_X R\right]=0
\end{aligned} \tag{5-21a}$$

令 $b=\dfrac{2\pm\sin\theta}{2}V'$, 则 ε 的二次项从上式中消失, 得到

$$\partial_T R-\frac{2\pm\sin\theta}{2}V_0''R\partial_X R+\frac{3(2\pm\sin\theta)^2V_0'\tau-(2\pm\sin\theta)}{8}V_0'\partial_X^2 R=0 \tag{5-21b}$$

当 $\Delta x > h$ 时, 得到 $V_0'' < 0$, 在稳定区域, 系数 $\dfrac{3(2\pm\sin\theta)V_0'\tau-1}{4} < 0$ 满足公式 (5-13) 的稳定性条件. 因此, 在稳定区域公式 (5-21b) 就是 Burgers 方程. Burgers 方程的解是一系列的 N-激波, 表示如下

$$R(X,T)=\frac{2}{2\pm\sin\theta}\left\{\frac{2}{(2\pm\sin\theta)\left|V_0''\right|^2}\left[X-\frac{1}{2}(\mu_n+\mu_{n+1})\right.\right.$$
$$\left.\left.-\frac{1}{2\left|V_0''\right|T}(\mu_{n+1}-\mu_i)\times\tanh\left[\frac{c_1}{4\left|V_0''\right|T}(\mu_{n+1}-\mu_n)(X-\delta_n)\right]\right]\right\} \tag{5-22}$$

其中, $c_1=\dfrac{3(2\pm\sin\theta)V'\tau-1}{4}V_0'$, 激波的前沿坐标值是 $\delta_i\,(i=1,2,\cdots,N)$, 交叉点是以 $\mu_i\ (i=1,2,\cdots,N)$ 为标度的坐标 x 轴.

其次, 交通流的纽结-反纽结波在不稳定区域出现, 设 $m=3, l=1$, 由公式 (5-20) 推导出偏微分方程如下

$$\begin{aligned}&\varepsilon^2\left[b-\frac{2\pm\sin\theta}{4}V_0'\right]\partial_X R+\varepsilon^3\left[\frac{3b^2\tau}{2}\partial_X^2 R-\frac{2\pm\sin\theta}{4}V_0'\partial_X^2 R^2\right.\\&\left.-\frac{2\pm\sin\theta}{4}V_0''\partial_X R^2\right]+\varepsilon^4\left[\partial_T R+\frac{7b^3\tau^2}{3!}\partial_X^3 R-\frac{2\pm\sin\theta}{12}V_0'\partial_X^3 R\right.\\&\left.-\frac{2\pm\sin\theta}{8}V_0''\partial_X^2 R^2-\frac{2\pm\sin\theta}{12}V_0''\partial_X R^3\right]+O(\varepsilon^5)=0\end{aligned} \tag{5-23}$$

在临界点附近 $b=h_c$, $V_0''<0$. 取 $b=\dfrac{2\pm\sin\theta}{2}V_0'(h_c)$ 和 $\dfrac{\tau}{\tau_c}=1+\varepsilon^2$, ε 的二次项从式 (5-23) 中消失, 得到了如下表达式:

$$\partial_T R-\frac{2\pm\sin\theta}{54}V_0'\partial_X^3 R-\frac{2\pm\sin\theta}{12}V_0'''\partial_X R^3+O(\varepsilon)=0 \tag{5-24}$$

将 $T'=\dfrac{2\pm\sin\theta}{54}V_0'T, R'=R^2\left(-\dfrac{9V_0'''}{2V_0'}\right)$ 代入式 (5-24) 得到

$$\partial_{T'}R'-\partial_X^3 R'-\partial_X R'^3+O(\varepsilon)=0 \tag{5-25}$$

关于车头间距的纽结-反纽结解的表达式如下所示

$$\Delta x_n(t)=h_c\pm\sqrt{\frac{6V_0'}{\left|V_0'''\right|}\left(\frac{\tau}{\tau_c}-1\right)}$$

$$\times \tanh \left\{ \sqrt{\frac{27}{2}\left(\frac{\tau}{\tau_c}-1\right)} \times \left[n + \frac{2 \pm \sin\theta}{2}\left(1-\left|\frac{\tau}{\tau_c}-1\right|\right) V_0' t \right] \right\} \tag{5-26}$$

最后, 在亚稳态条件下, 讨论交通流的孤立子解. 令 $m=3, l=2$ 从式 (5-20) 得到偏微分方程

$$\begin{aligned} &\varepsilon^3 \left[b - \frac{2 \pm \sin\theta}{2} V_0' \right] \partial_X R + \varepsilon^4 \left[\frac{3b^2\tau}{2!} \partial_X^2 R - \frac{2 \pm \sin\theta}{4} V_0' \partial_X^2 R \right] \\ &+ \varepsilon^5 \left[\partial_T R + \frac{7b^3\tau^2}{3!} \partial_X^3 R - \frac{2 \pm \sin\theta}{12} V_0' \partial_X^3 R - \frac{2 \pm \sin\theta}{4} V_0'' \partial_X R^2 \right] \\ &+ \varepsilon^6 \left[3b\tau \partial_T \partial_X R + \frac{15b^4\tau^3}{4!} \partial_X^4 R - \frac{2 \pm \sin\theta}{8} V_0'' \tau \partial_X^2 R^2 \right] + O(\varepsilon^6) = 0 \end{aligned} \tag{5-27}$$

在非稳定区域附近 $h = h_s, V'(h_s) = 0,\ V''(h_s) > 0$. 取 $b = \dfrac{2 \pm \sin\theta}{2} V'(h_s)$, $\dfrac{\tau}{\tau_s} = 1 + \varepsilon^2$ 和 $\tau_s = \dfrac{2}{3V'(2 \pm \sin\theta)}$, ε 的三次项就从式 (5-27) 中消失, 得到了带有干扰项的 KdV 方程, 如果忽略式 (5-27) 中的高次项 $O(\varepsilon^6)$, 则得到 KdV 方程如下所示

$$\partial_T R - \frac{2 \pm \sin\theta}{54} V_0' \partial_X^3 R - \frac{2 \pm \sin\theta}{2} V_0'' R \partial_X R = 0 \tag{5-28}$$

孤立子解如下所示

$$\begin{aligned} \Delta x_n(t) = h + \frac{3V_0'}{V_0''}\left|\frac{\tau}{\tau_s}-1\right| \times \operatorname{sech}^2 \left\{ \sqrt{\frac{27}{4}\left|\frac{\tau}{\tau_s}-1\right|} \right. \\ \left. \times \left[n + \frac{2 \pm \sin\theta}{2}\left(1-\left|\frac{\tau}{\tau_s}-1\right|\right) V_0' t \right] \right\} \end{aligned} \tag{5-29}$$

5.2.4 斜坡条件对交通流稳定性以及孤立子波的控制作用

下面展开一系列的数值仿真来分别重现在稳定区域、非稳定区域和亚稳态区域的三角激波、纽结-反纽结波和孤立子波. 假设系统有 N 辆车在周期性边界条件下行驶在长度为 L 的倾斜道路上. 当 $\theta = 0°$ 时, 令 $v_{g,u,\max} = v_{g,d,\max} = 0\text{m/s}$; 当 $\theta = 6°$ 时, 令 $v_{g,u,\max} = v_{g,d,\max} = 0.1\text{m/s}$. 车辆根据牛顿运动定律来进行位置的更新, 司机的灵敏度在第一次和第二次仿真中均取为 $a = 1.5\text{s}^{-1}$, 第三次仿真中取为 $a = 0.5\text{s}^{-1}$. 仿真时间总长为一个保证车辆稳定下来且足够长的时间 20000s, 时间步长取为 0.1s.

首先, 在稳定区域重现三角激波, 则初始的车头间距设置如下

$$\Delta x_0 = 7.0, \quad \Delta x_n(0) = 5.0 \quad \left(1 \leqslant n \leqslant \frac{N}{2}\right)$$

$$\Delta x_n(0) = 9.0 \quad \left(\frac{N}{2} < n < N\right), \quad N = 200$$

第一次仿真的结果绘制在图 5-3～图 5-6 中. 图 5-3 和图 5-4 分别表示仿真时间为 8800s 时, 上坡情况和下坡情况下的三角激波的车头间距外形图, 从图 5-3 和图 5-4 可以看到三角激波的振荡幅值随着坡度变化而变化, 图 5-3 表示上坡情况下, 三角波的幅值随着坡度的增加而增加, 图 5-4 则表示下坡情况下, 幅值随着坡度的增加而减少. 图 5-5 和图 5-6 分别表示上坡和下坡情况下, 仿真时间在 8800s 之后三角激波的时空演化过程. 在稳定性分析部分, 得到的结论是: 随着坡度的变化, 两种情况下交通流的稳定性区域是变化的, 且变化趋势正好相反, 这与本部分的仿真结果完全一致.

其次, 在交通流的不稳定区域重现以改进的 KdV 方程描述的纽结与反纽结密度波, 初始的车头间距设置为

$$\Delta x_n(0) = 4.0 \quad \left(n \neq \frac{N}{2}, \frac{N}{2}+1\right)$$

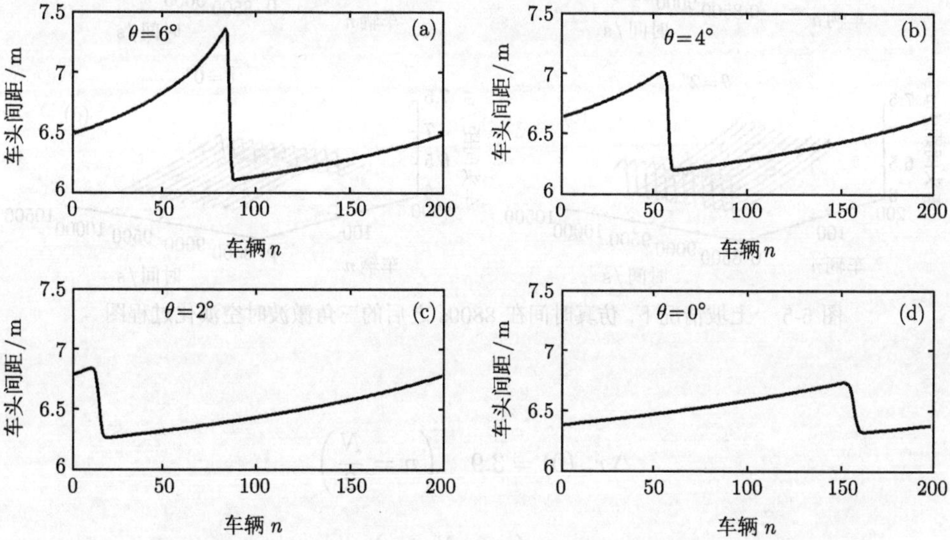

图 5-3　上坡情况下, 仿真时间为 8800s 时车头间距在不同坡度下的三角激波外形图

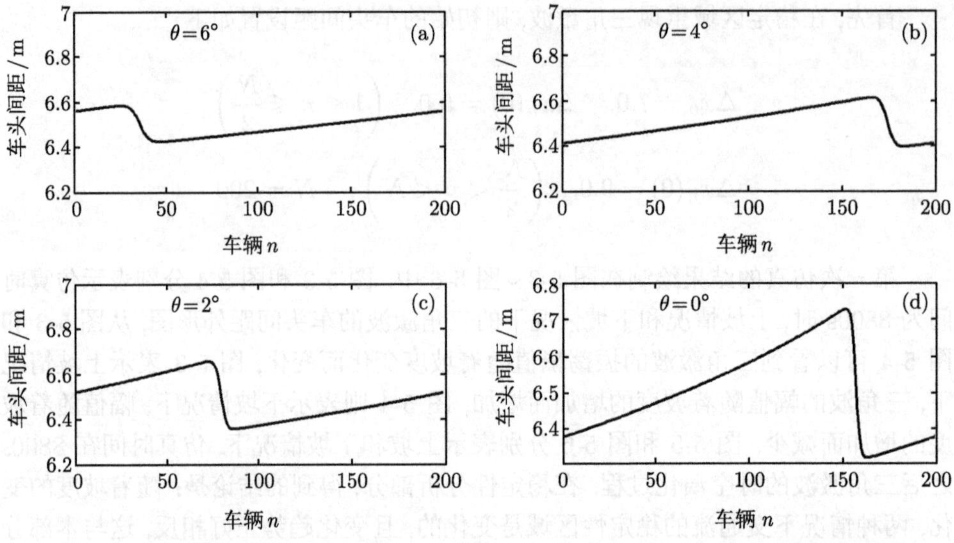

图 5-4　下坡情况下, 仿真时间为 8800s 时车头间距在不同坡度下的三角激波外形图

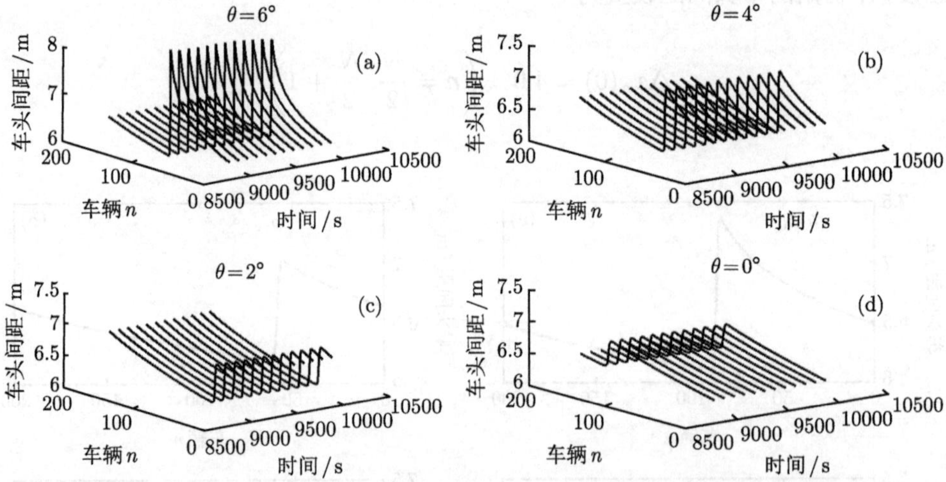

图 5-5　上坡情况下, 仿真时间在 8800s 之后的三角激波时空演化过程图

$$\Delta x_n(0) = 3.9 \quad \left(n = \frac{N}{2}\right)$$

$$\Delta x_n(0) = 4.1 \quad \left(n = \frac{N}{2} + 1\right), \quad N = 200$$

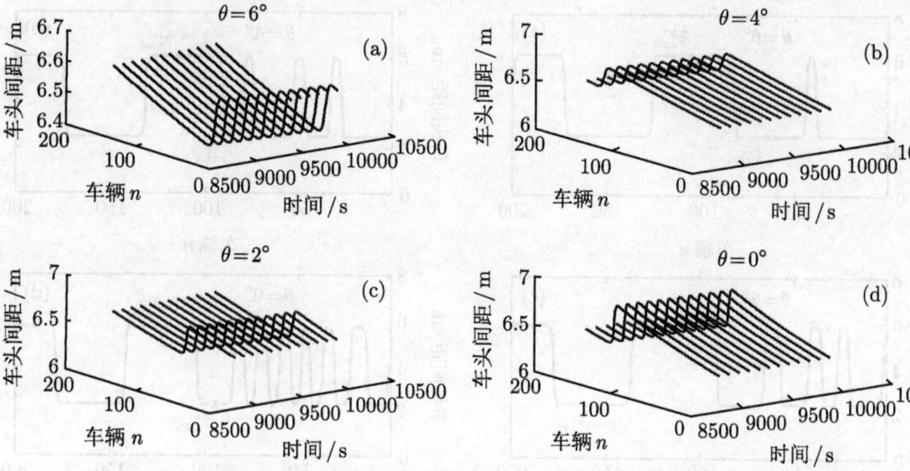

图 5-6 下坡情况下, 仿真时间在 8800s 之后的三角激波时空演化过程图

第二次仿真的结果绘制在图 5-7～图 5-10 中, 图 5-7 和图 5-8 分别给出的是 8800s 时的上坡和下坡两种情况下的车头间距外形图, 图 5-9 和图 5-10 分别给出的是 8800s 之后的上坡和下坡两种情况下车头间距的时空演化图. 安全距离是随着坡度的变化而变化的, 但从图中很难看出纽结波幅度的变化趋势, 我们使用数据标注 (data tips) 标出振荡波形的最大和最小值, 密度波的振荡幅值就可以被计算出来, 如表 5-1 所示. 可以看出, 上坡情况下, 随着坡度的增加振荡幅值是减小的; 而在下坡情况下, 变化趋势正好相反. 这些情况与第二部分稳定性分析内容相一致.

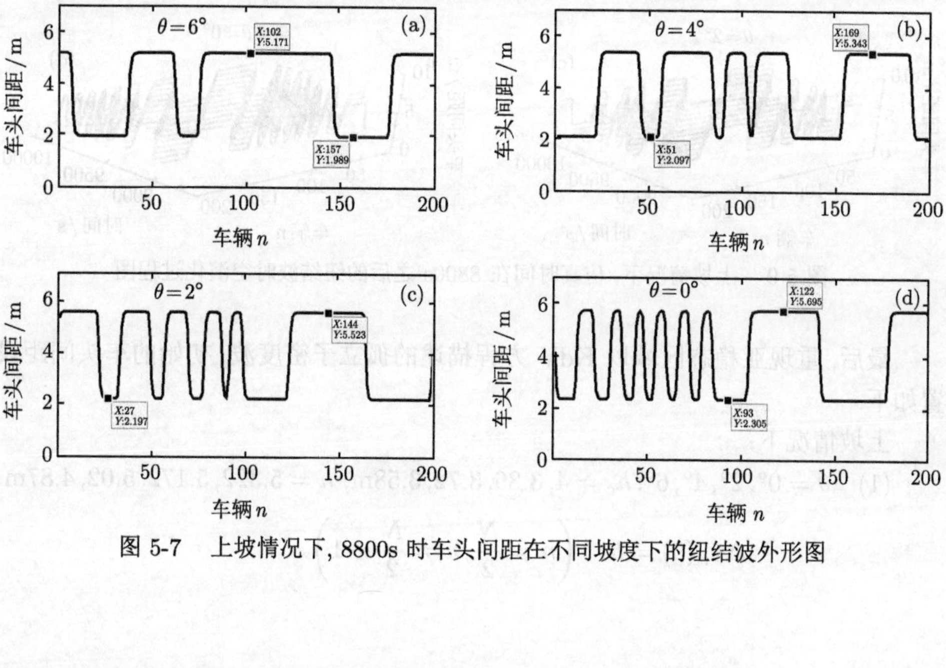

图 5-7 上坡情况下, 8800s 时车头间距在不同坡度下的纽结波外形图

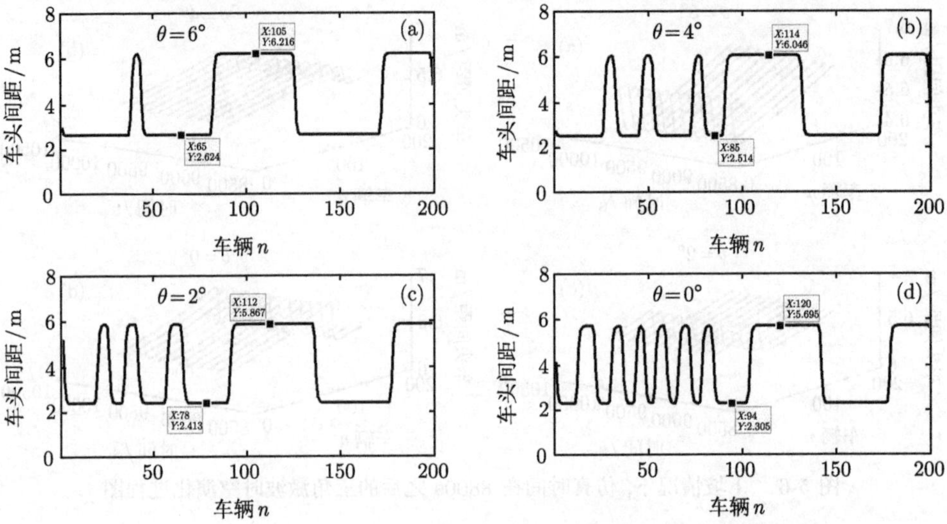

图 5-8　下坡情况下, 8800s 时车头间距在不同坡度下的纽结波外形图

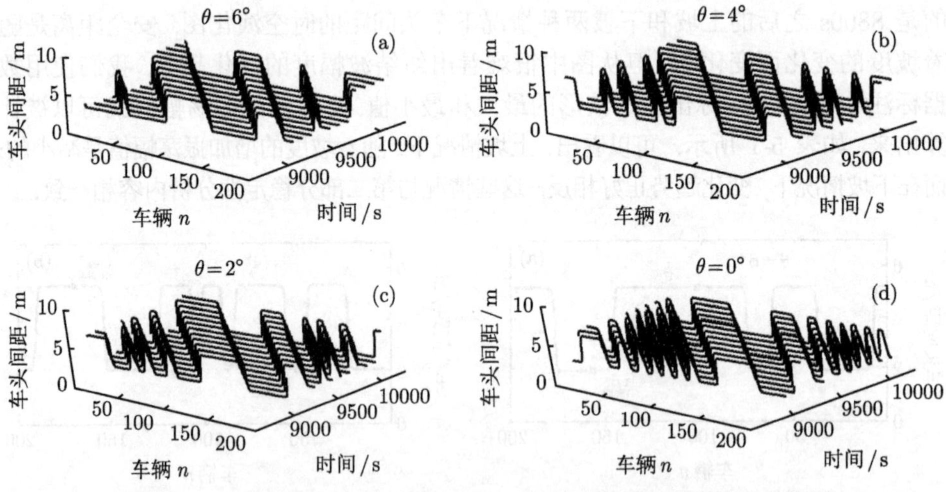

图 5-9　上坡情况下, 仿真时间在 8800s 之后的纽结波时空演化过程图

最后, 重现亚稳态区域以 KdV 方程描述的孤立子密度波, 初始的车头间距设置如下.

上坡情况下:

(1)　$\theta = 0°, 2°, 4°, 6°; h_c = 4, 3.86, 3.72, 3.58\mathrm{m}$, $h = 5.322, 5.172, 5.02, 4.87\mathrm{m}$

$$\Delta x_n(0) = h \quad \left(n \neq \frac{N}{2}, n \neq \frac{N}{2}+1\right)$$

$$\Delta x_n(0) = h - 0.5 \quad \left(n = \frac{N}{2}\right)$$

$$\Delta x_n(0) = h + 0.5 \quad \left(n = \frac{N}{2} + 1\right), \quad N = 200$$

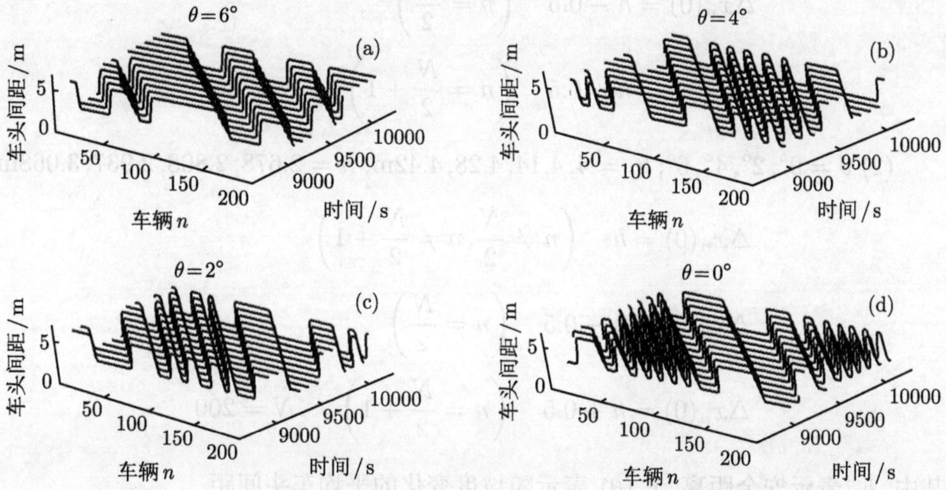

图 5-10 下坡情况下, 仿真时间在 8800s 之后的纽结波时空演化过程图

表 5-1 两种情况下随着坡度变化的纽结波的振荡幅值

上下坡	坡度	最大车头间距/m	最小车头间距/m	安全距离/m	振荡幅值/m
上坡	6°	5.171	1.989	3.58	1.541
	4°	5.343	2.097	3.72	1.623
	2°	5.523	2.197	3.86	1.663
无坡	0°	5.695	2.305	4.00	1.685
下坡	2°	5.867	2.413	4.14	1.727
	4°	6.046	2.514	4.28	1.766
	6°	6.216	2.624	4.42	1.786

(2) $\theta = 0°, 2°, 4°, 6°; h_c = 4, 3.86, 3.72, 3.58\text{m}, h = 2.678, 2.448, 2.42, 2.29\text{m}$

$$\Delta x_n(0) = h \quad \left(n \neq \frac{N}{2}, n \neq \frac{N}{2} + 1\right)$$

$$\Delta x_n(0) = h - 0.5 \quad \left(n = \frac{N}{2}\right)$$

$$\Delta x_n(0) = h + 0.5 \quad \left(n = \frac{N}{2} + 1\right), \quad N = 200$$

下坡情况下:

(1) $\theta = 0°, 2°, 4°, 6°; h_c = 4, 4.14, 4.28, 4.42\text{m}$, $h = 5.322, 5.172, 5.02, 4.87\text{m}$

$$\Delta x_n(0) = h \quad \left(n \neq \frac{N}{2}, n \neq \frac{N}{2} + 1\right)$$

$$\Delta x_n(0) = h - 0.5 \quad \left(n = \frac{N}{2}\right)$$

$$\Delta x_n(0) = h + 0.5 \quad \left(n = \frac{N}{2} + 1\right), \quad N = 200;$$

(2) $\theta = 0°, 2°, 4°, 6°; h_c = 4, 4.14, 4.28, 4.42\text{m}$, $h = 2.678, 2.808, 2.937, 3.068\text{m}$

$$\Delta x_n(0) = h \quad \left(n \neq \frac{N}{2}, n \neq \frac{N}{2} + 1\right)$$

$$\Delta x_n(0) = h - 0.5 \quad \left(n = \frac{N}{2}\right)$$

$$\Delta x_n(0) = h + 0.5 \quad \left(n = \frac{N}{2} + 1\right), \quad N = 200$$

其中, h_c 表示安全距离, $x_n(\theta)$ 表示随坡度变化的平均车头间距.

仿真结果绘制在图 5-11 至图 5-14 中, 图 5-11 和图 5-12 分别表示仿真时间为 18800s 时, 上坡和下坡情况下的车头间距外形图, 图 5-13 和图 5-14 分别表示仿真时间在 18800s 之后, 上坡和下坡情况下车头间距的时空演化过程图.

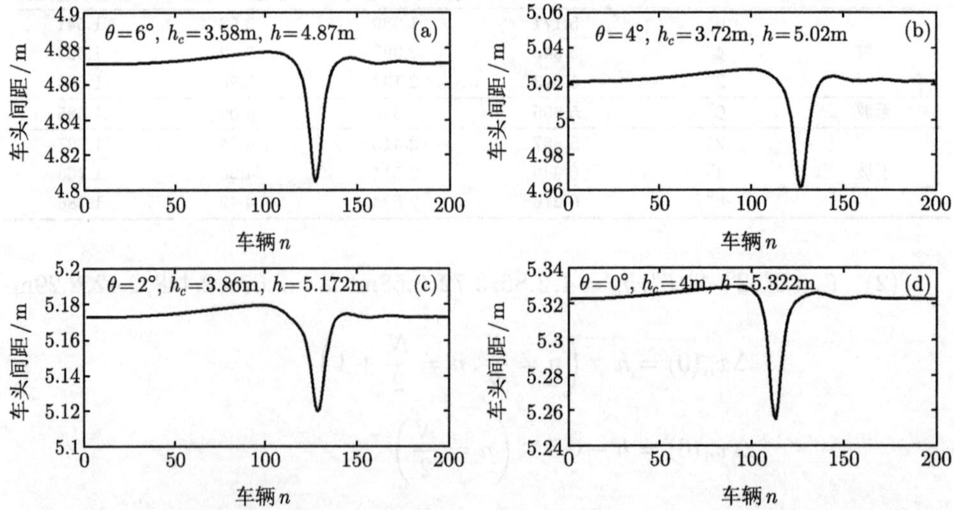

图 5-11.1 上坡情况下, 18800s 时车头间距在不同坡度下呈向下姿态的孤立子波外形图

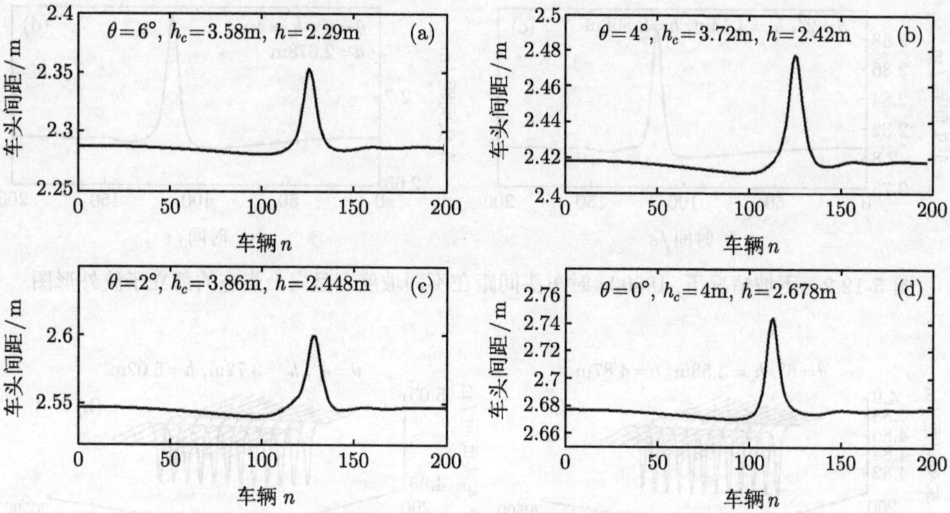

图 5-11.2 上坡情况下, 18800s 时车头间距在不同坡度下呈向上姿态的孤立子波外形图

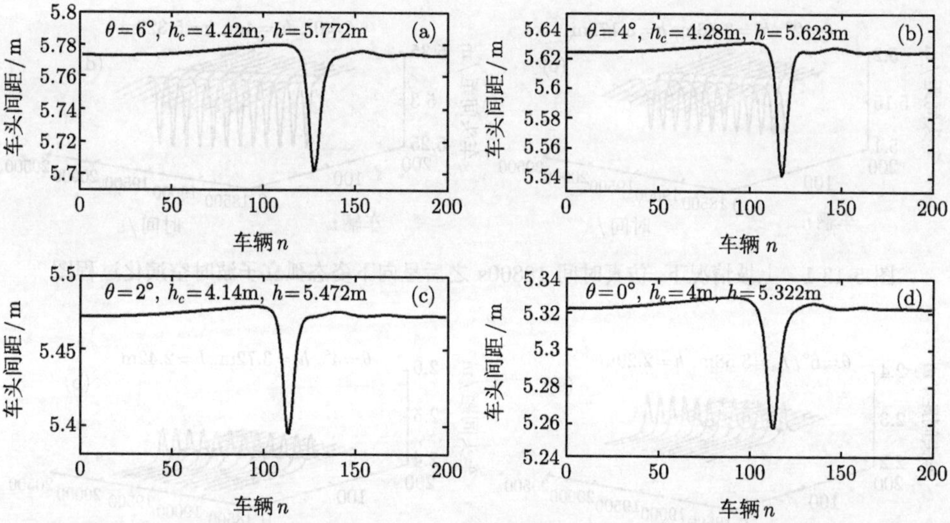

图 5-12.1 下坡情况下, 18800s 时车头间距在不同坡度下呈向下姿态的孤立子波外形图

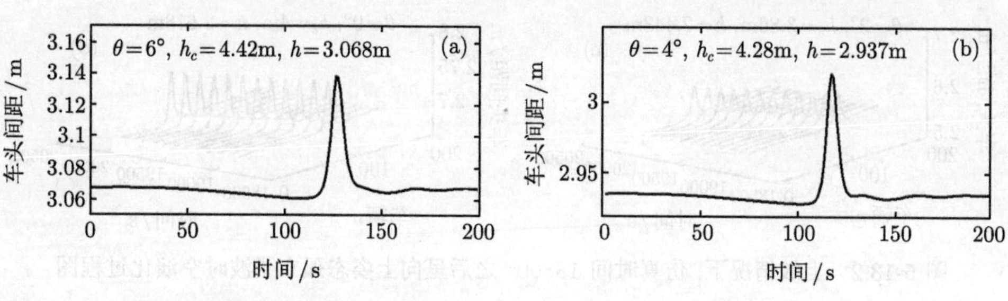

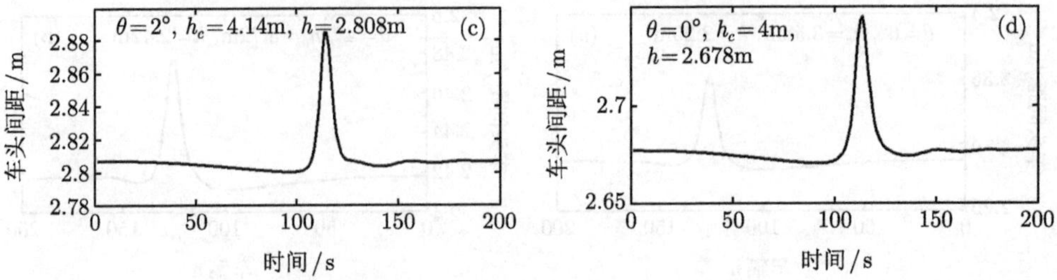

图 5-12.2　下坡情况下, 18800s 时车头间距在不同坡度下呈向上姿态的孤立子波外形图

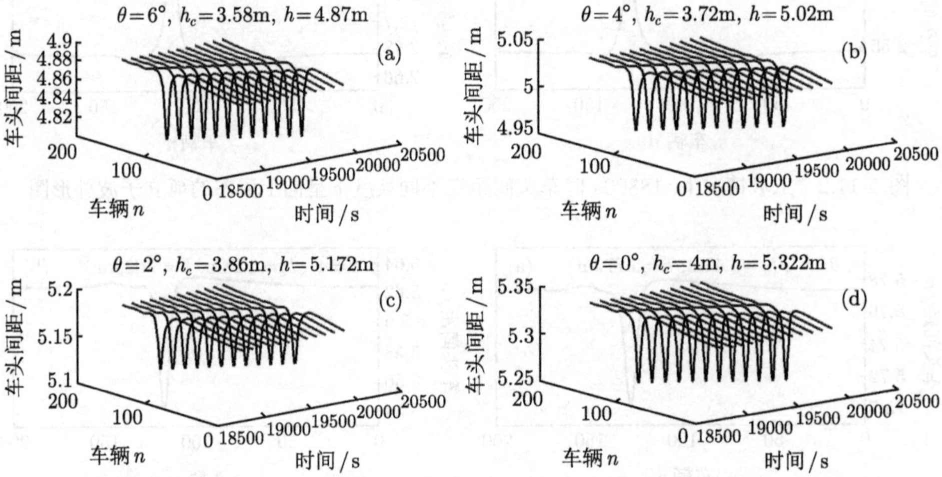

图 5-13.1　上坡情况下, 仿真时间 18800s 之后呈向下姿态孤立子波时空演化过程图

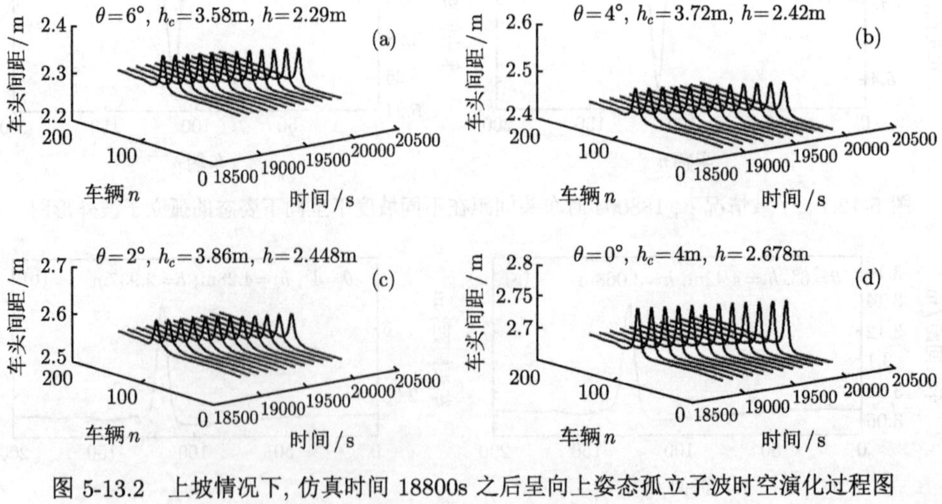

图 5-13.2　上坡情况下, 仿真时间 18800s 之后呈向上姿态孤立子波时空演化过程图

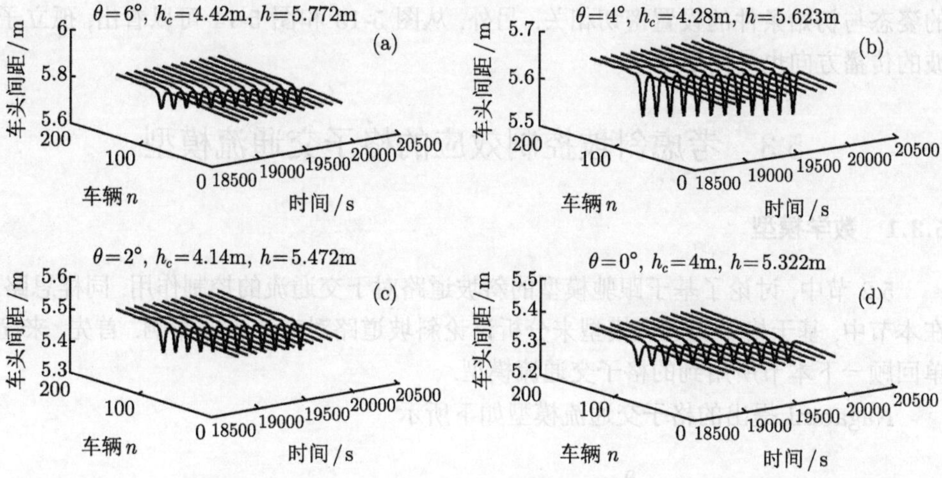

图 5-14.1 下坡情况下, 仿真时间 18800s 之后呈向下姿态孤立子波时空演化过程图

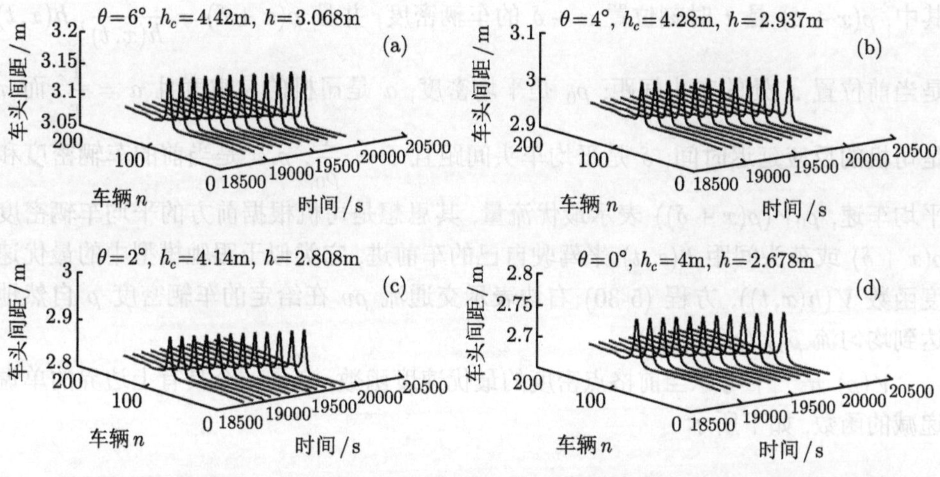

图 5-14.2 下坡情况下, 仿真时间 18800s 之后呈向上姿态孤立子波时空演化过程图

图 5-11.1 和图 5-13.1 以及图 5-11.2 和图 5-13.2 可以看到孤立子波的姿态分别呈现向下和向上的姿态, 图 5-12.1 和图 5-14.1 以及图 5-12.2 和图 5-14.2 也可以观察到相同的结果. 如何解释这种现象呢? 不难发现图 5-11.1 和图 5-13.1 以及图 5-12.1 和图 5-14.1 中的初始条件是平均车头间距大于安全距离, 而图 5-11.2 和图 5-13.2 以及图 5-12.2 和图 5-14.2 中的初始条件是平均车头间距小于安全距离. 孤立子波的幅值表达式为 $R=-\frac{7}{3}\frac{1}{\tanh\left(\Delta x_n-h_c\right)}\left(1-\frac{\tau}{\tau_s}\right)\ (\theta=0)$. 从公式可以看出: 当 $\Delta x>h_c$ 时, 得到 $R<0$; 当 $\Delta x<h_c$ 时, 得到 $R>0$. 孤立子波

的姿态与初始条件的设置密切相关. 另外, 从图 5-13 和图 5-14 可以看出, 孤立子波的传播方向也是向后的.

5.3 考虑斜坡控制效应的格子交通流模型

5.3.1 数学模型

5.2 节中, 讨论了基于跟驰模型的斜坡道路对于交通流的控制作用, 同样思路, 在本节中, 基于格子交通流模型来分析讨论斜坡道路对交通流的影响. 首先, 来简单回顾一下本节所用到的格子交通流模型.

Nagatani 提出的格子交通流模型如下所示

$$\frac{\partial \rho v}{\partial t}=a\rho_0 V(\rho(x+\delta))-a\rho v \tag{5-30}$$

其中, $\rho(x+\delta)$ 是 t 时刻位置 $x+\delta$ 的车辆密度, 并且 $\rho(x+\delta)=\dfrac{1}{h(x,t)}$, $h(x,t)$ 是当前位置 x 处的车头间距; ρ_0 是平均密度, a 是司机的灵敏度且 $a=\dfrac{1}{\tau}$, 而 τ 是司机的反应延迟时间; δ 是平均车头间距且 $\delta=\dfrac{1}{\rho_0}$, ρ, v 是当前的车辆密度和平均车速, $\rho_0 V(\rho(x+\delta))$ 表示最优流量, 其思想是司机根据前方的平均车辆密度 $\rho(x+\delta)$ 或车头间距 $h(x,t)$ 来驾驶自己的车前进, 它类似于跟驰模型中的最优速度函数 $V(h(x,t))$, 方程 (5-30) 右边表示交通流 ρv 在给定的车辆密度 ρ 自然地达到均匀流 $\rho_0 V(\rho(x+\delta))$.

$V(\rho)$ 是一个考虑当前格点密度的最优速度函数, 它是一个具有上边界的单调递减的函数, 如下所示

$$V(\rho)=\frac{v_{\max}}{2}\left[\tanh\left(\frac{1}{\rho}-\frac{1}{\rho_c}\right)+\tanh\left(\frac{1}{\rho_c}\right)\right] \tag{5-31}$$

其中, $\rho_c=\dfrac{1}{h_c}$, 而且 h_c 是安全距离, $v_{\max}$ 是最大速度.

在公式 (5-30) 的基础上, 消掉变量参数速度 v 之后的格子交通流模型如下所示

$$\frac{\partial^2 \rho_j}{\partial t^2}+a\frac{\partial \rho_j}{\partial t}-a\rho_0^2\left(V(\rho_{j+1})-V(\rho_j)\right)=0 \tag{5-32}$$

其中, j 表示格点位置, ρ_j 是第 j 个格点在 t 时刻的密度值, 其他参数如前所述.

为了方便, 把上述方程写为差分形式如下

$$\rho_j(t+2\tau)-\rho_j(t+\tau)-\tau\rho_0^2(V(\rho_{j+1})-V(\rho_j))=0 \tag{5-33}$$

基于格点密度的最优速度函数如下所示.

上坡情况下：

$$\begin{aligned}V(\rho)=&\frac{v_{f,\max}}{2}\left[\tanh\left(\frac{1}{\rho}-\frac{1}{\rho_{c,u}}\right)+\tanh\frac{1}{\rho_{c,u}}\right]\\&-\frac{v_{g,u,\max}}{2}\left[\tanh\left(\frac{1}{\rho}-\frac{1}{\rho_{c,u}}\right)+\tanh\frac{1}{\rho_{c,u}}\right]\end{aligned} \tag{5-34}$$

下坡情况下：

$$\begin{aligned}V(\rho)=&\frac{v_{f,\max}}{2}\left[\tanh\left(\frac{1}{\rho}-\frac{1}{\rho_{c,d}}\right)+\tanh\frac{1}{\rho_{c,d}}\right]\\&+\frac{v_{g,d,\max}}{2}\left[\tanh\left(\frac{1}{\rho}-\frac{1}{\rho_{c,d}}\right)+\tanh\frac{1}{\rho_{c,d}}\right]\end{aligned} \tag{5-35}$$

其中, $v_{f,\max}$ 和 $v_{g,u,\max},v_{g,d,\max}$ 与 5.2 节的完全一致; $\rho_{c,u}=\dfrac{1}{h_{c,u}},\rho_{c,d}=\dfrac{1}{h_{c,d}}$, 而 $h_{c,u},h_{c,d}$ 和 5.2 节的 $x_{c,u},x_{c,d}$ 所代表的意义则完全一致.

最大交通流量受坡度影响的曲线表示如图 5-15 所示的密度与流量关系, 图中 (a) 和 (b) 分别对应上坡和下坡情况, 两图均有三条实线对应于坡度为 0°, 3°, 6° 的情况. 从图 (a) 可以观察出, 随着坡度的增加最大流量是增大的, 而从图 (b) 则观察到相反的变化趋势.

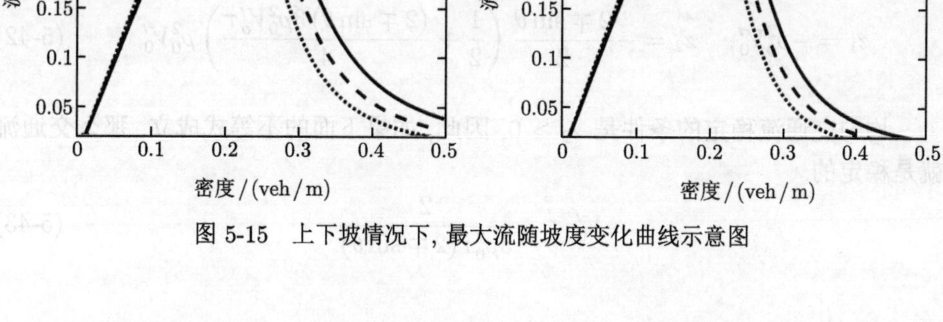

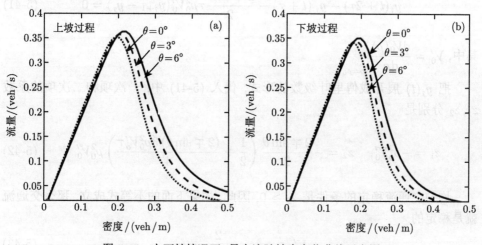

图 5-15 上下坡情况下, 最大流随坡度变化曲线示意图

5.3.2 线性分析

下面讨论由格子模型描述的均匀交通流的稳定性得到亚稳态条件. 为了方便, 定义如下函数:

$$\rho(\theta) = \rho_{c,u} \text{ 或 } \rho_{c,d} = \frac{1}{h_c(1 \mp \sin\theta)} \tag{5-36}$$

$$V_0(\rho) = \tanh V_0(\rho) = \tanh\left(\frac{1}{\rho} - \rho(\theta)\right) + \tanh(\rho(\theta)) \tag{5-37}$$

那么, 由公式 (5-34) 和 (5-35) 表示的最优速度函数可以写成统一的表达式如下所示

$$V(\rho) = \frac{2 \mp \sin\theta}{2} V_0(\rho) \tag{5-38}$$

设初始均匀的交通流密度为 ρ_0, 最优速度为 $V(\rho_0)$, 那么均匀流可描述如下

$$\rho_j(t) = \rho_0, \quad v_j(t) = V(\rho_0) \tag{5-39}$$

假设一个干扰为 $y_j(t) = \mathrm{e}^{ikn+zt}$ $(k = 0, 1, 2, \cdots, N-1, |y_n| \ll 1, z = z_1(ik) + z_2(ik)^2 + \cdots)$, 加入到初始均匀的交通流中,

$$\rho_j(t) = \rho_0 + y_j(t) \tag{5-40}$$

把上式代入 (5-33) 中可以得到线性化的方程

$$y_j(t+2\tau) - y_j(t+\tau) - \frac{2 \mp \sin\theta}{2} \tau \rho_0^2 V_0'(y_{j+1} - y_j) = 0 \tag{5-41}$$

其中, $V_0' = \left.\dfrac{\mathrm{d}V_0(\rho)}{\mathrm{d}\rho}\right|_{\rho=\rho_0}$.

把 $y_j(t)$ 展开成傅里叶级数的形式, 代入 (5-41) 中, 一次项和二次项的系数 z_1, z_2 分别是

$$z_1 = -\rho_0^2 V_0', \quad z_2 = -\frac{2 \mp \sin\theta}{2}\left(\frac{1}{2} + \frac{(2 \mp \sin\theta)\, 3\rho_0^2 V_o' \tau}{4}\right)\rho_0^2 V_0' \tag{5-42}$$

均匀交通流稳定的条件是 $z_2 > 0$, 因此, 如果下面的不等式成立, 那么交通流就是稳定的.

$$V_0' < -\frac{2}{3\rho_0^2 \tau (2 \mp \sin\theta)} \tag{5-43}$$

在稳定性条件基础上, 可以自然地得到亚稳态条件和不稳定条件如下所示

$$V_0' = -\frac{2}{3\rho_0^2\tau(2 \mp \sin\theta)} \tag{5-44}$$

$$V_0' > -\frac{2}{3\rho_0^2\tau(2 \mp \sin\theta)} \tag{5-45}$$

图 5-16 给出了不同坡度对应的亚稳态曲线 (实线) 以及共存曲线 (虚线). (a) 和 (b) 分别对应上坡和下坡的情况, 虚线以上的区域是稳定区域, 实线以下的区域是不稳定区域, 两者之间的区域则是临界区域, 在此区域条件下, 均匀交通流加入一个小的扰动, 交通拥挤将以孤立子波的形式出现. 从图 5-16 可以观察到, 在上坡情况下, 随着坡度的增加稳态区域是增大的; 在下坡情况下则是变小的. 而且, 在上坡情况下, 亚稳态区域随着坡度的增加, 由低交通流密度区域向高密度区域移动, 而下坡情况下亚稳态区域的移动方向相反.

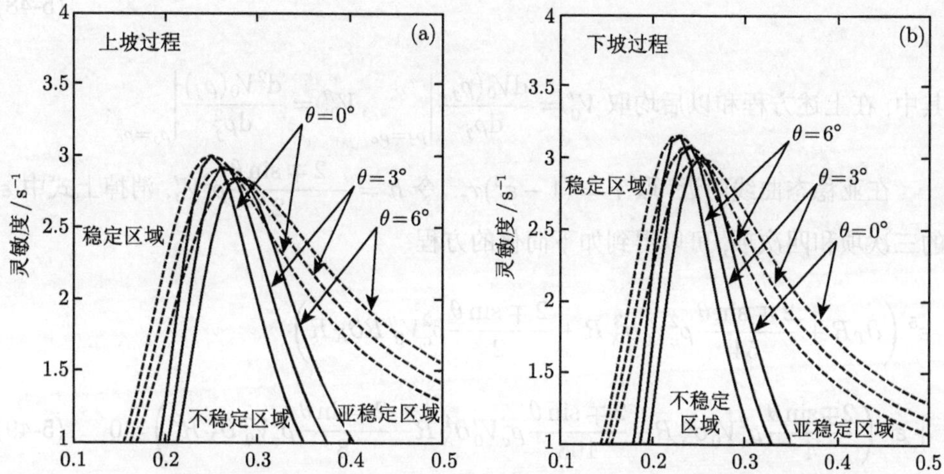

图 5-16 不同坡度下, 两种情况下的亚稳态曲线 (实线) 和共存曲线 (虚线)

5.3.3 非线性分析与孤立子解

本节主要利用非线性方法来推导 KdV 方程, 利用长波法, 把模型的空间 j 和时间变量 t 引入一个小的正的比例因子 ε, $0 < \varepsilon \ll 1$, 在亚稳态曲线附近假设变量 X, T 分别如下

$$X = \varepsilon(j + ht), \quad T = \varepsilon^3 t \tag{5-46}$$

其中, h 是一个待定常数.

设密度的表达式为

$$\rho_j(t) = \rho_c + \varepsilon^2 R(X,T) \tag{5-47}$$

将 (5-46) 和 (5-47) 代入公式 (5-33) 中, 对 ε 做 5 阶泰勒级数展开, 得到如下表达式:

$$\begin{aligned}&\varepsilon^3\left(h+\frac{2\mp\sin\theta}{2}\rho_c^2V_0'\right)\partial_X R+\varepsilon^4\left(3h^2\tau+\frac{2\mp\sin\theta}{4}\rho_c^2V_0'\right)\partial_X^2 R\\&+\varepsilon^5\left(\partial_T R+\frac{(2\mp\sin\theta)\,\rho_c^2V_0'+14h^3\tau^2}{12}\partial_X^3 R+\frac{2\mp\sin\theta}{4}\rho_c^2V_0''R\partial_X R\right)\\&+\varepsilon^6\left(3h\tau\partial_X\partial_T R+\frac{30h^4\tau^3+(2\mp\sin\theta)\,\rho_c^2V_0'}{48}\partial_X^4 R+\frac{2\mp\sin\theta}{8}\rho_c^2V_0''\partial_X^2R^2\right)=0\end{aligned} \tag{5-48}$$

其中, 在上述方程和以后均取 $V_0' = \left.\dfrac{\mathrm{d}V_0(\rho_j)}{\mathrm{d}\rho_j}\right|_{\rho_j=\rho_c}, V_0'' = \left.\dfrac{\mathrm{d}^2V_0(\rho_j)}{\mathrm{d}\rho_j^2}\right|_{\rho_j=\rho_c}$.

在亚稳态曲线附近, 取 $\tau=(1-\varepsilon^2)\tau_s$. 令 $h=-\dfrac{2\mp\sin\theta}{2}\rho_c^2V_0'$, 消掉上式中 ε 的三次项和四次项, 可以得到如下简化的方程:

$$\begin{aligned}&\varepsilon^5\left(\partial_T R+\frac{2\mp\sin\theta}{54}\rho_c^2V_0'\partial_X^3 R+\frac{2\mp\sin\theta}{2}\rho_c^2V_0''R\partial_X R\right)\\&+\varepsilon^6\left(\frac{2\mp\sin\theta}{4}\rho_c^2V_0'\partial_X^2R-\frac{2\mp\sin\theta}{108}\rho_c^2V_0'\partial_X^4R-\frac{2\mp\sin\theta}{8}\rho_c^2V_0''\partial_X^2R^2\right)=0\end{aligned} \tag{5-49}$$

为得到标准的 KdV 方程, 忽略 ε 的六次项表达式, 再进行相应的转换, 得到表达式:

$$\partial_{T'}R' + \partial_{X'}^3 R' + R'\partial_{X'}R' = 0 \tag{5-50}$$

其中, $T'=\sqrt{\dfrac{54}{(2\mp\sin\theta)\,\rho_c^2V_0'}}T, X'=\sqrt{\dfrac{54}{2\mp\sin\theta\rho_c^2V_0'}}X, R'=\dfrac{2\mp\sin\theta}{2}\rho_c^2V_0'R.$

求解方程 (5-50) 得到孤立子解的表达式为

$$\rho_j(t)=\rho_c+\frac{3\rho_c^2V_0'}{\rho_c^2V_0''}\left(\frac{\tau}{\tau_s}-1\right)\times\operatorname{sech}^2\left[\sqrt{\frac{27}{4}\left(\frac{\tau}{\tau_s}-1\right)}\times\left(j+\frac{(2\mp\sin\theta)\,\tau\rho_c^2V_0'}{2\tau_s}t\right)\right] \tag{5-51}$$

5.3.4 斜坡条件对孤立子波的控制作用仿真分析

在交通流的亚稳态区域进行仿真来重现孤立子波, 假设将长度为 L 的倾斜道路划分为 100 个格点, 车辆依据牛顿运动定律在周期性条件下行驶. 取三种坡度情况: $\theta=0^\circ,3^\circ,6^\circ$, 相对地, $v_{g,u,\max}=v_{g,d,\max}=0,0.0523,0.105\text{m/s}$. 司机的灵敏度均为 $a=1.0$, 仿真时长取为 $t_d=20000\text{s}$, 步长是 $\Delta t=0.1\text{s}$. 在上、下坡两种情况下进行仿真, 初始条件分别设为:

上坡情况下:

(1) $\theta=6^\circ,3^\circ,0^\circ;\rho=0.226,0.215,0.205\text{veh/m};\rho_c=0.279,0.264,0.25\text{veh/m}$

$$\rho_{50}(0)=\rho-0.05,\quad \rho_{51}(0)=\rho+0.05$$

$$\rho_n(0)=\rho\quad(n=1,2,\cdots,49,52,53,\cdots,100)$$

(2) $\theta=6^\circ,3^\circ,0^\circ;\rho=0.365,0.342,0.321\text{veh/m};\rho_c=0.279,0.264,0.25\text{veh/m}$

$$\rho_{50}(0)=\rho-0.05,\quad \rho_{51}(0)=\rho+0.05$$

$$\rho_n(0)=\rho\quad(n=1,2,\cdots,49,52,53,\cdots,100)$$

下坡情况下:

(1) $\theta=6^\circ,3^\circ,0^\circ;\rho=0.187,0.196,0.205\text{veh/m};\rho_c=0.226,0.237,0.25\text{veh/m}$

$$\rho_{50}(0)=\rho-0.05,\quad \rho_{51}(0)=\rho+0.05$$

$$\rho_n(0)=\rho\quad(n=1,2,\cdots,49,52,53,\cdots,100)$$

(2) $\theta=6^\circ,3^\circ,0^\circ;\rho=0.286,0.302,0.321\text{veh/m};\rho_c=0.226,0.237,0.25\text{veh/m}$

$$\rho_{50}(0)=\rho-0.05,\quad \rho_{51}(0)=\rho+0.05$$

$$\rho_n(0)=\rho\quad(n=1,2,\cdots,49,52,53,\cdots,100)$$

其中, ρ 是所有格点内的平均密度.

仿真结果表示在图 5-17 到图 5-20 中, 分别绘制的是上、下坡情况下, 在仿真时刻 19180s 时格点的密度随坡度变化而变化的分布图, (a), (b), (c) 分别对应 $\theta=6^\circ,3^\circ,0^\circ$. 从图 5-17.1 可以看出, 当 $\rho<\rho_c$ 时, 密度波呈向上的姿态; 从图 5-17.2 中可观察到, 当 $\rho>\rho_c$ 时, 密度波呈向下的姿态. 从图 5-18.1 和图

5-18.2 可以看到相同的结果, 为什么会这样呢？因为根据孤立子密度波的振幅表达式：$R=-\frac{7}{3}\frac{1}{\tanh(\rho_j-\rho_c)}\left(1-\frac{\tau}{\tau_s}\right)(\theta=0°)$, 不难计算出, 当 $\rho_j>\rho_c$ 时, 得到 $R<0$, 当 $\rho_j<\rho_c$ 时, 得到 $R>0$.

图 5-19.1, 图 5-19.2 和图 5-20.1, 图 5-20.2 分别给出了上下坡情况下, 在仿真时刻 19180s 之后的孤立子波的时空演化图, (a), (b), (c) 分别对应 $\theta=6°,3°,0°$. 从上述图中可以看出孤立子波的传播方向也是向后的.

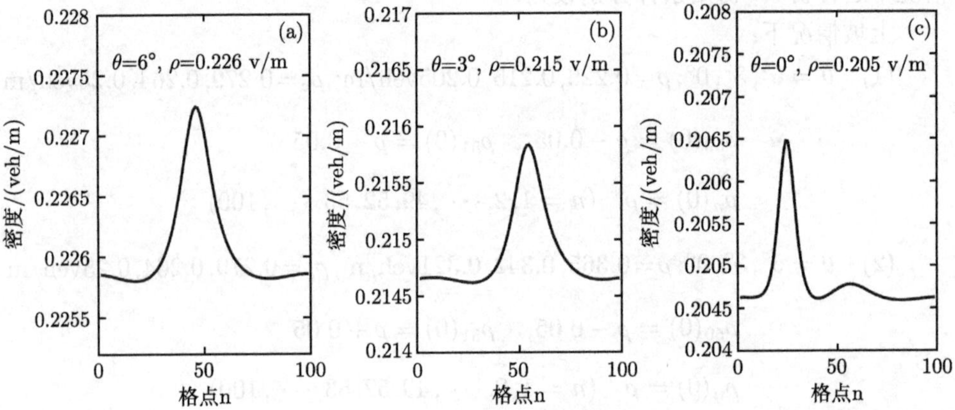

图 5-17.1　上坡情况不同坡度下, $t=19180$s 时, 所有格点的密度呈现向上姿态的外形图

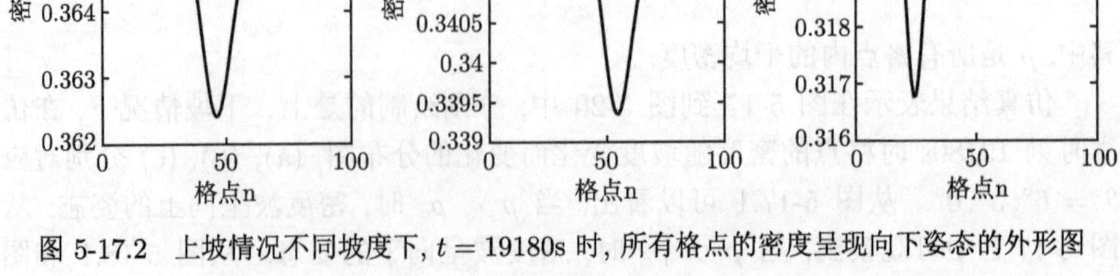

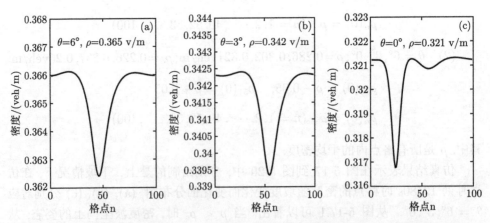

图 5-17.2　上坡情况不同坡度下, $t=19180$s 时, 所有格点的密度呈现向下姿态的外形图

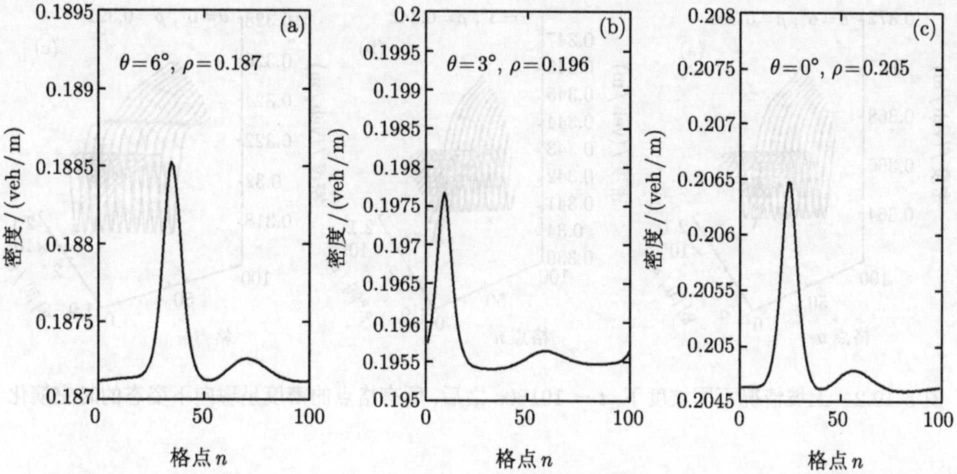

图 5-18.1 下坡情况不同坡度下, $t = 19180$s 时, 所有格点的密度呈现向上姿态的外形图

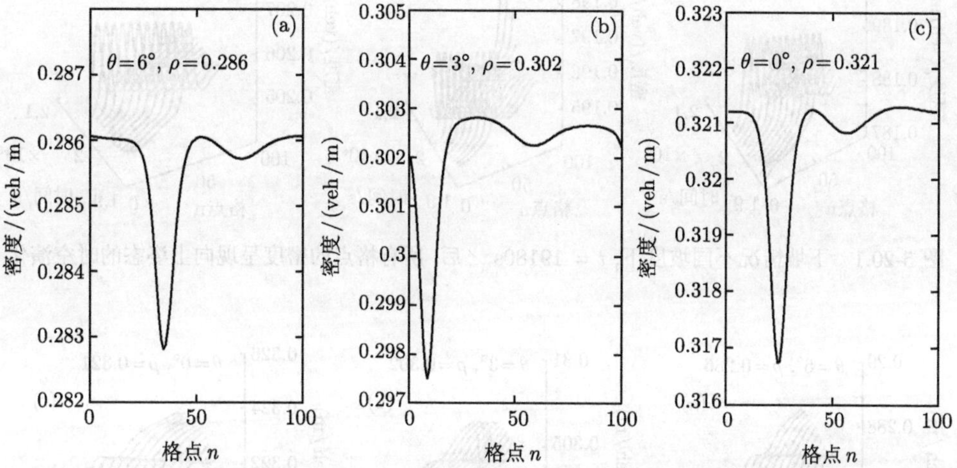

图 5-18.2 下坡情况不同坡度下, $t = 19180$s 时, 所有格点的密度呈现向下姿态的外形图

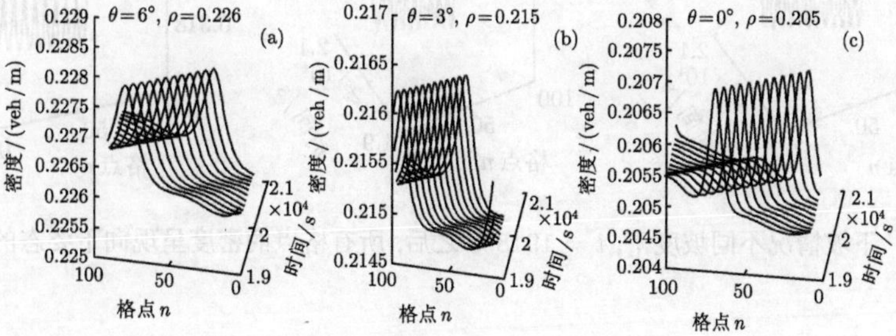

图 5-19.1 上坡情况不同坡度下, $t = 19180$s 之后, 所有格点的密度呈现向上姿态的时空演化

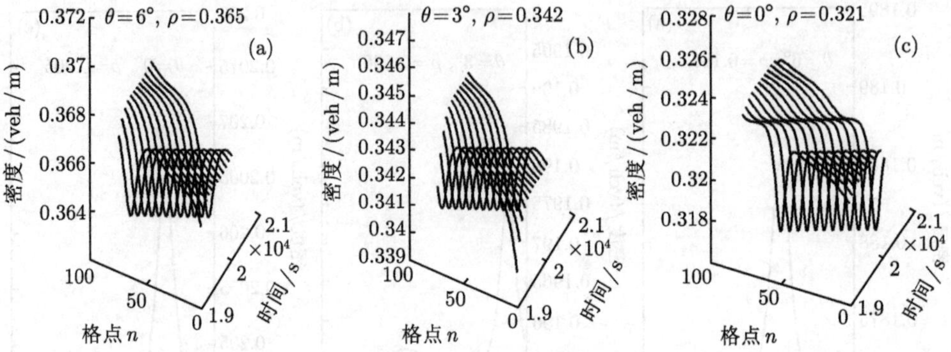

图 5-19.2　上坡情况不同坡度下, $t = 19180$s 之后, 所有格点的密度呈现向下姿态的时空演化

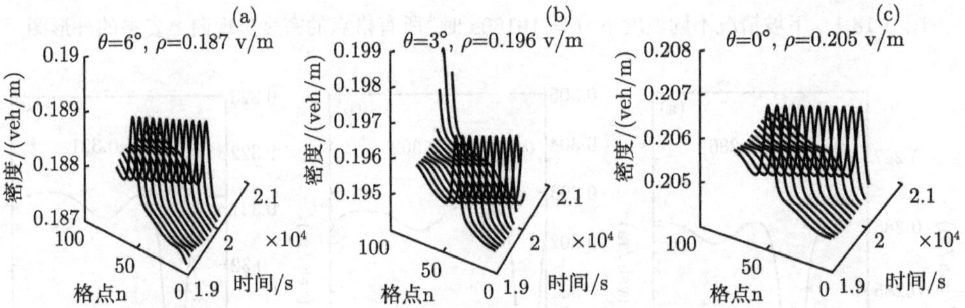

图 5-20.1　下坡情况不同坡度下, $t = 19180$s 之后, 所有格点的密度呈现向上姿态的时空演化

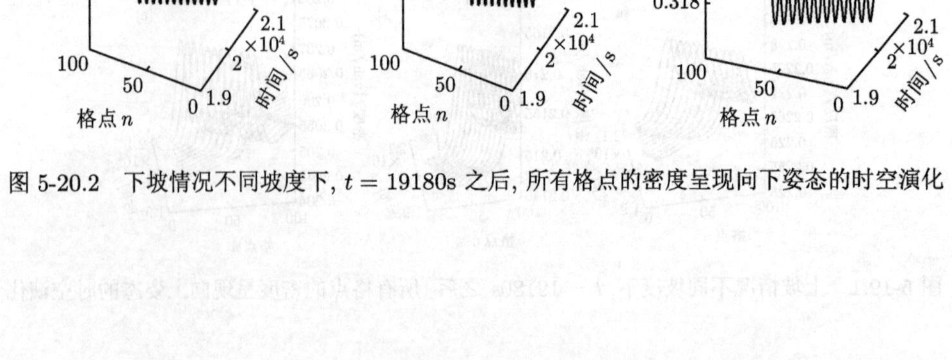

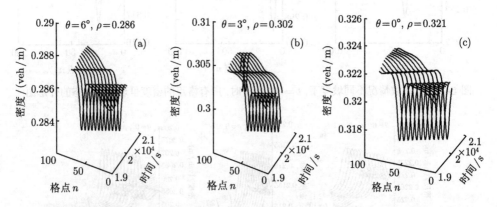

图 5-20.2　下坡情况不同坡度下, $t = 19180$s 之后, 所有格点的密度呈现向下姿态的时空演化

5.4 斜坡控制效应对车辆能量消耗的影响

5.4.1 能量消耗模型

能量消耗定义为车辆在行驶过程中由于减速而造成的能量损失. 根据动能守恒定律, 在稳态下, 加速时增加的能量等于由于减速而消耗的能量. 忽略滚动和空气阻力耗散以及其他耗散, 如保持电机运转的能量, 只考虑减速引起的能量损失.

根据动能方程, 车辆的动能公式为 $\dfrac{mv^2}{2}$, 其中 m 表示车辆的质量, v 表示车辆的速度. 在共有 M 辆车的运动系统中, 从 $t-1$ 时刻到 t 时刻的第 i 辆车消耗的运动能量 ΔE 的公式如下

$$\Delta E_i(t) = \begin{cases} \dfrac{1}{2}m\left[v_i^2(t-1) - v_i^2(t)\right], & v_i(t) < v_i(t-1) \\ 0, & v_i(t) \geqslant v_i(t-1) \end{cases} \tag{5-52}$$

进而, 系统在一段时间内的总能量消耗如下所示

$$E(T) = \sum_{t=t_0}^{t_0+T} \sum_{i=1}^{M} \Delta E_i(t) \tag{5-53}$$

其中, M 是系统中的车辆总数, t_0 表示为能使系统达到稳定状态的足够长的时间, T 是计算总能量耗散的时间长度.

每辆车单位时间能量损失的运动能量消耗率的计算如下

$$E_r = \frac{1}{T}\frac{1}{M}E(T) \tag{5-54}$$

定义车辆在道路按照最优速度模型行驶, 运动方程如下

$$\frac{\mathrm{d}v_i(t)}{\mathrm{d}t} = a\left\{V(\Delta x_i(t) - v_i(t))\right\} \tag{5-55}$$

根据牛顿运动定律, 车辆的运动速度如下公式所示

$$v_i(t) = v_i(t-1) + [V(\cdot) - v_i(t-1)] \times \Delta t \tag{5-56}$$

其中, $V(\cdot)$ 表示第 i 辆车在 $t-1$ 时刻的最优速度.

将式 (5-56) 与式 (5-52) 相结合, 可以得到第 i 辆车的运动能量消耗为

$$\Delta E_i(t)=\begin{cases}-[V(\cdot)-v_i(t-1)]\times\Delta t\Bigg[v_i(t-1)\\ \quad+\dfrac{1}{2}\Bigg[V(\cdot)-v_i(t-1)\Bigg]\times\Delta t\Bigg], & v_i(t)<v_i(t-1)\\ 0, & v_i(t)\geqslant v_i(t-1)\end{cases}\tag{5-57}$$

为了简单起见, 假设系统中的车辆的质量相同, 即在式 (5-57) 中忽略其质量.

5.4.2 坡度条件对交通流能量消耗的控制分析

斜坡上的最优速度模型已经在 5.2 节中做过详细的介绍, 本节以斜坡上的车辆跟驰模型为基础进行仿真实验, 分析讨论斜坡条件对于交通流能耗的控制作用.

下面通过仿真来研究车辆在坡道上的能量耗散问题. 仿真持续时间设置为 10000s, 取时间步长为 $\Delta t=1$s, 取驾驶员的反应时间为 $\tau=1$s. 所有的仿真都在上坡和下坡两种情况下进行, 坡度路面最大坡度为 6°, 满足实际路面条件. 在周期性边界条件下, 即从头车到最后一辆车 (尾车), 每辆车都跟随前车运行, 不允许换道和超车, 而头车也以相同的方式跟随尾车运行, 形成周期性边界, 车辆根据牛顿运动定律更新其位置. 设安全距离 $x_c=4$m. 仿真结果如图 5-21～图 5-28 所示, 图中所有的数据采集时间为 5000～10000s, 在这段时间内交通流系统已经达到稳定状态.

第一次仿真实验揭示了车辆在系统中的总能量消耗随坡度变化. 系统中车辆数为 100 辆, 道路总长度为 200m. 图 5-21 和图 5-22 分别给出了时间为 5000s 时, 100 辆车的交通系统在上坡和下坡情况下总能量消耗随坡度变化的情况. 在上坡的情况下, 可以观察到总能量消耗随着坡度的增加而减少. 在走下坡路时, 则观察到相反的变化趋势, 即随着坡度的增加, 系统的总能量消耗增加. 这个结论似乎与平时的认知有所不同, 这是因为随着坡度的增加, 作用在车辆上的重力分量增加, 相应的重力加速度分量也会增加. 在上坡时, 重力加速度分量的方向与车辆行驶的方向相反, 因此车辆单位时间内速度变化较小, 能量消耗也会变小; 相反, 下坡时, 重力加速度分量的方向与车辆行驶的方向一致, 因此车辆单位时间内速度变化较大, 导致能量的消耗也会增加, 这种现象被称为斜坡道路上能量消耗的 “逆常规” 现象. 在这两个图中, 虚线表示安全距离 x_c 随坡度变化的情况, 实线表示安全距离 x_c 为不变值的情况, 且 x_c 的取值为上坡 $x_c=3$m, 下坡 $x_c=5$m. 从图中仿真结果的两条线中, 我们可以看到能量消耗的变化趋势几乎不受安全距离的影响. 为了简单起见, 在后面的模拟中, 安全距离在上坡时取 3m, 下坡时取 5m.

第二次仿真实验显示了能量消耗与车辆密度之间的关系. 在这次实验中, 设置道路的总长度为 200m 不变, 其密度是通过在 N 辆车的系统中加入车辆得到

的, 在系统中, 密度随着车辆数量的增加而增加. 图 5-23 和图 5-24 给出了两种情况下车辆能耗与密度的关系. 从图中可以看出, 在稳定区域没有能量耗散, 而在不稳定区域, 能量耗散随着密度的变化而变化. 当密度小于临界值时, 能量耗散随密度的增加而增加; 当密度大于临界值时, 能量耗散随密度的增加而减少. 此外, 每辆车的能耗随坡度 (坡度为 $0°, 2°, 4°, 6°$) 的变化趋势与图 5-21、图 5-22 所示相同.

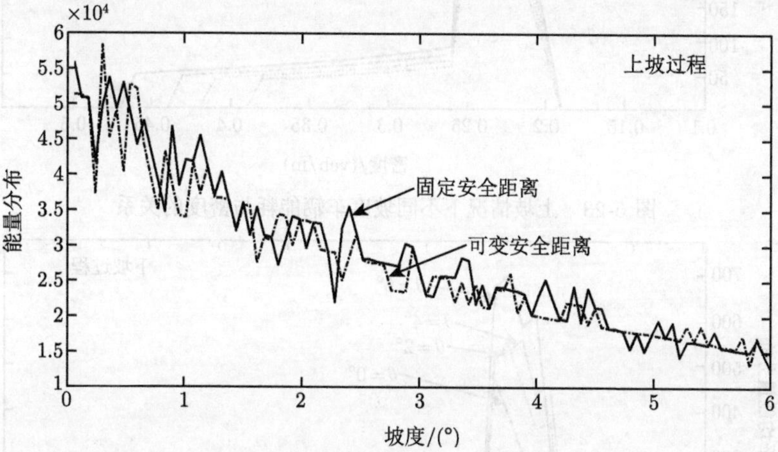

图 5-21 上坡时, 100 辆车的交通系统在 5000s 时随坡度变化的总能量消耗

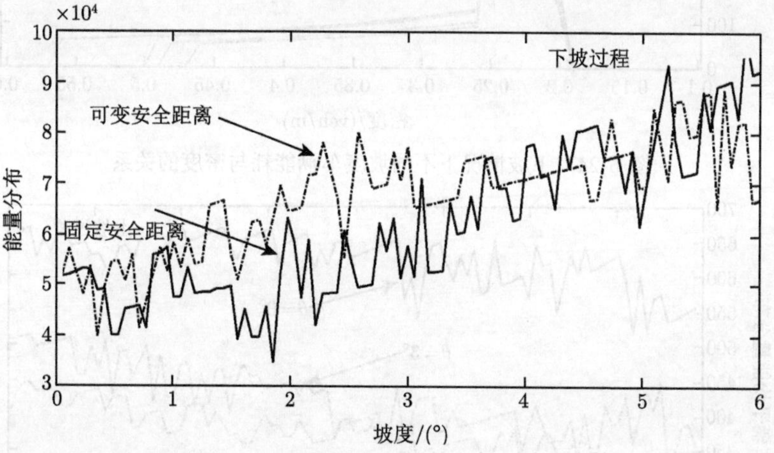

图 5-22 下坡时, 100 辆车的交通系统在 5000s 时随坡度变化的总能量消耗

第三次仿真实验显示了能量消耗与道路长度变化之间的关系, 此时, 道路上车辆密度保持不变. 系统中的车辆数量随着道路长度的增加而增加, 这保证了密度不变. 假设密度均值为 $\rho = 0.25\text{veh/m}$ 不变, 即道路长度每增加 4m, 车辆数量

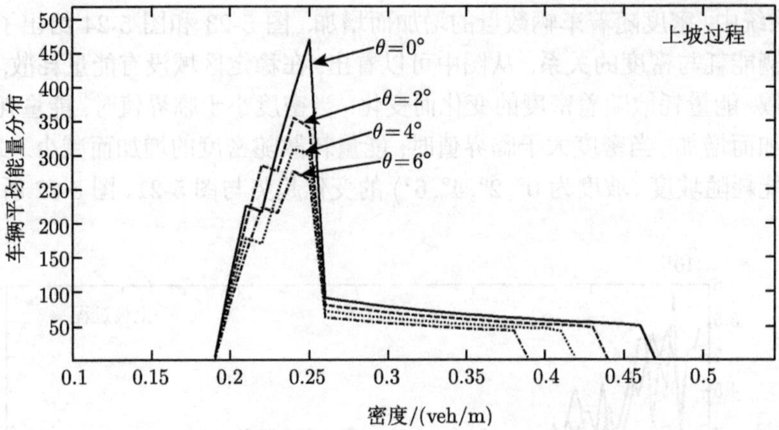

图 5-23　上坡情况下不同坡度车辆能耗与密度的关系

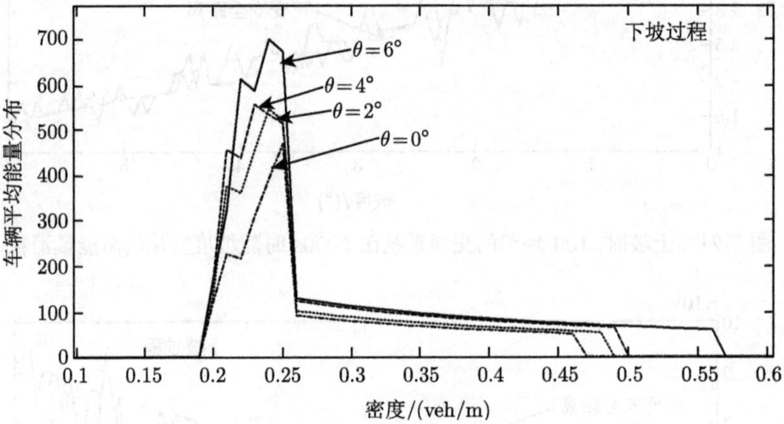

图 5-24　下坡情况下不同坡度车辆能耗与密度的关系

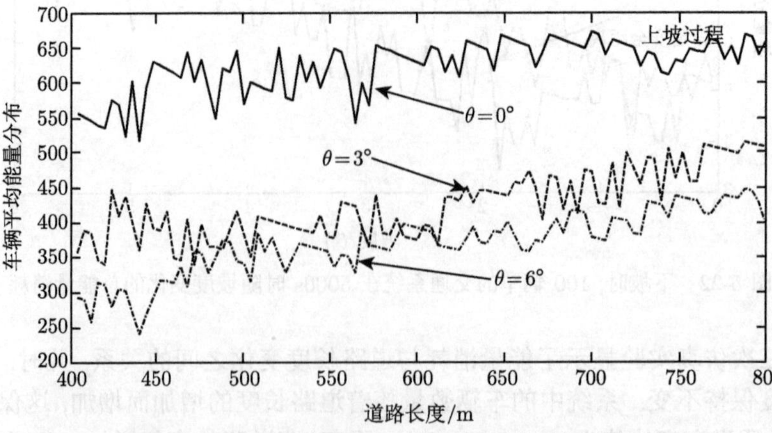

图 5-25　上坡时, 在密度不变的道路上, 道路长度与能量消耗的变化关系

增加 1 辆. 仿真结果如图 5-25 和图 5-26 所示, 其中实线、虚线、点线分别对应于坡度 $\theta = 0°, 3°, 6°$ 时的曲线. 从这两个图中可以看出, 无论道路情况是上坡还是下坡, 随着道路长度的增加, 每辆车的能耗都会增加. 另外, 每辆车的能耗随坡度(坡度为 $\theta = 0°, 3°, 6°$) 的变化趋势与图 5-21、图 5-22 所示相同.

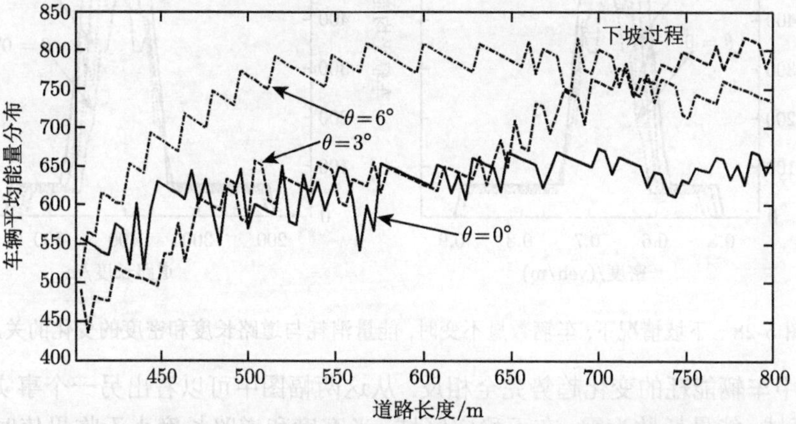

图 5-26 下坡时, 在密度不变的道路上, 道路长度与能量消耗的变化关系

第四次仿真实验显示了在车辆数量不变的情况下, 能量消耗与不同道路长度和密度之间的关系. 车辆数量为 100 辆, 而道路的长度每一个时间步长增加 9m, 因此密度随着道路长度的增加而减小. 仿真结果如图 5-27 和图 5-28 所示, 图 (a) 为密度的变化, 图 (b) 为道路长度的变化. 显然, 两图 (a) 和 (b) 图形是双向对称

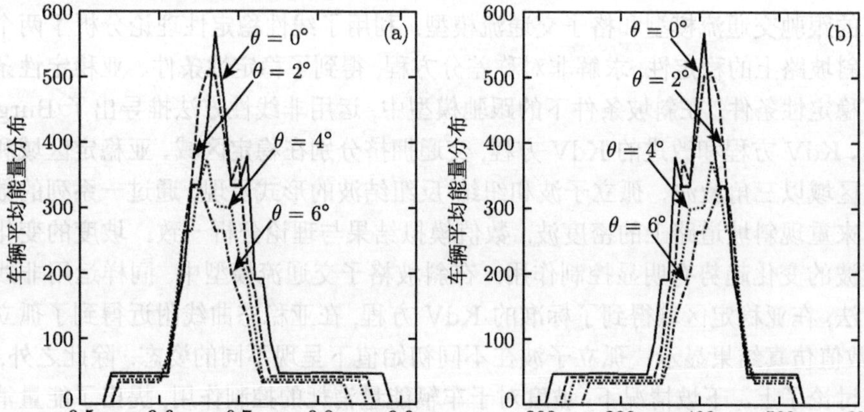

图 5-27 上坡情况下, 车辆数量不变时, 能量消耗与道路长度和密度的变化的关系

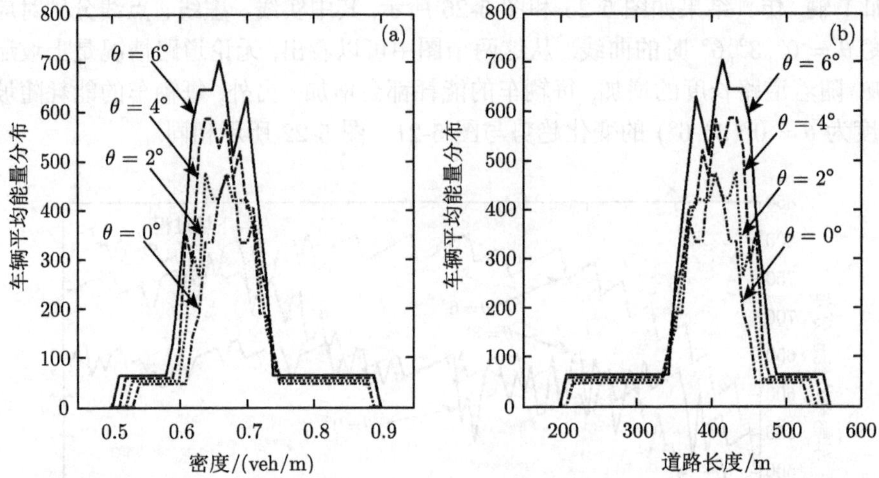

图 5-28 下坡情况下, 车辆数量不变时, 能量消耗与道路长度和密度的变化的关系

的, 其中车辆能耗的变化趋势完全相反. 从这两幅图中可以看出另一个事实, 即在稳定区域, 能量耗散为零; 在不稳定区域, 当密度和道路长度小于临界值时, 每辆车的能量耗散随着密度和道路长度的增加而增加, 而当密度和道路长度大于临界值时, 则呈相反的变化趋势. 从这四种模式中可以看出, 在不同坡度 ($\theta = 0°, 2°, 4°, 6°$) 下, 能量消耗的变化趋势与之前相同.

5.5 本章小结

本章研究了道路在外部作用下斜坡条件对交通流的控制作用, 提出了斜坡作用下的跟驰交通流模型和格子交通流模型. 利用了线性稳定性理论分析了两个模型在斜坡路上的稳定性, 求解非对称差分方程, 得到了稳定性条件、亚稳定性条件和不稳定性条件. 在斜坡条件下的跟驰模型中, 运用非线性方法推导出了 Burgers 方程、KdV 方程和改进的 KdV 方程, 交通拥挤分别在稳定区域、亚稳定区域和不稳定区域以三角激波、孤立子波和纽结-反纽结波的形式呈现. 通过一系列的数值仿真来重现斜坡道路上的密度波. 数值模拟结果与理论分析一致：坡度的变化对密度波的变化趋势有明显控制作用. 在斜坡格子交通流模型中, 同样运用非线性的方法, 在亚稳定区域得到了标准的 KdV 方程, 在亚稳态曲线附近得到了孤立子解, 数值仿真结果显示：孤立子波在不同初始值下呈现不同的姿态. 除此之外, 本章还讨论了上、下坡情况下, 坡度对于车辆能量消耗的控制作用, 提出了能量消耗模型, 通过模拟仿真实验, 发现了上、下坡时车辆能量消耗的“逆常规”现象. 数值仿真实验表明了坡度对交通流能量消耗的控制作用.

第 6 章 弯道条件对交通流的控制作用

与斜坡条件相同, 在交通流系统中, 弯道是另一种重要的外部控制条件, 本章将改进最优速度模型, 建立考虑弯道效应的跟驰模型, 利用状态空间方程和非线性理论来分析弯曲道路条件对交通流的控制作用, 包括对交通流稳定性和能量消耗的影响.

6.1 弯道交通流模型

梁玉娟和薛郁利用元胞自动机模型[62] 分析了弯道上交通流的特性, 并利用数值模拟结果讨论了交通流运行受摩擦系数和曲率半径影响的规律. 然而, 应用元胞自动机模型, 人们无法得到交通流模型的线性和非线性解, 只能定性地对交通流运行规律进行分析. 作者在已有研究基础上, 改进了最优速度模型, 建立考虑弯道效应的跟驰模型, 从解析和数值模拟两个层面分析了摩擦系数和曲率半径效应对交通流稳定性的影响, 并进一步利用非线性方法得到了非线性方程及其解, 数值模拟结果验证了理论分析结果[54,63-65]. 具体建模过程如下.

考虑如下道路交通环境, 在周期性边界条件下, 车辆行驶在单车道弯曲的道路上, 如图 6-1 所示. 一个向心力 $f = \mu mg$ 作用在运行车辆上, μ 是道路的侧向摩擦系数, m 是车的质量, g 是重力加速度; 路的总长度是 $S = r\theta$, r 是路段的曲率半径, θ 是弯曲路段的弧度.

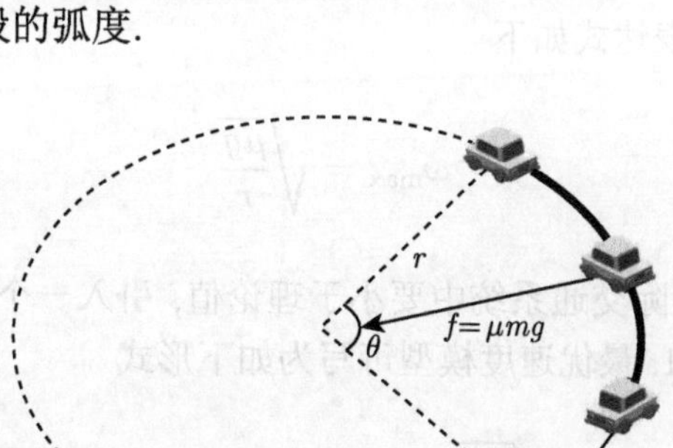

图 6-1 车辆在弯道上行驶示意图

基于 Bando 等的最优速度模型, 提出一个新的数学模型来描述单车道弯曲道

路上交通流的运行行为如下所示

$$\ddot{s}_i(t) = a \times [V(\Delta s_i(t)) - \dot{s}_i(t)] \tag{6-1}$$

其中, $s_i(t)$ 是第 i 辆车在 t 时刻的位置, $\Delta s_i(t) = s_{i+1}(t) - s_i(t)$ 表示第 i 辆车在 t 时刻的车头弧距, a 是司机的灵敏度, 它等于 $1/\tau$, 而 τ 是司机的反应时间. $V(\Delta s_i(t))$ 是第 i 辆车的最优速度函数; $\ddot{s}_i(t), \dot{s}_i(t)$ 分别是加速度和速度.

众所周知, 弧度和曲率半径之间的关系如下所示

$$s_i(t) = r \cdot \theta_i(t), \quad \Delta s_i(t) = r \cdot \Delta\theta_i(t) \tag{6-2}$$

那么, 公式 (6-1) 可以改写为如下表达式:

$$\ddot{\theta}_i(t) = \frac{a}{r} \times [V(r \cdot \Delta\theta_i(t)) - r \cdot \dot{\theta}_i(t)] \tag{6-3}$$

其中, r, θ 表示的意义如前所述, 分别为路段的半径和弧度, $V(r \cdot \Delta\theta_i(t))$ 具有如下的形式:

$$V(r \cdot \Delta\theta_i(t)) = \frac{r\omega_{\max}}{2} \times (\tanh(r \cdot \Delta\theta_i(t) - s_c) + \tanh(s_c)) \tag{6-4}$$

其中, $\omega_{\max}$ 表示车辆的最大角速度, s_c 是最大的安全弧长, 其他参数如前所述.

根据向心力的公式, 最大角速度与侧向摩擦系数密切相关, 具有如下关系:

$$m\omega_{\max}^2 r = \mu m g \tag{6-5}$$

于是, 最大角速度的表达式如下

$$\omega_{\max} = \sqrt{\frac{\mu g}{r}} \tag{6-6}$$

最大角速度在实际交通系统中要小于理论值, 引入一个常数 k $(0 < k \leqslant 1)$, 不失一般性, 取 $k = 1$, 最优速度模型可写为如下形式

$$V(r \cdot \Delta\theta_i(t)) = k\frac{\sqrt{\mu g r}}{2} \times (\tanh(r \cdot \Delta\theta_i(t) - s_c) + \tanh(s_c)) \tag{6-7}$$

从公式 (6-7) 知道, 运行在弯曲道路上车辆的最大速度是随着道路的摩擦系数和曲率半径的变化而变化的, 最大角速度随两者变化的数值分别表示在表 6-1 和表 6-2 中.

表 6-1 最大速度随摩擦系数的变化而变化的情况 ($g = 9.8\text{m/s}^2$, $r = 100\text{m}$)

摩擦系数 μ	0.2	0.4	0.6	0.8	1.0	1.2
最大速度 v/(m/s)	14	20	24	28	31	34

表 6-2 最大速度随曲率半径的变化而变化的情况 ($g = 9.8\text{m/s}^2$, $\mu = 0.5$)

半径 r/m	30	60	90	120	150	180
最大速度 v/(m/s)	12	17	21	24	27	30

图 6-2 表示交通流的密度与流量的基本关系图, 其中 (a), (b) 分别表示交通流量随曲率半径和摩擦系数的变化趋势. 可以看出, 最大流量是随着摩擦系数和曲率半径的不同而变化的. 当曲率半径不变, 随着摩擦系数的增大, 车辆运行的安全速度变大, 而最大流量也变大; 当摩擦系数不变, 曲率半径大的道路上的最大流量要大一些.

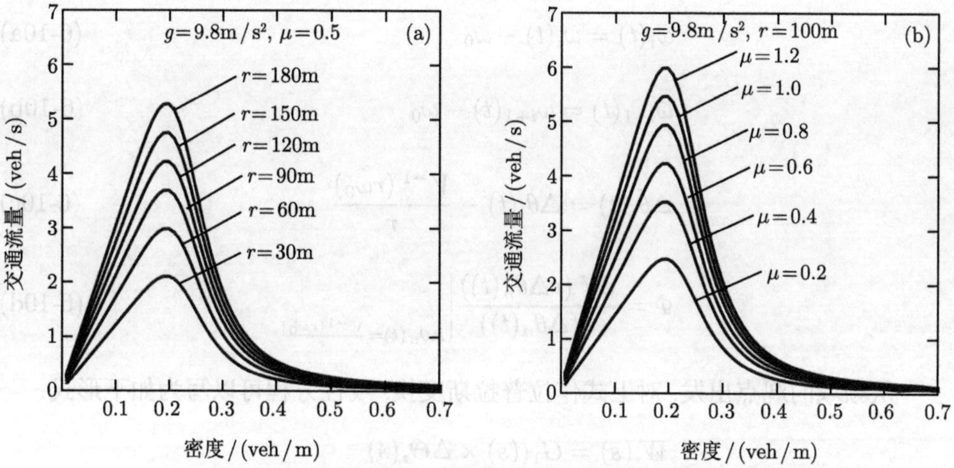

图 6-2 对不同曲率半径和摩擦系数而言的交通流量基本关系图

6.2 线性稳定性分析

下面讨论不同于以往模型的弯曲单车道交通流模型的线性稳定性, 转弯车辆的速度是对弧度求导数, 所以公式 (6-3) 可写成如下形式:

$$\dot{\omega}_i(t) = \frac{a}{r} \times [V(r \cdot \Delta\theta_i(t)) - r \cdot \omega_i(t)] \tag{6-8}$$

其中, $\dot{\omega}_i(t) = \ddot{\theta}_i(t)$, $\omega_i(t) = \dot{\theta}_i(t)$.

假设运行在弯曲道路上头车的速度是一个恒定值 $r\omega_0$, 那么跟随在后面的车辆速度的稳态应该表示成如下形式:

$$[\omega^*(t), \Delta\theta^*(t)]^{\mathrm{T}} = \left[\omega_0, \frac{V^{-1}(r\omega_0)}{r}\right]^{\mathrm{T}} \tag{6-9}$$

交通流的系统方程可被线性化, 写成状态空间方程的形式如下

$$\begin{gathered}\left[\begin{array}{c}\dot{\bar{\omega}}_i(t) \\ \Delta\dot{\bar{\theta}}_i(t)\end{array}\right] = \left[\begin{array}{cc}-a & a\Phi \\ -1 & 0\end{array}\right] \times \left[\begin{array}{c}\bar{\omega}_i(t) \\ \Delta\bar{\theta}_i(t)\end{array}\right] + \left[\begin{array}{c}0 \\ 1\end{array}\right]\bar{\omega}_{i+1}(t) \\ \bar{\omega}_i(t) = [1,0]\left[\begin{array}{c}\bar{\omega}_i(t) \\ \Delta\bar{\theta}_i(t)\end{array}\right]\end{gathered} \tag{6-10}$$

其中

$$\bar{\omega}_i(t) = \omega_i(t) - \omega_0 \tag{6-10a}$$

$$\bar{\omega}_{i+1}(t) = \omega_{i+1}(t) - \omega_0 \tag{6-10b}$$

$$\Delta\bar{\theta}_i(t) = \Delta\theta_i(t) - \frac{V^{-1}(r\omega_0)}{r} \tag{6-10c}$$

$$\Phi = \left.\frac{\mathrm{d}V(r\Delta\theta_n(t))}{\mathrm{d}(\Delta\theta_n(t))}\right|_{\Delta\theta_n(t)=\frac{V^{-1}(r\omega_0)}{r}} \tag{6-10d}$$

从频域的观点出发, 对上式作拉普拉斯变换, 线性方程可以写为如下形式:

$$\begin{gathered}W_i(s) = G_{11}(s) \times \Delta\Theta_i(s) \\ \Delta\Theta_i(s) = \frac{1}{s} \times [W_{i+1}(s) - W_i(s)]\end{gathered} \tag{6-11}$$

$$W_i(s) = \ell(\bar{\omega}_i(t)) \tag{6-11a}$$

$$W_{i+1}(s) = \ell(\bar{\omega}_{i+1}(t)) \tag{6-11b}$$

$$\Delta\Theta_i(s) = \ell\left(\Delta\bar{\theta}_i(t)\right) \tag{6-11c}$$

$$G_{11}(s) = \frac{a\Phi}{s+a} \tag{6-11d}$$

其中, $\ell(\cdot)$ 表示拉普拉斯变换.

从上面的方程可以得到, 第 i 辆车的速度偏差和第 $i+1$ 辆车速度偏差之间存在如下关系:

$$W_i(s) = G(s)W_{i+1}(s) \tag{6-12}$$

$$G(s) = \frac{a\Phi}{s^2 + as + a\Phi} = \frac{a\Phi}{d(s)} \tag{6-12a}$$

其中, $G(s)$ 是传递函数, $d(s)$ 是特征多项式. 那么特征方程可以描述如下

$$d(s) = s^2 + as + a\Phi = 0 \tag{6-13}$$

根据控制理论的稳定性条件, 系统的特征根全部位于左半平面的话, 系统被认为是稳定的. 如果特征多项式是稳定的并且 $\|G(s)\|_\infty < 1$, 那么交通流系统将不会产生拥挤现象. 因此, 系统的稳定性条件是

$$\Phi < \frac{a}{2} \tag{6-14}$$

考虑公式 (6-10d), 得到交通流系统的稳定性条件是

$$a > \frac{4\sqrt{\mu g r}}{(\mathrm{e}^{r\Delta\theta - s_c} + \mathrm{e}^{s_c - r\Delta\theta})^2} \tag{6-15}$$

$$a = \frac{4\sqrt{\mu g r}}{(\mathrm{e}^{r\Delta\theta - s_c} + \mathrm{e}^{s_c - r\Delta\theta})^2} \tag{6-15a}$$

$$a < \frac{4\sqrt{\mu g r}}{(\mathrm{e}^{r\Delta\theta - s_c} + \mathrm{e}^{s_c - r\Delta\theta})^2} \tag{6-15b}$$

公式 (6-15a) 和 (6-15b) 分别是亚稳定条件和不稳定条件. 对应不同曲率半径和摩擦系数的所有亚稳态曲线表示在图 6-3 中, 图 (a) 和 (b) 分别表示不同曲率半径和摩擦系数变化时的亚稳态曲线.

图 6-3 中, 亚稳态曲线的顶点是 (s_c, a_c) 或 $\left(s_c, \dfrac{1}{\tau_c}\right)$. 亚稳态曲线之上的区域是稳定区域, 之下的是不稳定区域, 从 (a) 和 (b) 图可以观察到随着两个参数的增大, 系统不稳定区域是增大的, 交通流的稳定性也是越来越差的.

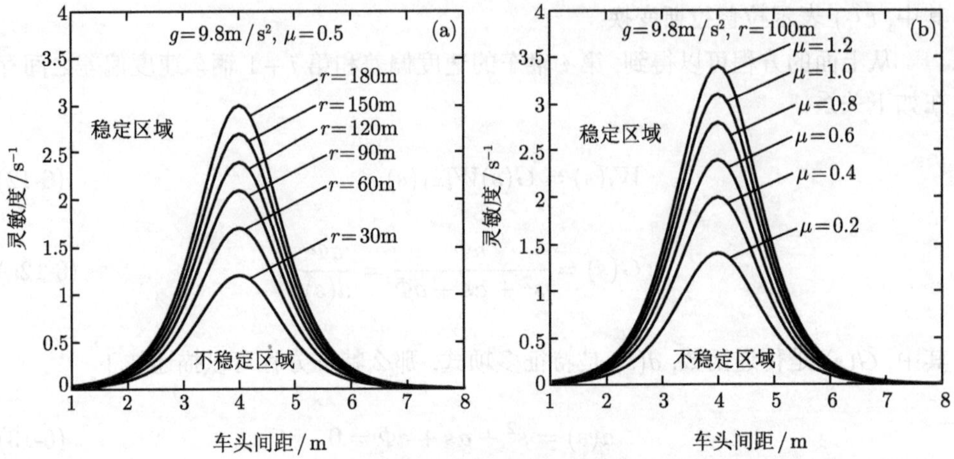

图 6-3　对应不同曲率半径和摩擦系数的亚稳态曲线

6.3　非线性分析

从稳定性分析, 人们容易知道, 在不稳定区域运行的均匀交通流, 如果加入一个小的扰动, 它将会演化成交通拥挤, 交通拥挤在数值仿真中呈现为密度波的形式, 可以用改进的 KdV 方程来描述, 而弯曲道路上的交通拥挤如何描述呢? 下面利用已有文献的非线性方法来研究新模型.

假设 τ 非常小, 公式 (6-3) 可写为如下形式:

$$\dot{\theta}_i(t+\tau)=\frac{1}{r}\times V(r\cdot\Delta\theta_i(t)) \tag{6-16}$$

自然可得到如下表达式:

$$\Delta\dot{\theta}_i(t+\tau)=\frac{1}{r}\times[V(r\cdot\Delta\theta_{i+1}(t))-V(r\cdot\Delta\theta_i(t))] \tag{6-17}$$

在临界点附近引入一个小的正比例因子 ε, 用长波理论为时间和空间 i, t 定义慢变量 $r\theta$, T 分别如下所示

$$r\theta=\varepsilon\,(i+s)\,t,\quad T=\varepsilon^3 t \tag{6-18}$$

其中, s 是待定常数, 车头弧距可设为

$$r\Delta\theta_i(t)=s_c\pm\varepsilon R(r\theta,T) \tag{6-19}$$

将 (6-18) 和 (6-19) 代入 (6-17), 做 ε 的五阶泰勒级数展开, 得到如下所示的表达式

$$\begin{aligned}
&\varepsilon^2 (s-V')\partial_{r\theta}R+\varepsilon^3\left(s^2\tau-\frac{V'}{2}\right)\partial_{r\theta}^2R\\
&+\varepsilon^4\left[\partial_T R+\left(\frac{s^3\tau^2}{2}-\frac{V'}{6}\right)\partial_{r\theta}^3R-\frac{V'''}{2}\partial_{r\theta}R^3\right]\\
&+\varepsilon^5\left[2s\tau\partial_{r\theta}\partial_T R+\left(\frac{s^4\tau^3}{6}-\frac{V'}{24}\right)\partial_{r\theta}^4R-\frac{3V'''}{4}\partial_{r\theta}^2R^3\right]=0
\end{aligned} \tag{6-20}$$

其中, $\partial_{r\theta}=\dfrac{\partial}{\partial r\theta},\partial_T=\dfrac{\partial}{\partial T},\partial_{r\theta}\partial_T=\dfrac{\partial^2}{\partial r\theta\partial T},V'=\left.\dfrac{\mathrm{d}V(r\Delta\theta)}{\mathrm{d}(r\Delta\theta)}\right|_{r\Delta\theta=s_{c'}},V'''=\left.\dfrac{\mathrm{d}^3V(r\Delta\theta)}{\mathrm{d}(r\Delta\theta)^3}\right|_{r\Delta\theta=s_c}$.

在临界点附近 $s=s_c,\tau=\tau_c$, 取 $\tau/\tau_c=1+\varepsilon^2$. 令 $s=V',\tau_c=\dfrac{1}{2V'}$, 公式 (6-20) 中 ε 的三次项和二次项全部消掉, 得到如下所示的简化形式:

$$\varepsilon^4\left[\partial_T R-\frac{V'}{24}\partial_{r\theta}^3R-\frac{V'''}{2}\partial_{r\theta}R^3\right]+\varepsilon^5\left[\frac{V'}{48}\partial_{r\theta}^4R+\frac{V'}{2}\partial_{r\theta}^2R-\frac{V'''}{4}\partial_{r\theta}^2R^3\right]=0 \tag{6-21}$$

经过变换, 最终得到如下所示表达式:

$$\partial_{T'}R'-\partial_{r\theta}^3R'+\partial_{r\theta}R'^3+\varepsilon^5\left[\frac{1}{2}\partial_{r\theta}^4R'+12\partial_{r\theta}^2R'-\frac{1}{2}\partial_{r\theta}^2R'^3\right]=0 \tag{6-22}$$

其中, $R'=\sqrt{-\dfrac{24V'''}{V'}}R,T'=\left(\dfrac{V'}{24}\right)T$.

去掉 ε 的五次项, 得到标准的改进 KdV 方程:

$$\partial_{T'}R'-\partial_{r\theta}^3R'+\partial_{r\theta}R'^3=0 \tag{6-23}$$

通过求解改进的 KdV 方程, 可以得到纽结-反纽结解的表达式:

$$r\Delta\theta_i(t)=s_c\pm\sqrt{\frac{V'(2V'\tau+5)}{V'''}}\tanh\left[\sqrt{12\left(V'\tau-\frac{1}{2}\right)}\times\left(i+V't\left(V'\tau+\frac{3}{2}\right)\right)\right] \tag{6-24}$$

6.4　弯道条件对交通流的稳定性控制作用

设定不同的参数, 在周期性边界条件下, 进行一系列的数值仿真来验证新模型的有效性. 假设弯曲道路的弧长为 800m, 车辆的总数量是 200 辆, 摩擦系数和曲率半径分别取为如下数值: $\mu = 0.2, 0.4, 0.6, 0.8$ 和 $r = 30, 60, 90, 120\text{m}$. 司机的灵敏度均为 $a = 1.0$, 时间步长为 $\Delta t = 0.1\text{s}$, 整个仿真时间为足以使交通流稳定下来的 20000s.

仿真结果绘制在图 6-4 到图 6-9 中. 图 6-4 和图 6-5 分别给出了 18800s 及之后, 不同摩擦系数所对应的车头弧距外形图和密度波的时空演化图; (a) 到 (d) 分别对应 $\mu = 0.2, 0.4, 0.6, 0.8$ 的情况, 从图中可以看出, 随着摩擦系数变大, 密度波幅值是逐渐变大的.

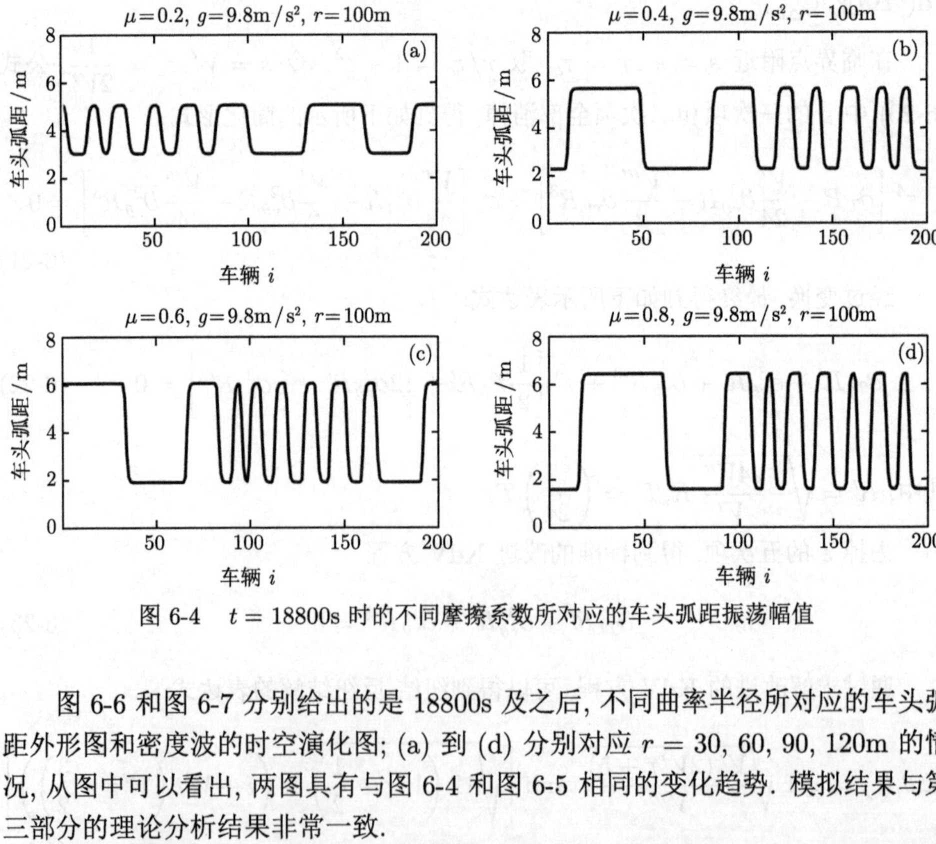

图 6-4　$t = 18800\text{s}$ 时的不同摩擦系数所对应的车头弧距振荡幅值

图 6-6 和图 6-7 分别给出的是 18800s 及之后, 不同曲率半径所对应的车头弧距外形图和密度波的时空演化图; (a) 到 (d) 分别对应 $r = 30, 60, 90, 120\text{m}$ 的情况, 从图中可以看出, 两图具有与图 6-4 和图 6-5 相同的变化趋势. 模拟结果与第三部分的理论分析结果非常一致.

图 6-8 和图 6-9 分别给出了不同摩擦系数和曲率半径所对应的不同的车辆速度振荡的外形图; (a) 到 (d) 分别对应 $r = 30, 60, 90, 120\text{m}$ 以及 $\mu = 0.2, 0.4, 0.6,$

0.8 的情况. 从这些图可以看出, 速度的振荡幅度也是随着两个参数的变化而正比例地变化, 当车辆密度不变, 随着平均速度的增大, 车流量是增大的. 因此, 随着两个参数的增大, 系统的稳定性是变差的, 这与前面的理论分析结果也非常一致.

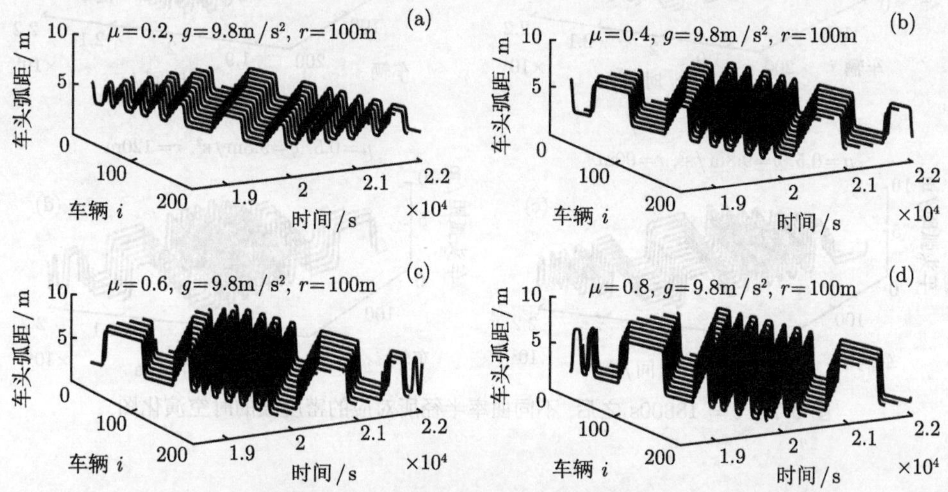

图 6-5　$t = 18800\text{s}$ 之后, 不同摩擦系数所对应的密度波的时空演化图

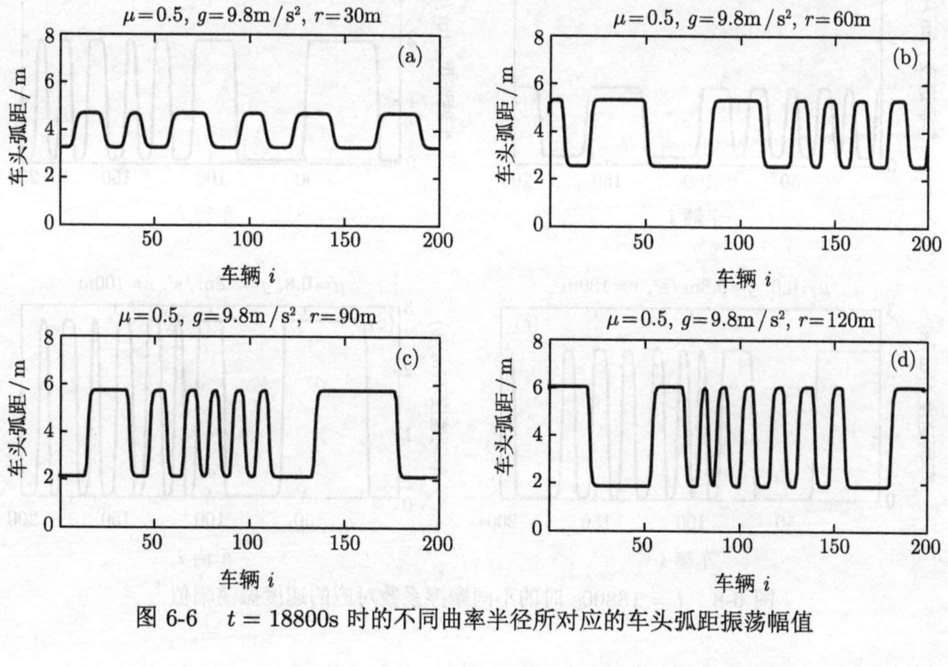

图 6-6　$t = 18800\text{s}$ 时的不同曲率半径所对应的车头弧距振荡幅值

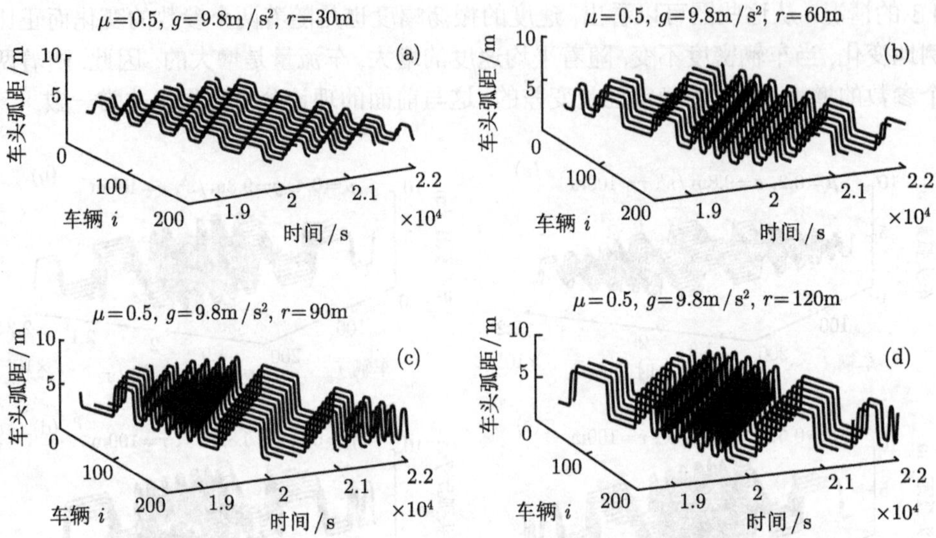

图 6-7 t = 18800s 之后, 不同曲率半径所对应的密度波的时空演化图

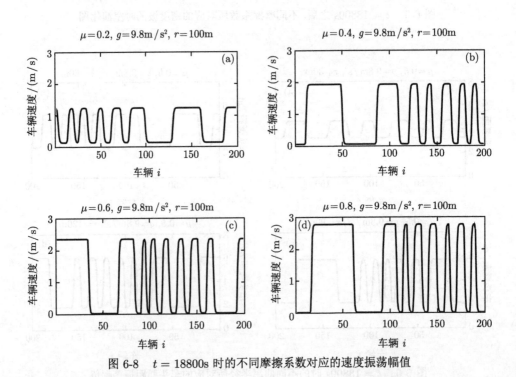

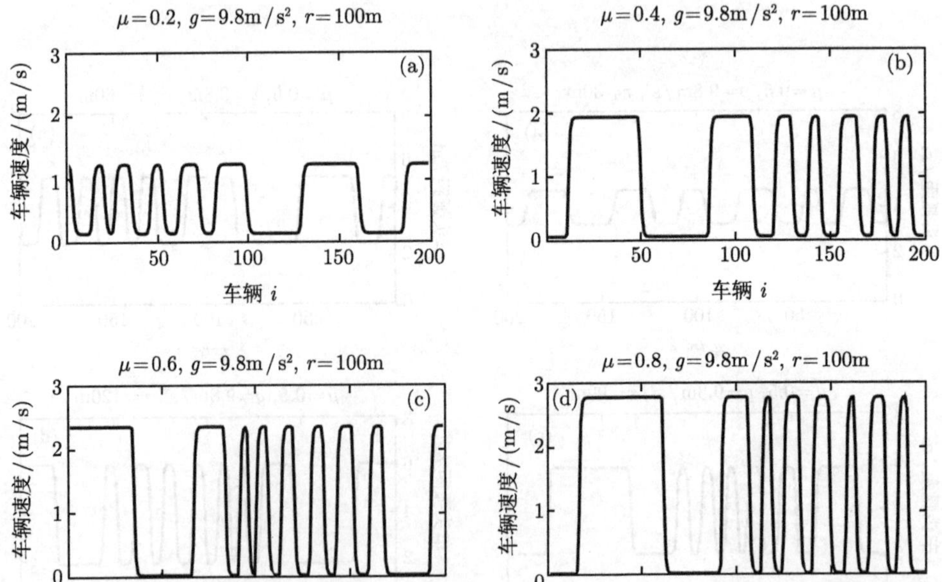

图 6-8 t = 18800s 时的不同摩擦系数对应的速度振荡幅值

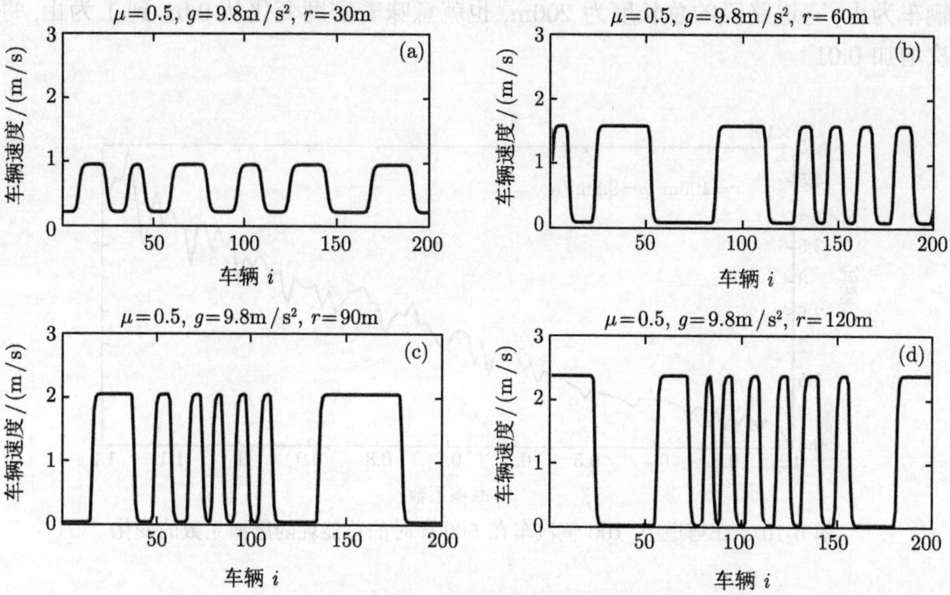

图 6-9 $t = 18800\mathrm{s}$ 时的不同曲率半径对应的速度振荡幅值

6.5 弯道条件对交通流的能量消耗的控制作用

设置仿真实验参数, 在周期性边界条件下验证弯道交通流系统的能量消耗. 周期性边界条件指的是从头车到最后一辆尾车, 每辆车都跟随前车前进, 不允许换道和超车, 而头车也以相同的方式跟随尾车运行, 形成周期性边界. 仿真持续时间设置为 10000s, 时间步长间隔为 1s, 驾驶员灵敏度 $a = 1$, 系统中所有的车辆都按照牛顿运动定律来更新其位置和速度. 设安全距离 $s_c = 4\mathrm{m}$. 仿真结果如图 6-10 至图 6-15 所示, 同样, 图中所有的数据采集时间为 5000~10000s, 在这段时间内交通流系统已经达到稳定状态.

第一次实验验证了系统总能量消耗与曲率半径和摩擦系数的关系. 系统中车辆总数设置为 100 辆, 弯道路段总长度为 200m. 当摩擦系数或曲率半径其中一个参数发生变化时, 另一个参数便取一个固定值. 实验结果如图 6-10 和图 6-11 所示: 从图 6-10 中可以看到, 随着道路摩擦系数的增大, 系统的总能耗也增大; 从图 6-11 可以发现随着曲率半径的增大, 总能耗呈现出相同的趋势. 出现这种结果的原因是当两个参数中其中一个参数增大时, 交通流中车辆的最大速度会变大, 从而导致交通堵塞时速度的振荡幅度更大, 进而系统的总能耗增大.

第二次仿真实验研究了在弯道中交通流的能耗率与密度变化之间的关系. 系统密度的变化通过每一个时间步长向系统中添加两辆车来实现, 直到增加到 200

辆车为止, 弯道路段的总长度为 200m, 也就意味着密度变化从 0.01 到 1 为止, 每次增加 0.01.

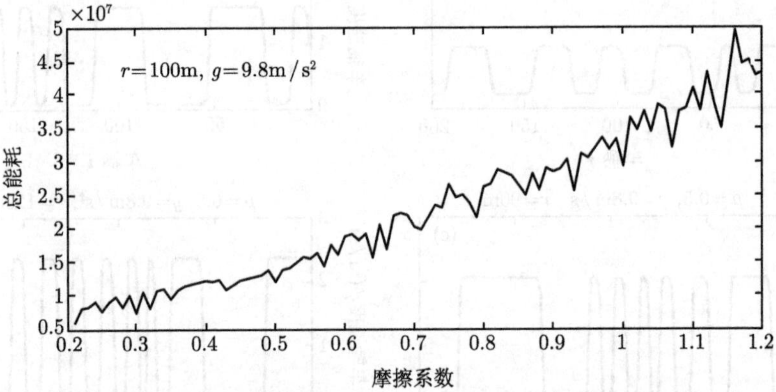

图 6-10 在弯道中, 100 辆汽车在 5000s 时的总能耗随摩擦系数的变化

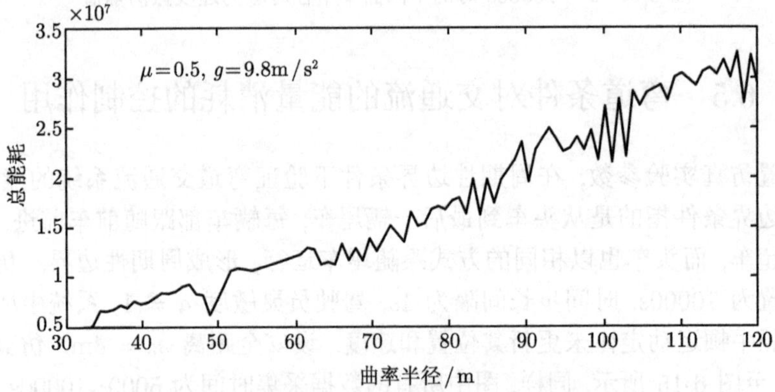

图 6-11 在弯道中, 100 辆汽车在 5000s 时的总能耗随曲率半径的变化

首先, 研究当摩擦系数不同时, 系统的能耗率与密度之间的关系. 在这种情况下, 曲率半径为定值 100m, 摩擦系数分别取 0.2, 0.4, 0.6, 0.8. 实验结果如图 6-12 所示, 其四条线分别对应不同的摩擦系数. 从图 6-12 中可以看到, 在稳定区域, 交通流系统的能量消耗率几乎为零, 而在不稳定区域, 车辆的额外能量损失较高. 能量消耗的最大值出现在临界值 0.25 附近. 在临界值之前, 能耗随着密度的增加而增加; 在临界值之后, 能耗有相反的变化趋势.

然后, 研究当曲率半径不同时, 系统的能耗率与密度之间的关系. 在这种情况下, 摩擦系数为定值 0.5, 曲率半径分别取 30, 60, 90, 120m. 实验结果如图 6-13

所示, 四条线分别对应曲率半径为 30, 60, 90, 120m. 从这个图中, 可以观察到与图 6-12 中相同的现象.

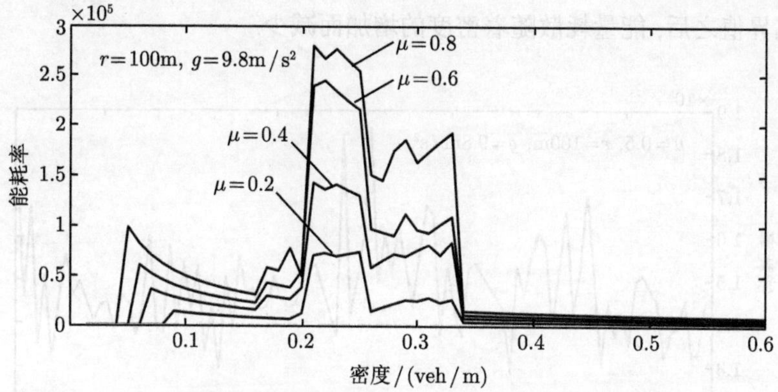

图 6-12 在 5000s 时不同摩擦系数下, 100 辆汽车的能耗率随密度的变化

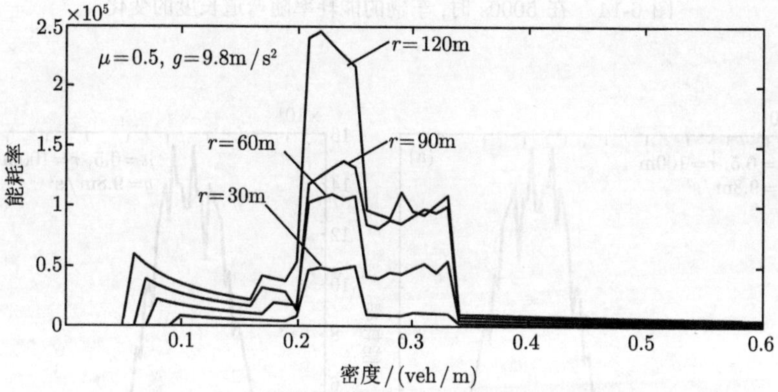

图 6-13 在 5000s 时不同曲率半径下, 100 辆汽车的能耗率随密度的变化

第三次仿真实验研究了在弯道中交通流的能耗率与弯道长度之间的关系. 弯道长度从 400m 到 800m 变化, 每间隔 4m 增加一辆车, 以保证系统密度不变. 同时, 摩擦系数取 0.5, 曲率半径取 100m. 实验结果如图 6-14 所示, 从图中可以看到随着弯道长度的增加, 系统的能耗率几乎是不变的. 可以得到如下结论, 在密度不变的情况下, 交通流中车辆的能量消耗与弯道长度无关.

第四次仿真实验研究了在不增加任何车辆的情况下, 系统的能量消耗率与弯道长度之间的关系. 弯道长度从 100m 增加到 1000m, 每个步长增加 9m, 而系统中车辆总数不变, 为 100 辆, 就如同系统的密度在 100 个时间步长内从 1 下降到 0.1. 摩擦系数和曲率半径分别取为 0.5 和 100m. 实验结果如图 6-15 中的 (a) 和

(b) 所示, 两条线为双侧对称, 分别表现为能耗率随密度和弯道长度的增加而变化的相反趋势. 结果表明, 在稳定区域能量消耗率很低, 而在不稳定区域能量消耗率很大. 从图 (a) 的曲线可以看出：在临界密度之前, 能量耗散随着密度的增加而增加; 在临界值之后, 能量耗散随着密度的增加而减少.

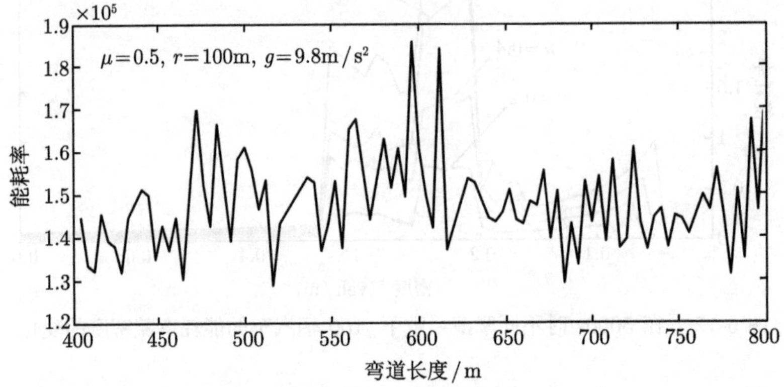

图 6-14　在 5000s 时, 车辆的能耗率随弯道长度的变化

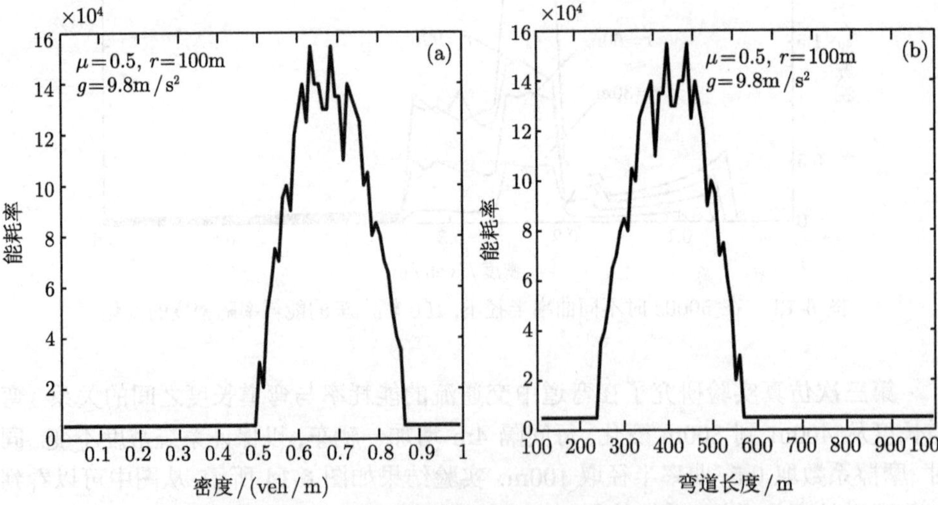

图 6-15　100 辆车在 5000s 时的能量消耗率随密度和弯道长度的变化

6.6 本章小结

本章研究了道路的外部作用条件中的弯道条件对交通流的控制作用, 提出了弯道条件作用下的跟驰交通流模型. 从解析和数值模拟实验两个方面分析了弯曲

道路上的交通流线性稳定性和非线性特性. 结果发现：随着曲率半径和摩擦系数的增大, 最大流量是变大的, 而交通流的稳定性则是随着两者的变大而变弱, 这表明了弯道条件对交通流的运行有着明显的控制效果. 此外, 本章还研究了弯道条件对于车辆能量消耗的控制作用. 数值仿真模拟结果显示, 理论分析与仿真结果是高度一致的.

第 7 章　信号灯对交通流的控制作用

信号灯是城市交通系统的重要组成部分, 对城市交通流控制起到“举足轻重”的作用, 具有不可替代的地位. 信号灯主要包含绿信比、信号周期和相位差三个控制参数, 通过对所有信号灯的协调控制, 可保证城市道路交通流的平稳运行. 本章建立了城市主干路信号灯模型以及适用于信号灯交叉口的车辆跟驰模型, 并研究了信号灯条件对交通流稳定性以及车辆排放的控制作用.

7.1　主干路信号灯协调控制策略

本章讨论第三个道路外部控制条件——交通信号灯对于交通流的控制作用, 具体内容是研究交通信号灯对于主干路交通流的稳定性以及污染物排放的控制作用[66-71].

要研究主干道路上交通流问题, 信号灯是一个必不可少的因素. 在交通流方向上, 暂时不考虑黄灯的影响, 用一个布尔值来表示第 n 个信号灯的状态, 如公式 (7-1) 所示

$$s_n(t)=\begin{cases}1, & \text{绿灯}\\ 0, & \text{红灯}\end{cases}\tag{7-1}$$

式中, $s_n(t)$ 表示第 n 个信号灯在 t 时刻的状态, 当 $s_n(t)=1$ 时, 表示第 n 个信号灯在 t 时刻为绿灯; 当 $s_n(t)=0$ 时, 表示第 n 个信号灯在 t 时刻为红灯.

在城市主干道路上, 每隔一段距离就会有一个交叉路口, 也就意味着会有一个交通信号灯. 车辆行驶在路上时, 其行驶状态很大程度上会受到交通信号灯的影响. 因此, 实时地得到每个信号灯的状态对于研究城市主干路交通流问题非常重要. 假设在城市某一主干路上分布着若干受交通信号灯控制的交叉口, 信号灯的编号从交通流的上游到下游依次为 $0,1,2,\cdots,n,n+1,\cdots$. 主干路上交通信号灯的分布如图 7-1 所示.

在城市主干道路上有很多的交叉口, 各个交叉口的信号灯状态并不相同, 而各个交通信号的协同控制主要包含了三个基本参数: 周期时间、绿信比、相位差. 周期时间指的是交通信号所有的灯色 (红、黄、绿) 显示一个循环所用的时间. 绿信比是指在一个交通灯信号周期内, 有效的绿灯时间与周期时间的比值. 相位差指的是相邻两交叉口之间, 在同一个相位上, 绿灯 (或红灯) 起始时间的差值, 通

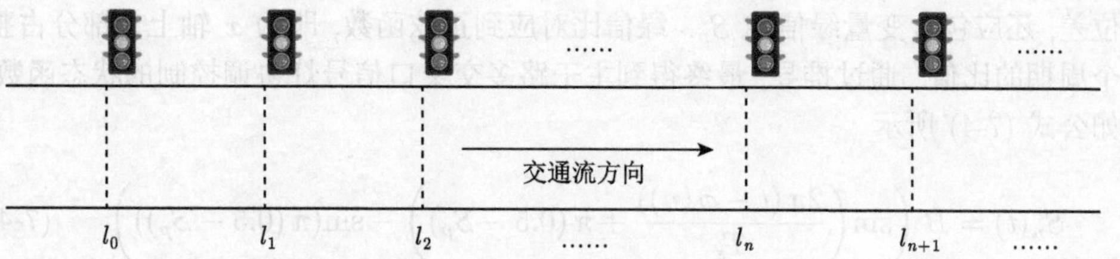

图 7-1 主干路多交叉口信号灯分布示意图

常又叫做绿灯时差或者绿灯起步时距. 相位差通常分为绝对相位差和相对相位差, 绝对相位差指在各个交叉口, 信号灯的绿灯 (或红灯) 起始时间相对于某一选定的标准路口时间差; 相对相位差是指在各个交叉口的周期时间均相同的联动信号控制系统中, 相邻两个交叉口信号同相位上的绿灯 (或红灯) 起点时间之差.

为了研究信号影响下的城市主干道的交通流运行问题, 我们需要得到每一个信号灯任意时刻的状态, 但是, 我们并不能一一列举某一时刻的信号灯状态, 所以我们需要找到一个可以表示任意交叉口每一时刻状态的数学模型. 因为各个交叉口的信号状态跟周期、绿信比和相位差有关, 我们对应到正弦函数的周期性与平移伸缩特性, 对信号灯函数进行建模, 得到各交叉口状态函数的公式模型. 我们规定 T_S 表示信号周期, S_p 为绿信比, $\phi(n)$ 为第 n 个信号灯相对于标准路口的绝对相位差. 在这里, 我们把第一个路口作为标准路口, 并把此路口编号为 $n=0$.

当信号灯的红灯与绿灯时间相等时, 绿信比 $S_p=0.5$. 对于第 n 个单点交叉口, 当相位差 $\phi(n)=0$ 时, 其信号灯的状态函数可以通过如下公式表示

$$S_n(t)=H(\sin(2\pi t/T_S)) \tag{7-2}$$

其中, 正弦函数周期为 T_S, 与信号灯的周期相对应. 在这里 $H(t)$ 为赫维赛德函数: 当 $t\geqslant 0$ 时, $H(t)=1$; 当 $t<0$ 时, $H(t)=0$. 所以正弦函数在 x 轴上方的部分对应 $S_n(t)=1$, 表示信号灯为绿灯; 正弦函数在 x 轴下方的部分对应 $S_n(t)=0$, 表示信号灯为红灯.

当各交叉口信号灯之间没有相位差时, 各信号灯同步控制, 状态相同. 当各交叉口存在相位差时, 相当于各信号灯状态相对于标准交叉口状态的平移. 对应到正弦函数, 可以通过正弦函数的左右平移得到相应的相位差.

当信号灯的红灯与绿灯时间相等, 即绿信比 $S_p=0.5$, 各交叉口信号灯之间存在相位差 $\phi(n)$ 时, 对于第 n 个交叉口, 其信号灯的状态函数可以通过公式 (7-3) 表示

$$S_n(t)=H(\sin(2\pi(t-\phi(n))/T_S)) \tag{7-3}$$

当信号灯的红灯与绿灯时间不相等时, 信号灯的状态函数除了包含周期和相

位差, 还应包含变量绿信比 S_p. 绿信比对应到正弦函数, 即为 x 轴上方部分占整个周期的比值. 通过推导, 最终得到主干路多交叉口信号灯协调控制的状态函数, 如公式 (7-4) 所示

$$S_n(t) = H\left(\sin\left(\frac{2\pi\,(t-\phi\,(n))}{T_s} + \pi\,(0.5 - S_p)\right) - \sin(\pi\,(0.5 - S_p))\right) \tag{7-4}$$

当已知任意两相邻交叉口的相对相位差相同且都为 φ 时, 绝对相位差 $\phi\,(n)$ 可以表示为

$$\phi\,(n) = n\varphi \tag{7-5}$$

公式 (7-4) 为最终的信号灯协调控制状态函数, 只要知道了信号周期、绿信比以及每一交叉口信号灯相对于标准路口的绝对相位差, 就可以得到任意时刻任意交叉口的状态, 这将为后续主干路信号灯协调控制下交通流与排放的研究提供基础.

7.2　信号灯控制下的主干路交通流跟驰模型

7.2.1　模型改进

如图 7-2 所示, 车辆在有信号灯的单一车道道路上一辆接一辆地连续运行, 不考虑换道和超车.

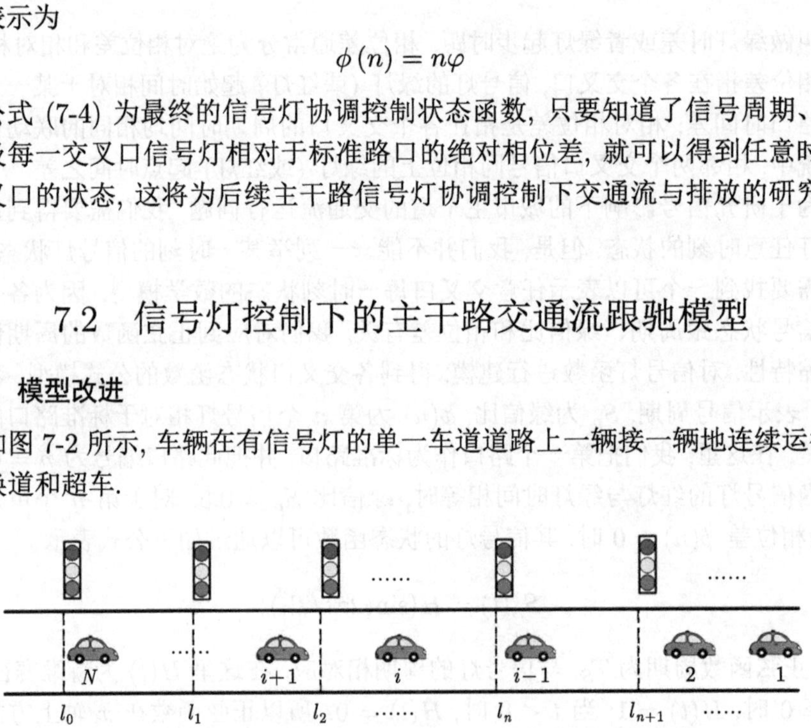

图 7-2　具有信号灯条件下的单一车道车辆跟驰模型的几何图解

在 7.1 节中, 已经对信号灯的状态进行了介绍, 并将信号灯在 t 时刻的状态 $S_n(t)$ 定义为一个布尔值. 当 $S_n(t)=1$ 时, 信号灯为绿灯, 车辆不受信号灯影响, 第 i 辆车跟随前车第 $i-1$ 辆车做跟驰运动, 此时第 i 辆车运动的数学模型如下

$$\frac{\mathrm{d}v_i(t)}{\mathrm{d}t} = a\cdot[V(\Delta x_i(t)) - v_i(t)] \tag{7-6}$$

最优速度函数为

$$V(\Delta x_i(t)) = v_1 + v_2\tanh(c_1(\Delta x_i(t) - x_c) - c_2) \tag{7-7}$$

参数取值如下

$$a = 0.85\text{s}^{-1}, \quad v_1 = 6.75\text{m/s}, \quad v_2 = 7.91\text{m/s}$$

$$c_1 = 0.13, \quad c_2 = 1.57, \quad x_c = 5\text{m}$$

当 $S_n(t) = 0$ 时, 信号灯为红灯, 在路段上的车辆不受信号灯影响, 只受前车影响做跟驰运动, 但靠近停车线的车辆将会做停车运动. 对于车辆 i, 假设它前面的路口为 n, 则规定第 i 辆车到第 n 条停车线的距离为 $l_{i,n}$. $l_{i,n}$ 的计算公式如下

$$l_{i,n} = \left\{ \text{int}\left(\frac{x_i(t)}{l}\right) + 1 \right\} l \tag{7-8}$$

其中, l 为相邻两路口停车线之间的距离. int( ) 是一个将数值进行向下取整的函数, 即求不大于参数数值的最大整数.

当第 i 辆车行至路口处遇到的是红灯时, 且第 i 辆车为未通过该停车线且为距离该停车线最近的车辆, 那么第 i 辆车就会以停车线为跟驰对象进行停车, 而不再跟随前车. 此时, 第 i 辆车做停车运动的停车模型为

$$\frac{\mathrm{d}v_i(t)}{\mathrm{d}t} = a \cdot [V(l_{i,n} - x_i(t)) - v_i(t)] \tag{7-9}$$

最优速度函数为

$$V(l_{i,n} - x_i(t)) = v_1 + v_2 \tanh(c_1 (l_{i,n} - x_i(t) - x_c) - c_2) \tag{7-10}$$

尽管上述最优速度模型可以很好地描述车队行驶中每辆车的跟驰行为, 但在主干路交通信号灯的影响下, 仍然存在较大的改进余地. 我们通过对最优速度模型的仿真分析, 对最优速度函数进行了改进, 解决了车辆在跟驰过程中速度为负的问题, 使模型更加符合实际情况, 并将此模型应用到信号灯控制下的主干路交通流模型中, 得到信号灯控制下的跟驰模型与停车模型.

信号灯控制下的跟驰模型为

$$V(\Delta x_i(t)) = \frac{v_{\max}}{2} [\tanh(c_1 (\Delta x_i(t) - x_c) - c_2) + \tanh(c_1 x_c + c_2)] \tag{7-11}$$

信号灯控制下的停车模型为

$$V(l_n - x_{i,n}(t)) = \frac{v_{\max}}{2} [\tanh(c_1 (l_n - x_{i,n}(t) - x_c) - c_2) + \tanh(c_1 x_c + c_2)] \tag{7-12}$$

7.2.2　仿真分析

首先, 针对当第 n 个信号灯为红灯时的最优速度函数进行仿真分析.

假设当第 n 个信号灯变为红灯时, 即 $S_n = 0$, 离该信号灯所处停车线最近且尚未通过的车辆 i 的当前位置为零点, 并且此时该车距离停车线距离为 50m, 在接下来的时间里, 该车将逐渐向停车线行驶, 直至最后停在距离停车线不远的位置, 行驶过程中将按照最优速度模型公式 (7-9) 和最优速度函数公式 (7-10) 运行, 行驶过程中最优速度函数图像如图 7-3 所示.

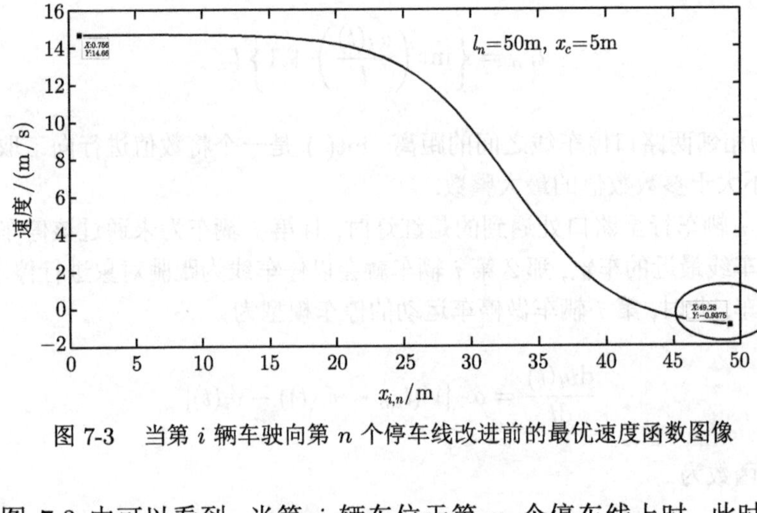

图 7-3　当第 i 辆车驶向第 n 个停车线改进前的最优速度函数图像

从图 7-3 中可以看到, 当第 i 辆车位于第 n 个停车线上时, 此时 $V(0) = -0.9375 < 0$, 如图 7-3 圆圈区域内所示, 这一现象与实际情况相违背. 为了避免上述情况发生, 我们改进了最优速度函数, 其停车模型如公式 (7-12) 所示. 对改进后的最优速度函数进行仿真分析, 仿真实验的设置与改进前相同, 改进后车辆行驶过程中的最优速度函数图像如图 7-4 所示.

从改进后的图 7-4 中可以看到, 此时 $V(0) = 0$, 即图中圆圈区域内所示, 当第 i 辆车位于第 n 个停车线上时, 期望速度为零, 满足实际情况, 因此证明改进后模型更加合情合理.

下面, 针对当第 n 个信号灯为绿灯时的最优速度函数进行仿真分析.

假设当第 n 个信号灯状态为绿灯时, 即 $S_n = 1$, 第 i 辆车将跟随它前面的第 $i-1$ 辆车做跟驰运动. 车辆按照最优速度模型公式 (7-6) 运行. 设置一个仿真实验来分析改进前最优速度函数公式 (7-7) 和改进后最优速度函数公式 (7-11) 的运行效果. 假定一个车队由五辆车组成, 第一辆车为头车, 其他四辆车依次跟随前车做跟驰运动, 头车按照如下规则运行：第一, 起始时刻 $t = 0$, 头车停在零点处, 当信号灯变绿时, 头车以 3m/s^2 的加速度向前行驶, 直至速度达到 12m/s; 第二, 头车以 12m/s 的速度做匀速直线运动, 直至 $t = 50$s 时; 第三, 头车从 $t = 50$s 时起, 以 -3m/s^2 的加速度向前行驶, 最后速度减为零, 头车停止, 并在 $t = 100$s 时仿真结束. 所有车辆按照经典的牛顿运动定律来移动, 时间步长为 1s, 在 100s 的时间内足够所有车辆完成运动过程. 最优速度函数改进前后的仿真结果如图 7-5 和图 7-6 所示.

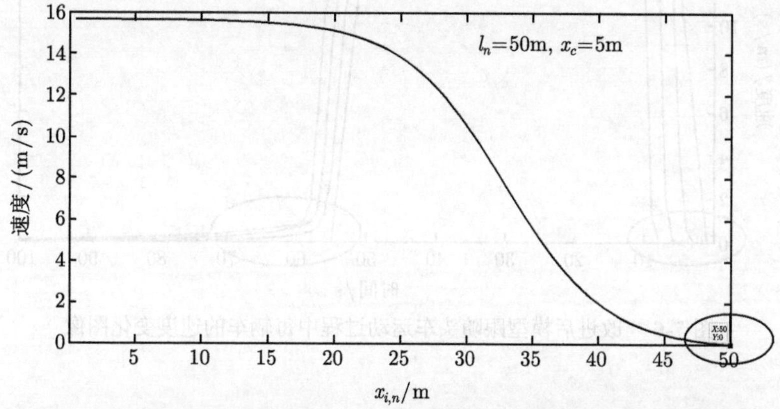

图 7-4 当第 i 辆车驶向第 n 个停车线的改进后的最优速度函数图像

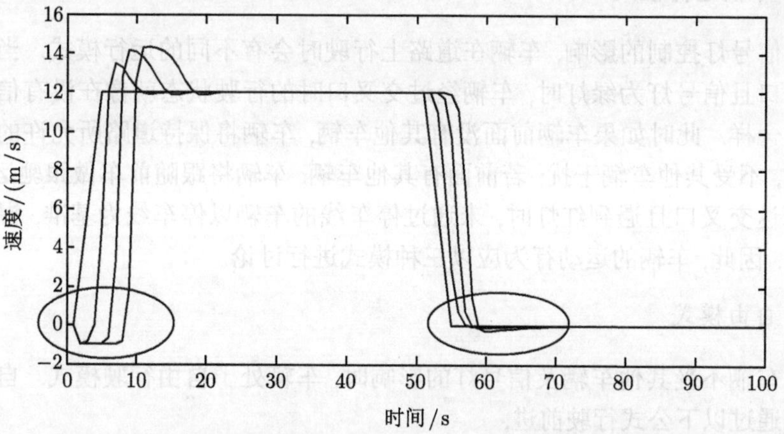

图 7-5 改进前模型跟随头车运动过程中每辆车的速度变化图像

从图 7-5 中可以看到, 跟随车在运动开始以及最后运动过程结束时附近 (如图中圆圈区域所示), 跟随车速度为负值, 这显然不符合实际的交通现象; 而从改进后的跟随车速度图 7-6 中可以观察到, 不合理现象消失. 可以看到当头车加速阶段, 跟随车辆的速度始终为正值, 并在头车的速度稳定在 12m/s 时, 跟随车也逐渐稳定在 12m/s, 当头车逐渐减速停止时, 跟随车的速度也逐渐趋近于零, 这与车辆在实际道路上的跟随行为吻合, 因此证明对模型的改进是合理的.

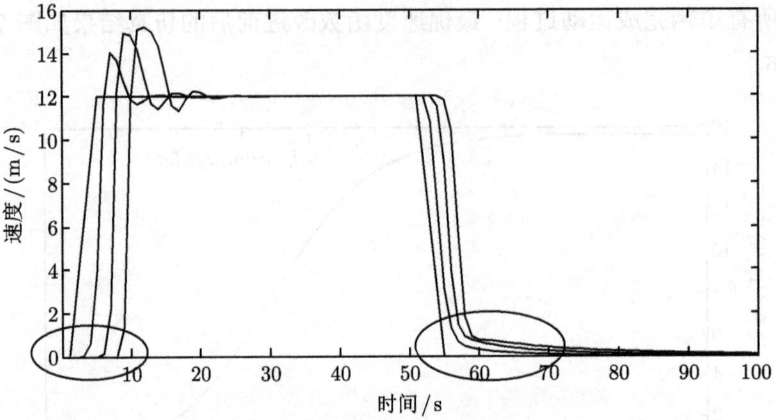

图 7-6　改进后模型跟随头车运动过程中每辆车的速度变化图像

7.3　信号灯控制下的车辆运行模式

7.3.1　车辆运行模式

受信号灯控制的影响, 车辆在道路上行驶时会有不同的运行模式. 当车辆到达交叉口且信号灯为绿灯时, 车辆经过交叉口时的行驶状态就像在没有信号灯的路段上一样. 此时如果车辆前面没有其他车辆, 车辆将保持道路所允许的最大速度行驶, 不受其他车辆干扰; 若前面有其他车辆, 车辆将跟随前车做跟驰运动. 当车辆到达交叉口且遇到红灯时, 未通过停车线的车辆以停车线为基准, 慢慢到达停车线. 因此, 车辆的运动行为应以三种模式进行讨论.

1. 自由模式

当车辆不受其他车辆及信号灯的影响时, 车辆处于自由行驶模式. 自由模式下车辆通过以下公式行驶前进,

$$\begin{cases} a_i(t) = \begin{cases} a_{cc}, & v_i(t) < v_{\max} \\ 0, & v_i(t) \geqslant v_{\max} \end{cases} \\ v_i(t+\Delta t) = \min\left(v_i(t) + a_i(t) \times \Delta t, v_{\max}\right) \\ x_i(t+\Delta t) = x_i(t) + v_i(t) \times \Delta t + 0.5a_i(t) \times \Delta t^2 \end{cases} \tag{7-13}$$

其中, $a_i(t)$ 为第 i 辆车在 t 时刻的加速度, $v_{\max}$ 为路段允许的车辆最大运行速度, Δt 为仿真时间步长, $v_i(t+\Delta t)$ 为第 i 辆车在下一时刻的速度, $x_i(t+\Delta t)$ 为第 i 辆车在下一时刻的位置. 从公式 (7-13) 可以看出, 当车辆以自由模式行驶时, 车辆的运行状态主要由车辆的当前速度和路段的最大速度决定. 当车辆的当前速度小于路段允许的最大速度时, 车辆以固定的加速度 a_{cc} 加速行驶, 直至运行至最大速度; 当车辆的当前速度等于路段允许的最大速度时, 车辆保持匀速运动.

2. 跟驰模式

当车辆前方有其他车辆在道路上行驶, 且没有受到信号灯控制的影响时, 后车将跟随前车运动, 此时车辆处于跟驰模式, 运行公式如下

$$\begin{cases} V(\Delta x_i(t)) = \dfrac{v_{\max}}{2}\left(\tanh\left(c_1\left(\Delta x_i(t) - l_c\right) - c_2\right) + \tanh\left(c_1 x_c + c_2\right)\right) \\ a_i(t) = s\left(V(\Delta x_i(t)) - v_i(t)\right) \\ v_i(t+\Delta t) = v_i(t) + a_i(t) \times \Delta t \\ x_i(t+\Delta t) = x_i(t) + v_i(t) \times \Delta t + 0.5 a_i(t) \times \Delta t^2 \end{cases} \tag{7-14}$$

从公式 (7-14) 可以看出, 当车辆以跟驰模式运行时, 影响后车运行状态的外界因素主要是前车. 前后车头间距决定车辆的最优速度, 而最优速度与当前车辆速度的差值对车辆加速度产生影响, 从而控制后车的运行状态.

3. 停车模式

当车辆行驶至交叉口且此时信号灯为红灯时, 车辆将以停车线为基准, 慢慢到达停车线, 此时车辆处于停车模式, 运行公式如下

$$\begin{cases} V(l_{i,n} - x_i(t)) = \dfrac{v_{\max}}{2}\left(\tanh\left(c_1\left(l_{i,n} - x_i(t) - l_c\right) - c_2\right) + \tanh\left(c_1 x_c + c_2\right)\right) \\ a_i(t) = s\left(V(l_{i,n} - x_i(t)) - v_i(t)\right) \\ v_i(t+\Delta t) = v_i(t) + a_i(t) \times \Delta t \\ x_i(t+\Delta t) = x_i(t) + v_i(t) \times \Delta t + 0.5 a_i(t) \times \Delta t^2 \end{cases} \tag{7-15}$$

从公式 (7-15) 可以看出, 当车辆以停车模式运行时, 车辆的最优速度函数受到车辆与停车线之间距离的影响. 车辆到停车线的距离决定车辆的最优速度, 最优速度与当前车辆速度的差值影响车辆的加速度, 从而控制车辆的运行状态, 实现停车过程.

7.3.2 车辆运行模式判别

车辆在道路上连续行驶形成了车流队列, 头车运动的加减速过程主要由路段最大速度、车辆自身的特性、驾驶员类型以及路口的交通信号状态决定, 而与队列中其他车辆的运动状态相关性比较小. 从车的运动过程主要受车头间距的影响.

道路上存在着一系列的信号灯, 由于信号灯绿灯相位时间的有限性和周期性, 车流队列的头车和从车并不是一成不变的. 一方面, 从车可能会变成头车. 当交通流队列到达交叉口且信号灯为红灯时, 尚未通过交叉口停车线的车辆将在停车线处停车, 此时车流队列被信号灯截断, 成为两个车流队列. 已经通过了停车线的车辆将继续跟随前车做跟驰运动, 而未通过停车线的车辆队列将会以最靠近停车线的正在停车的车辆作为头车. 另一方面, 头车也有可能转变成从车. 当一个车流队列在道路上行驶, 可能会追赶上其他车辆或车队从而形成新的车流队列, 或者当车流队列快靠近交叉口时, 会追赶上前面正在停车的停车队列, 这时两个车流队列会合并为一个车流队列. 此时, 后面车流队列的头车将会变为新车流队列的从车.

当车流队列被信号灯截断时, 从车可能会变成头车; 通过信号的车队可能会追上前面的车队, 头车变成从车. 而且, 在城市道路上可能还会同时存在着很多个车流队列, 而且这些车流队列都不是一成不变的. 因此不能单纯依靠辨别车辆是头车或是从车来确定车辆的运行模式. 此时, 能够准确地判别车辆的运行模式对于仿真车辆在主干路多信号灯控制下的运行行为非常重要. 在图 7-7 中, 我们给出了车辆运行模式的判别流程图.

当车辆运行时, 首先需要判断车辆前方未通过的最近路口的信号灯是否为红灯. 若此时信号灯不为红灯, 说明信号灯为绿灯, 此时车辆在交叉口处的运行状态与路段处相同, 则不需要考虑交叉口的影响. 当车辆前方没有其他车辆时, 车辆为车流队列的头车, 车辆处于自由行驶模式; 当车辆的前方存在其他车辆时, 车辆为车流队列的从车, 车辆以跟驰模式跟随前车行驶. 若车辆前方未通过的最近路口的信号灯为红灯, 此时车辆的运行就会存在路口与路段的差别. 因此, 需要先判断车辆是否靠近交叉口停车线. 当车辆没有靠近停车线, 说明车辆处于路段上, 车辆的运行模式与信号灯是绿灯时相同, 如果是头车则处于自由模式, 如果不是头车, 则处于跟驰模式. 当车辆靠近停车线, 则需要判断当前车辆的前面一辆车是否过了停车线. 若前一辆车已经驶过停车线, 说明当前车辆为未驶过停车线且最靠近停车线的车辆, 此时车辆将以停车模式进行停车. 相反, 若前一辆车没有驶过停车线, 说明此车辆并不是最靠近停车线的车辆, 在该车辆与停车线之间还存在其他车辆, 车辆此时以跟驰模式跟随前车行驶.

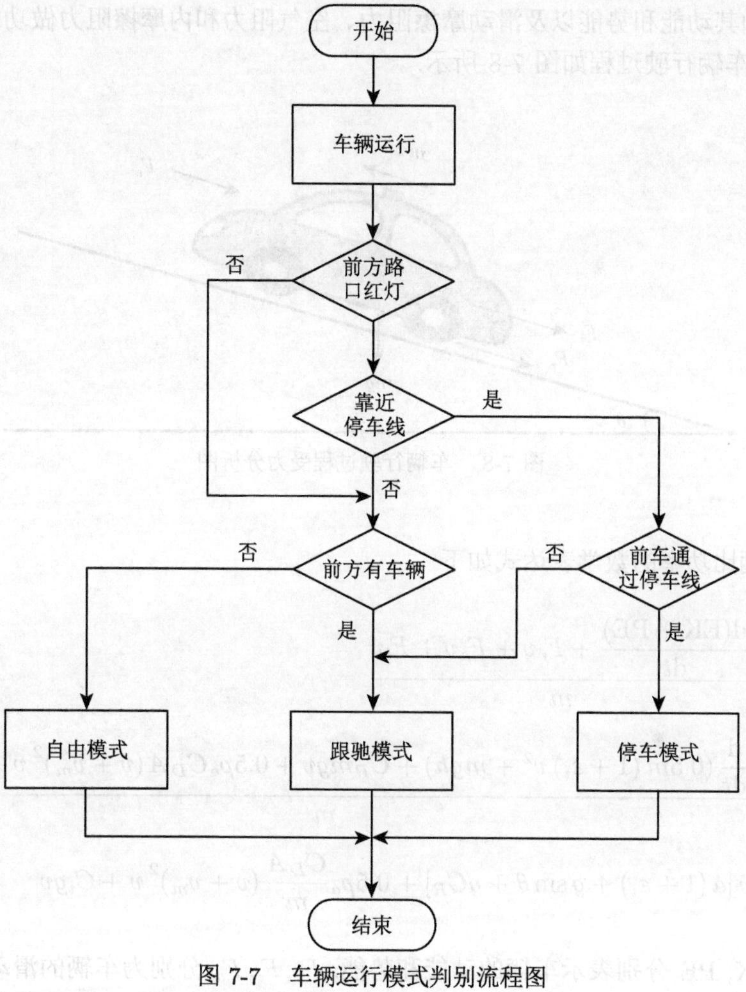

图 7-7 车辆运行模式判别流程图

7.4 交通流污染物排放模型

车辆在行驶的过程中会受到外部道路环境的影响, 使自身的运动状态发生改变, 从而使车辆的功率发生改变, 进而影响车辆的污染物排放使之发生变化. 简单来说, 就是车辆行驶的外部环境会影响车辆的污染物排放. 为了能够描述车辆的功率需求随着其运行状态的变化关系, 引入车辆比功率的概念. 车辆比功率 (vehicle specific power) 简称 VSP, 是 1999 年 Jiménez-Palacio 在他的博士学位论文中提出的, 由于车辆的运行功率与排放之间有非常密切的关系, 所以引起了国内外学者的广泛关注. 车辆比功率是指车辆移动单位质量的瞬时功率, 表示为车辆的瞬时输出功率与其质量之间的比值, 单位通常为 kW/t 或者 W/kg, 它体现了车辆在增加其动能和势能以及滑动摩擦阻力、空气阻力和内摩擦阻力做功时所输出的功率, 车辆行驶过程如图 7-8 所示.

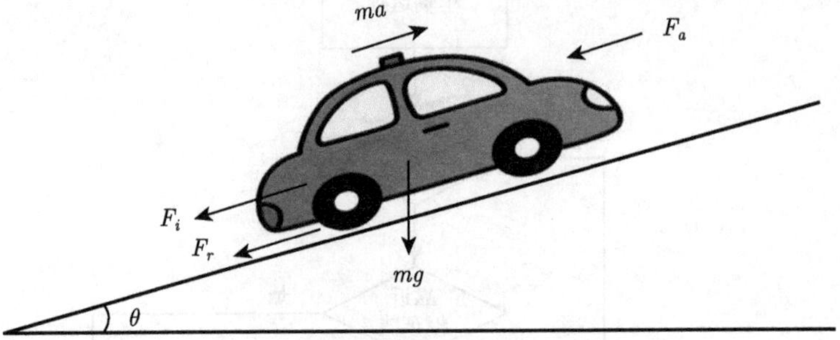

图 7-8 车辆行驶过程受力分析图

车辆比功率的数学表达式如下

$$\begin{aligned}
\mathrm{VSP} &= \frac{\dfrac{\mathrm{d(EK+PE)}}{\mathrm{d}t} + F_r v + F_a v + F_i v}{m} \\
&= \frac{\dfrac{\mathrm{d}}{\mathrm{d}t}\left(0.5m\left(1+\varepsilon_i\right)v^2 + mgh\right) + C_R mgv + 0.5\rho_a C_D A\left(v+v_m\right)^2 v + C_i mgv}{m} \\
&= v\left[a\left(1+\varepsilon_i\right) + g\sin\theta + gC_R\right] + 0.5\rho_a\frac{C_D A}{m}\left(v+v_m\right)^2 v + C_i gv
\end{aligned} \tag{7-16}$$

其中, EK, PE 分别表示车辆的动能和势能; F_r, F_i, F_a 分别为车辆的滑动摩擦力、内摩擦力和空气阻力; v 为车辆的行驶速度, 单位为 m/s; m 为车辆的质量, 单位为 kg; a 为车辆的瞬时加速度, 单位为 $\mathrm{m/s^2}$; ε_i 为滚动质量系数, 无量纲; h 为车辆在运行过程中所处位置的高度, 单位为 m; θ 为道路坡度; g 为重力加速度, 取 $9.8\mathrm{m/s^2}$; C_D 为风阻系数, 无量纲; C_R 为滚动阻力系数, 无量纲, 它的取值大小跟路面的材质以及轮胎的类型相关, 通常在 0.0085 到 0.016 之间, 在本专著的研究中取的是典型城市路面值 0.0135; A 为车辆挡风面积, 单位 $\mathrm{m^2}$; ρ_a 为环境空气密度, 单位 $\mathrm{kg/m^3}$, 在 20℃ 时为 $1.207\mathrm{kg/m^3}$; v_m 为风速, 单位 m/s; C_i 为内摩擦阻力系数, 无量纲, 在通常情况下可以忽略不计.

由于我们研究的对象是城市道路环境, 为了简单起见, 假设道路没有坡度, 道路的滚动质量系数一定, 忽略车辆的迎面风速, 即取 $\theta = 0, \varepsilon_i = 0.1, v_m = 0$. 所以我们可以对公式 (7-16) 进行简化处理, 得到 VSP 的简化形式, 如公式 (7-18)

所示

$$\mathrm{VSP} = v\,[1.1a + 0.132] + 0.000302v^3 \tag{7-17}$$

从简化公式 (7-17) 可以知道, VSP 的值只与车辆的速度和加速度有关, 因此, 在车辆行驶过程中, 只需要逐秒读取车辆的运行工况即可测算瞬时 VSP 值.

而车辆的污染物排放率与 VSP 之间存在着密切的联系, 可以表示为

$$E_W = f_W(\mathrm{VSP}) \tag{7-18}$$

其中, E_W 表示污染物 W 的排放率, 单位为 mg/s. f_W 表示污染物 W 的排放率与 VSP 值之间的关系. 从方程 (7-17) 和 (7-18) 中可以看出, 车辆的排放可以通过测定车辆的速度和加速度得出.

通过实际数据测量和标定可以得到污染物排放率与 VSP 值之间的关系. 而在测量排放的过程中, 瞬时 VSP 值与相对应的污染物排放率之间存在较高的离散度. 为了更准确地测量总排放量并校订排放因子, 将 VSP 值划分为多个子区域以表达 VSP 值与车辆排放之间的非线性关系, 每个子区域对应一个排放率, 表示这个子区域内所有排放率的平均值, 不同子区域的划分对于排放因子的测量有很大影响. 近年来, 许多学者提出了不同的划分方法, 本著作采用北京交通大学于雷教授团队提出的方法, 他标定了四种污染物排放率与 VSP 值之间的关系. 污染物排放率与 VSP 值之间的关系如图 7-9 所示.

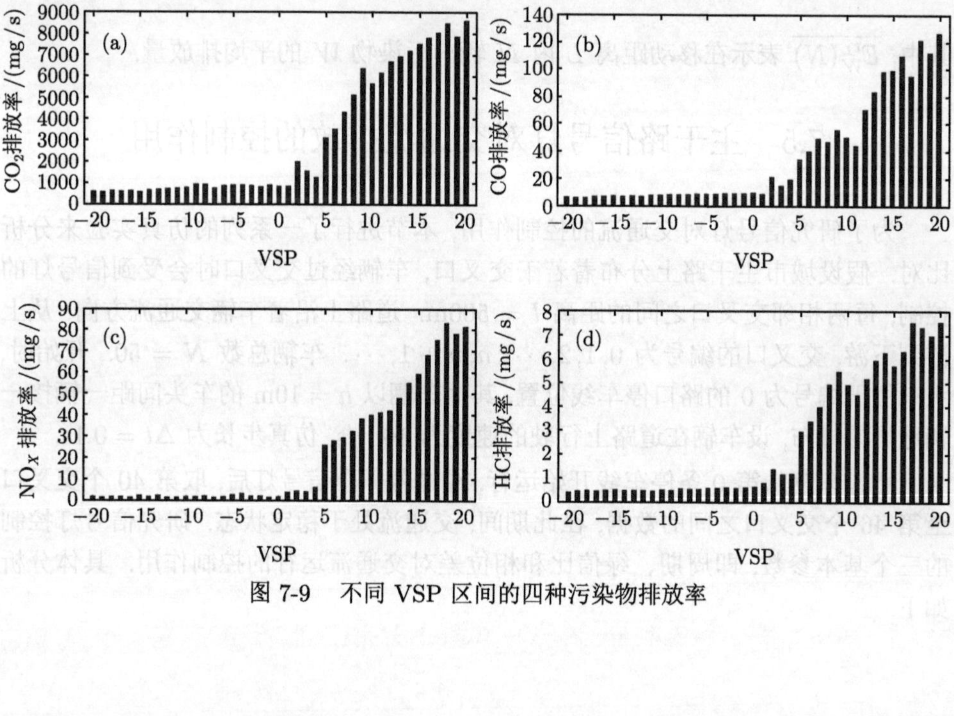

图 7-9 不同 VSP 区间的四种污染物排放率

车辆在第 m 个子区域内的排放率为

$$E_{W,m}=\frac{1}{k_m}\sum_{k=1}^{k_m}f_W(\mathrm{VSP}_{k,m}) \tag{7-19}$$

其中, $E_{W,m}$ 表示污染物 W 在第 m 个子区域内的排放率, 单位为 mg/s; $\mathrm{VSP}_{k,m}$ 表示第 m 个子区域中的第 k 个采样点的 VSP 值; k_m 指的是第 m 个子区域 VSP 的总采样数.

当第 i 辆车在时间 t_L 内移动距离 L 时, 第 i 辆车污染物 W 的排放量可以按照以下公式计算:

$$E_W^{t_L}(i)=\sum_{m=-M}^{M}t_{L,m}E_{W,m} \tag{7-20}$$

其中, $E_W^{t_L}(i)$ 表示第 i 辆车移动距离 L 时污染物 W 的总排放量; t_L 为移动时间; $t_L=\sum_{m=-M}^{M}t_{L,m}$, $t_{L,m}$ 表示在移动距离 L 内属于子区域 m 的 VSP 值之和.

在该交通流系统中共有 N 辆车, 因此, 每辆车的平均排放量可以用下面公式计算:

$$\overline{E_W^{t_L}(N)}=\frac{1}{N}\sum_{i=1}^{N}E_W^{t_L}(i) \tag{7-21}$$

其中, $\overline{E_W^{t_L}(N)}$ 表示在移动距离 L 内 N 辆车污染物 W 的平均排放量.

7.5　主干路信号灯对交通流排放的控制作用

为了研究信号灯对交通流的控制作用, 本节进行了一系列的仿真实验来分析比对. 假设城市主干路上分布着若干交叉口, 车辆经过交叉口时会受到信号灯的控制, 每两相邻交叉口之间的距离 $l=500\mathrm{m}$. 道路上沿着车辆交通流方向, 从上游到下游, 交叉口的编号为 $0,1,2,\cdots,n,n+1,\cdots$. 车辆总数 $N=50$. 开始时, 头车位于编号为 0 的路口停车线位置, 其他车辆以 $h=10\mathrm{m}$ 的车头间距一辆接一辆地均匀排布, 设车辆在道路上行驶的速度为 10m/s, 仿真步长为 $\Delta t=0.1\mathrm{s}$.

所有车辆从第 0 条停车线开始运行, 经过若干个信号灯后, 取第 40 个交叉口至第 46 个交叉口之间的数据, 在此期间, 交通流处于稳定状态. 研究信号灯控制的三个基本参数, 即周期、绿信比和相位差对交通流运行的控制作用. 具体分析如下.

7.5.1 周期时长对交通流的控制作用分析

通过仿真实验研究分析周期时间对交通流运行以及排放的控制作用. 图 7-10 (a)~(d) 展示了当 $S_p = 0.5, \varphi = 0$ 时, 车辆从第 40 个交叉口到第 46 个交叉口时, 50 辆车的平均排放量 (CO_2, CO, NO_X, HC) 随周期时间 T_S 的变化. 从图 7-10 中可以看到, 随着周期时间 T_S 的变化, 所有污染物几乎有相同的变化趋势, 车辆的污染物排放量在 a, b 和 c 点具有最小值, 这表明由于所有路口都要到了绿色信号灯, 车辆正处于自由移动状态. 当 T_S 大于 c 点时, 车辆排放量迅速增加, 然后在点 d 和点 e 之间的区域线性增加. 在 e 点, 车辆污染物排放量突然减少, 然后随着 T_S 而线性增加. 在 f 点, 车辆的污染物排放量再一次突然减少. 然后, 随着周期时间的增加, 车辆污染物排放量曲线呈线性增加, 并呈周期性变化. 因此, 车辆的污染物排放量随着周期时间的变化而复杂变化.

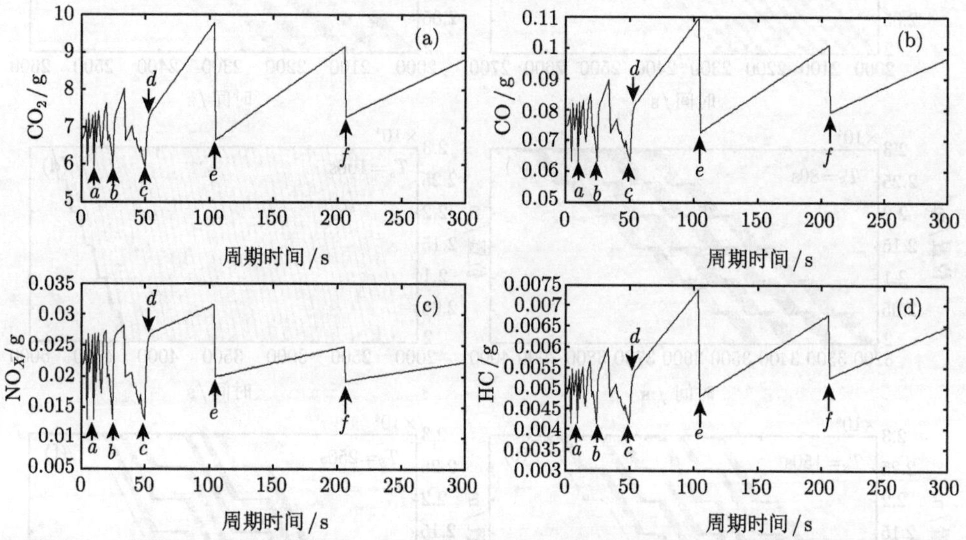

图 7-10 在第 40 个信号灯与第 46 个信号灯之间, 周期时间与四种污染物平均排放量之间的关系

图 7-11 为车辆从第 40 个交叉口行驶到第 46 个交叉口时, 车辆位置随到达时间的变化曲线. 图 7-11(a) 和 (b) 分别显示了当 $T_S = 25$s 和 $T_S = 50$s 时 (图 7-10 中的 b, c 点) 的交通流运行情况. 车辆在所有十字路口都能顺利通过, 不停车, 因此, 车辆污染物排放量显示最小值. 图 7-11(c) 绘制了当 $T_S = 80$s 时 (图 7-10 中的 d 点和 e 点之间的区域) 的交通流运行情况. 此时, 车辆在所有信号灯处皆停车, 因为车辆在所有信号灯处都会遇到红色交通信号. 图 7-11(d) 绘制了当 $T_S = 106$s 时 (图 7-10 中的 e 点) 的交通流运行情况. 此时, 车辆开始每隔两

个交通信号灯停车, 因此, 车辆的污染物排放量突然减少, 然后, 车辆的污染物排放量线性增加, 因为每个车队的车辆数量和信号灯处的等待时间随着 T_S 的增加而增加. 图 7-11(e) 绘制了当 $T_S = 150$s 时 (图 7-10 中的 e 点和 f 点之间的区域) 的交通流运行情况. 此时, 车辆每两个路口都会停下来. 图 7-11(f) 绘制了当 $T_S = 250$s 时 (图 7-10 中的 f 点) 的交通流运行情况. 此时, 车辆每三个路口就停一次. 然后, 随着周期时间的增加, 车辆表现出周期性运动, 即每四个信号灯、五个信号灯、六个信号灯停止一次, 以此类推.

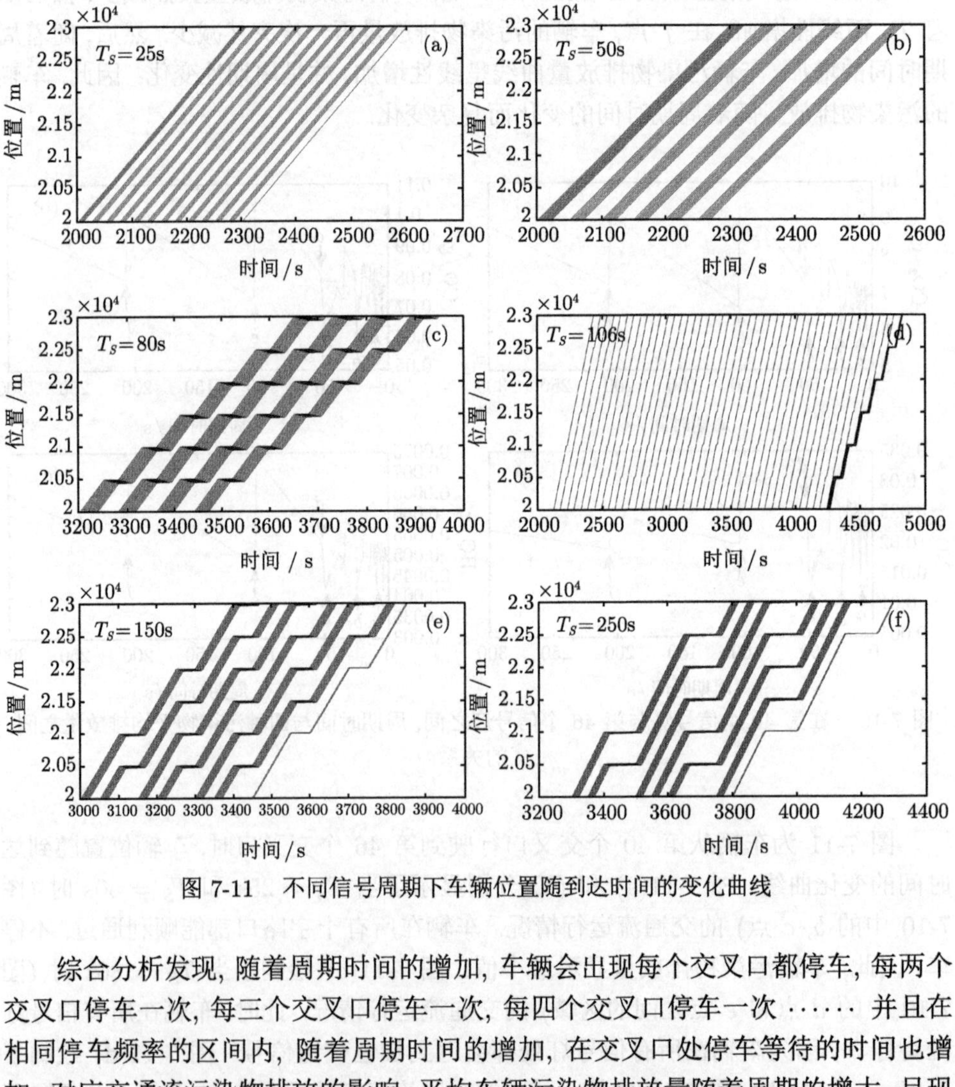

图 7-11　不同信号周期下车辆位置随到达时间的变化曲线

综合分析发现, 随着周期时间的增加, 车辆会出现每个交叉口都停车, 每两个交叉口停车一次, 每三个交叉口停车一次, 每四个交叉口停车一次 ······ 并且在相同停车频率的区间内, 随着周期时间的增加, 在交叉口处停车等待的时间也增加. 对应交通流污染物排放的影响, 平均车辆污染物排放量随着周期的增大, 呈现锯齿状变化曲线, 先线性增加, 增加到一定程度突然下降到某一最低点, 之后再线性增加. 因此, 车辆污染物排放量随着周期时间的变化较为复杂, 同时又有一定的规律性.

7.5.2 绿信比对交通流的控制作用分析

为了研究信号灯绿信比对交通流的控制作用, 在不同周期 $T_S = 50, 100, 150$s 下设计仿真实验, 相位差设为 $\varphi = 0$. 绿信比 S_p 从 0.05 (图 7-12～图 7-14 中的 a 点) 变化到 1. 当 S_p 小于 0.05 时, 绿信比太小, 绿灯时长太短导致一车辆无法行驶通过交叉口, 这与实际不符.

图 7-12 为 $T_S = 50$s 时, 在第 40 个交叉口到第 46 个交叉口间平均每辆车的四种污染物 (CO_2, CO, NO_X 和 HC) 的排放量随绿信比的变化曲线. 从图中可以看出随着 S_p 的变化, 车辆的污染物排放量为一条水平直线.

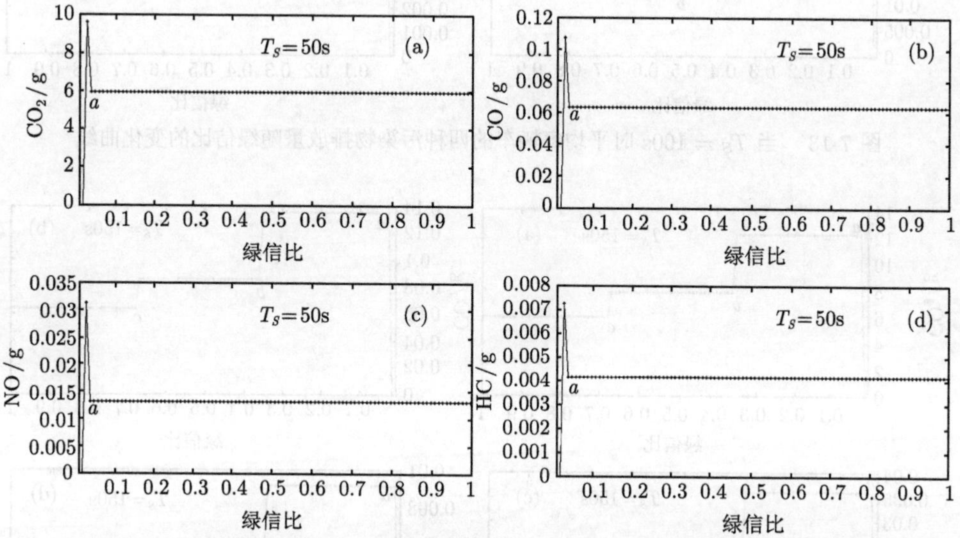

图 7-12 当 $T_S = 50$s 时平均每辆车的四种污染物排放量随绿信比的变化曲线

图 7-13 为 $T_S = 100$s 时平均每辆车的四种污染物 (CO_2, CO, NO_X 和 HC) 的排放量随绿信比的变化曲线. 当 $0.05 \leqslant S_p \leqslant 0.51$ 时, 随着 S_p 的变化, 车辆的污染物排放量保持为一个较大的常数. 当 $S_p = 0.51$ (b 点) 时, 车辆的污染物排放量突然下降, 然后保持为一个较小的常数.

图 7-14 为 $T = 150$s 时平均每辆车的四种污染物 (CO_2, CO, NO_X 和 HC) 的排放量随绿信比的变化曲线. 当 $0.05 \leqslant S_p \leqslant 0.35$ 时, 随着 S_p 的变化, 车辆的污染物排放量为常数, 并且值较大. 当 $S_p = 0.35$ (b 点) 时, 车辆的污染物排放量

突然下降, 然后保持为一个较小的常数. 当 $S_p = 0.67$ (c 点) 时, 车辆的污染物排放量突然下降为最小值, 并且之后保持不变.

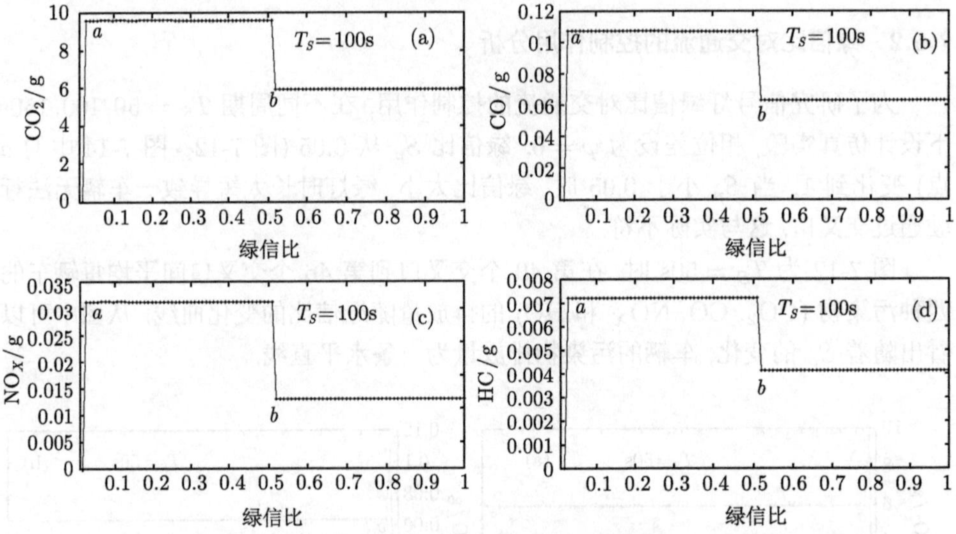

图 7-13　当 $T_S = 100$s 时平均每辆车的四种污染物排放量随绿信比的变化曲线

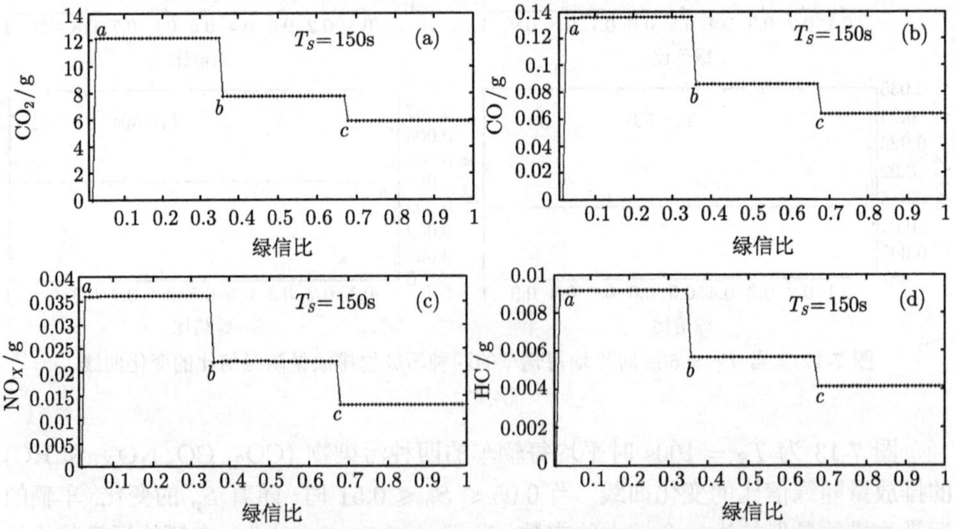

图 7-14　当 $T_S = 150$s 时平均每辆车的四种污染物排放量随绿信比的变化曲线

通过这三组仿真实验的对比发现, 在不同周期时, 车辆污染物排放量随绿信比的变化有相似的规律, 都呈现出一段或者多段水平线. 下面以 $T_S = 150$s (图 7-14) 为例进行分析.

图 7-15 展示了当 $T_S = 150\text{s}$ 时, 不同绿信比控制下车辆的运行情况. 当 $0.05 \leqslant S_p \leqslant 0.35$ 时, 车辆在每个路口都停车 (如图 7-15 (a) 所示), 且随着绿信比的增大, 交通流队列的长度增加, 但车辆遇到红灯时怠速等待的时间相同, 因此, 在此期间车辆的污染物排放量保持不变. 当 $0.35 < S_p \leqslant 0.67$ 时, 车辆由在每个路口都停车转变为每两个路口停一次车 (如图 7-15 (b) 和 (c) 所示), 因此车辆的污染物排放量迅速下降, 并在此后保持一个较小的常数值. 当 $S_p = 0.8$ 时, 车辆经过各个路口时都不再停车 (如图 7-15 (d) 所示), 所以此后车辆的污染物排放量保持最小值.

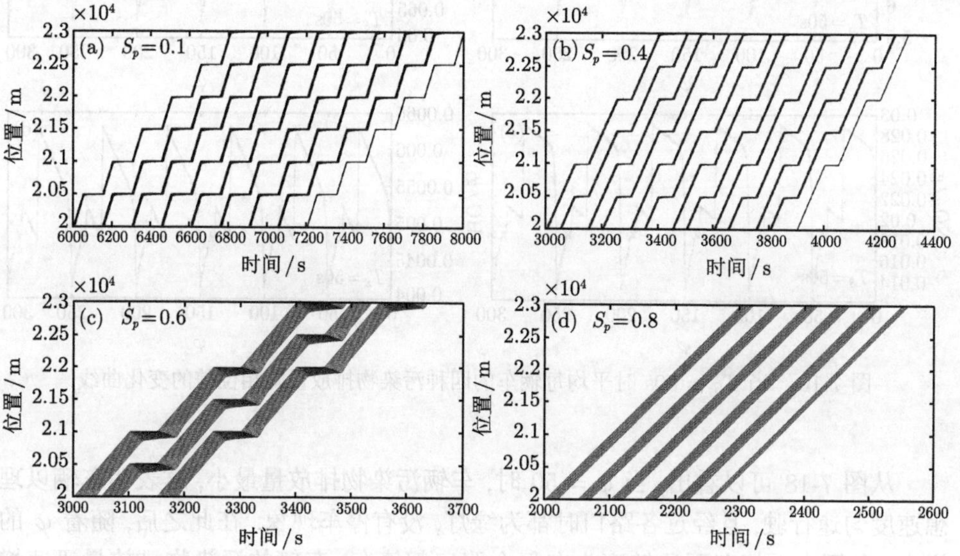

图 7-15 不同绿信比下车辆位置随到达时间的变化曲线

总的来说, 在不同周期下, 车辆的污染物排放量随绿信比的变化呈现出一段或者多段水平线, 这意味着在这些区域内车辆的污染物排放量保持为恒定值, 不随绿信比的变化而变化. 另外, 在各个周期下, 不管车辆的污染物排放随绿信比的变化呈现出几段水平直线, 最后一段污染物排放量为最小值, 这是因为当绿信比大到一定程度, 车辆都可以畅通无阻地通过所有交叉口.

7.5.3 相位差对交通流的控制作用分析

为了研究信号灯相位差 φ 对交通流的控制作用, 在不同周期 $T_S = 50, 100, 150\text{s}$ 下设计仿真实验, 绿信比设为 $S_p = 0.5$, 仿真时相位差的变化范围是 $0 \sim 2T_S$. 图 7-16~ 图 7-18 分别为 $T_S = 50\text{s}, T_S = 100\text{s}$和$T_S = 150\text{s}$ 时, 平均每辆车四种污染物 (CO_2, CO, NO_X 和 HC) 的排放量随相位差的变化曲线. 对比三组图片

发现, 在不同周期下, 污染物排放量随相位差的变化趋势完全相同. 并且, 车辆污染物排放量曲线都呈现出周期性变化规律. 当 φ 大于 T_S 时, 污染物排放量曲线呈现出周期性重复的趋势, 即, 在不同的周期内曲线的变化过程几乎是相同的. 下面以 $T_S = 150$s 时的变化为例进行详细分析.

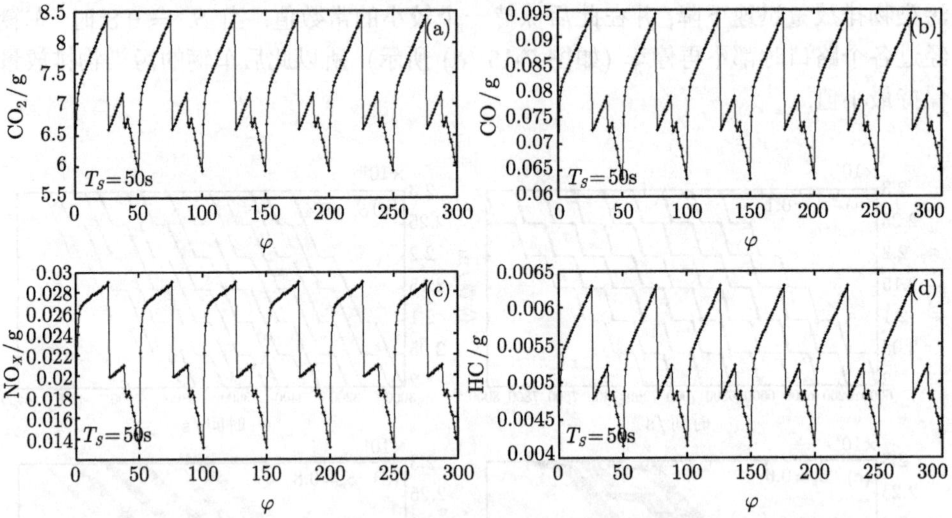

图 7-16 当 $T_S = 50$s 时平均每辆车的四种污染物排放量随相位差的变化曲线

从图 7-18 可以看出, 当 $\varphi = 50$ 时, 车辆污染物排放量最小, 这表明车辆以理想速度匀速行驶, 且经过各路口时都为绿灯, 没有停车现象. 在此之后, 随着 φ 的增大, 车辆由无停车现象转变为在每个路口都停车, 车辆的污染物排放量迅速增加. 之后车辆的污染物排放量线性增加, 这是因为在此期间, 随着相位差的增加, 交通流队列的长度增加, 车辆在路口处于怠速等待的时间也增加. 但在此区间, 车辆依旧保持在每个路口都停车. 当 φ 增大到 127 时, 车辆的污染物排放量迅速下降, 之后又随着相位差的变化线性增加. 因为在这个点之后, 交通流的运行状态由在每个路口都停车转变为每两个路口停车一次, 从而使得车辆污染物排放量迅速减少, 此后, 随着相位差的增加, 车辆依然保持每两个路口停车一次, 只是交通流的队列长度和车辆在交叉口的等待时间随相位差的增大而增加, 从而导致车辆的污染物排放量随着相位差的变化线性增加. 当 φ 从 127 增长到 150 以及从 0 增长到 13 时, 车辆的污染物排放量线性增长, 车辆每两个路口停车一次. 在 $\varphi = 165$ 的点, 车辆污染物排放量突然减少, 并随着偏移时间再次线性增加, 直到 $\varphi = 175$ 的点, 在这个区域内, 车辆每三个路口停车一次. 在 $\varphi = 175$ 的点之后的区域内, 车辆每四个交叉口、每五个交叉口、每六个交叉口 ······ 停车一次, 与车辆污染物排放量趋势一致. 由于交通信号灯状态为红色或绿色, 车辆在交叉口停车或不停车行驶, 因此, 车辆的污染物排放量随相位差时间变化很大.

通过不同周期、绿信比和相位差下车辆污染物排放量的仿真与分析发现, 车辆的污染物排放量会受到信号灯协调控制各参数的影响. 并且, 污染物排放量与车辆的停车次数及在路口的怠速等待时间密切相关.

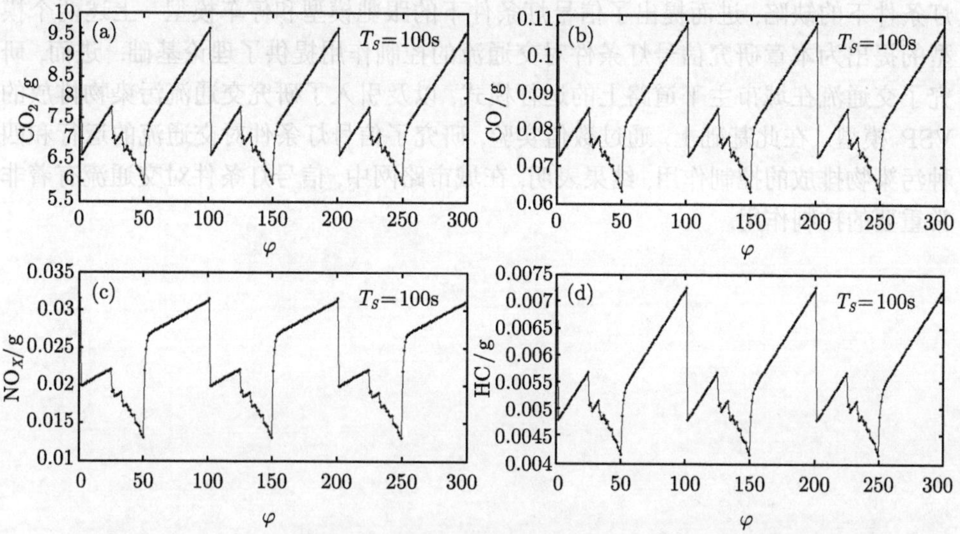

图 7-17 当 $T_S = 100\text{s}$ 时平均每辆车的四种污染物排放量随相位差的变化曲线

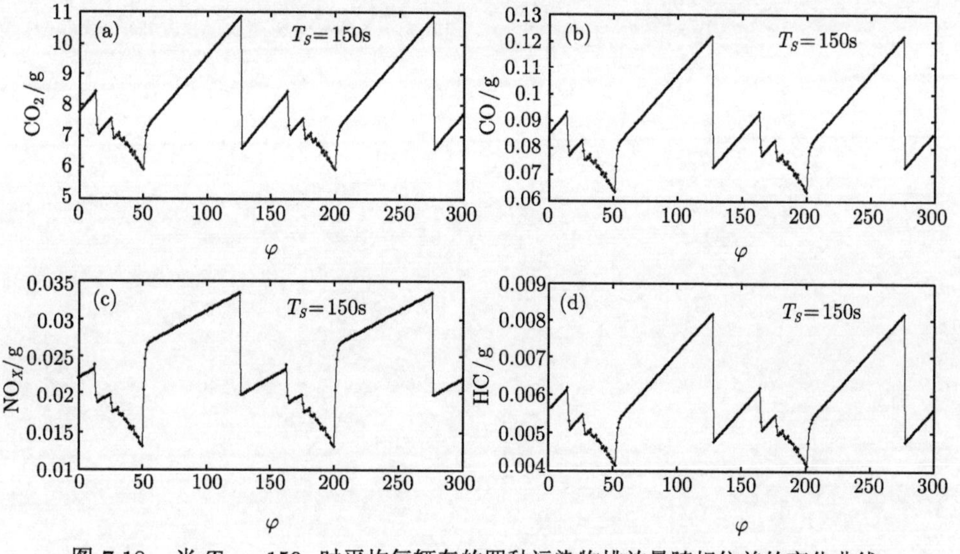

图 7-18 当 $T_S = 150\text{s}$ 时平均每辆车的四种污染物排放量随相位差的变化曲线

7.6 本章小结

本章研究了道路的外部作用条件中的信号灯条件对交通流的控制作用. 首先, 引入了信号灯模型, 得到信号灯主要是通过信号周期、绿信比和相位差三个基本条件来控制交通流运行的. 其次, 通过数值仿真实验发现了传统跟驰模型在信号灯条件下的缺陷, 进而提出了信号灯条件下的跟驰模型和停车模型. 上述两个模型的提出为本章研究信号灯条件对交通流的控制作用提供了理论基础. 进而, 研究了交通流在城市主干道路上的运行模式, 以及引入了研究交通流污染物排放的 VSP 模型. 在此基础上, 通过数值实验, 研究了信号灯条件对交通流的运行和四种污染物排放的控制作用, 结果表明, 在城市路网中, 信号灯条件对交通流有着非常重要的控制作用.

第三篇　交通流跟驰系统控制器的设计与分析

控制理论是一种研究各式各样系统控制过程的方法, 其研究对象可狭义地认为是一种信息系统, 即用期望的输出来改变输入, 使系统的输出能有某种预期效果. 在交通流系统中, 分别以第 n 辆车的速度作为输入、第 $n+1$ 辆车的速度作为输出, 控制的目的是前后两车速度差为零, 所有车头间距均匀, 即交通流中所有车辆以相同的速度稳定运行, 且保持相同的距离. 本篇采用了经典补偿器法、状态空间法和离散控制法三种主要控制方式, 分析并设计控制器, 通过数值模拟仿真分析验证其控制效果. 结果表明, 引入控制器后, 交通流系统的稳定性得到了有效提高.

第 8 章 经典补偿法在交通流跟驰系统中的应用

本章以最优速度模型为基础，将最优速度函数按照泰勒级数展开，推导出车辆跟驰模型与控制系统的关联点，通过拉普拉斯变换将最优速度模型转换为控制系统传递函数，并画出其结构框图. 系统中引入多种经典补偿器，包括速度反馈、比例微分、混合补偿、串联校正等装置来进行交通跟驰系统稳定性和非线性分析. 研究表明，引入经典补偿器后，交通流系统性能得到有效改善[72-77].

8.1 基于控制理论的交通流跟驰系统分析

8.1.1 跟驰系统的控制理论分析

前面的章节已经介绍了跟驰模型中的最优速度模型以及最优速度函数，这里简单回顾一下.

假设交通流跟驰系统中有 N 辆车，所有的车辆分布在一条单行道上，平均密度 $\rho = \dfrac{1}{h}$，其中 h 表示车辆平均车头间距. 图 8-1 表示了第 n 辆车跟随第 $n+1$ 辆车的跟驰系统. 根据 Bando 提出的最优速度模型，跟驰系统中跟随车的加速度如公式 (8-1) 所示

$$\ddot{x}_n(t) = a \times [F(\Delta x_n(t)) - \dot{x}_n(t)] \tag{8-1}$$

其中，a 表示驾驶员的灵敏度，$\ddot{x}_n(t)$ 和 $\dot{x}_n(t)$ 分别表示在 t 时刻第 n 辆车的加速度和速度. $\Delta x_n(t) = x_{n+1}(t) - x_n(t)$ 是在 t 时刻第 n 辆车的车头间距. $F(\Delta x_n(t))$ 是在 t 时刻第 n 辆车的最优速度函数，如公式 (8-2) 所示

$$F(\Delta x_n(t)) = \frac{v_{\max}}{2}\left[\tanh\left(0.13\left(\Delta x_n(t) - l_n\right) - 1.57\right) + \tanh\left(0.13 l_n + 1.57\right)\right] \tag{8-2}$$

其中，$v_{\max}$ 表示车辆的最大速度，l_n 表示车辆的长度.

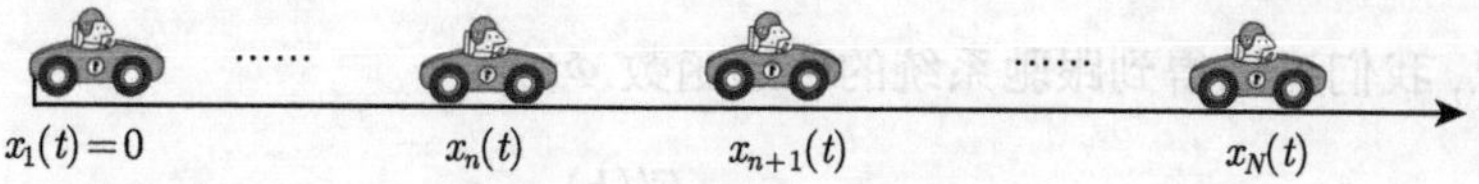

图 8-1 跟驰系统示意图

我们对最优速度模型进行线性化处理, 假设交通流系统中所有的车辆以恒定的车头间距 h 前进, 则交通流系统有如下稳定状态.

$$[v_n^*(t), \Delta x_n^*(t)]^{\mathrm{T}} = [F(h), h]^{\mathrm{T}} \tag{8-3}$$

其中, $v_n^*(t)$ 和 $\Delta x_n^*(t)$ 分别表示在 t 时刻第 n 辆车在稳定状态的速度变量和车头间距变量.

对最优速度函数, 即公式 (8-2) 进行泰勒展开, 如公式 (8-4) 所示

$$F(\Delta x_n(t)) = F(h) + F'(h)\left(\Delta x_n(t) - h\right) + \frac{1}{2}F''(h)\left(\Delta x_n(t) - h\right)^2 + \cdots \tag{8-4}$$

忽略泰勒展开式中二阶以及二阶以上的项, 我们可以得到新的最优速度函数, 如公式 (8-5) 所示

$$F(\Delta x_n(t)) = F(h) + F'(h)\left(\Delta x_n(t) - h\right) \tag{8-5}$$

进而, 将公式 (8-5) 代入最优速度模型中, 如下所示

$$\ddot{\tilde{x}}_n(t) = a \times \left[F'(h)\Delta\tilde{x}_n(t) - \dot{\tilde{x}}_n(t)\right] \tag{8-6}$$

式中, $\Delta\tilde{x}_n(t) = \Delta x_n(t) - h, \dot{\tilde{x}}_n(t) = \dot{x}_n(t) - F(h)$.

因为 $\Delta\tilde{x}_n(t) = \tilde{x}_{n+1}(t) - \tilde{x}_n(t)$, 公式 (8-6) 可以写为下面的形式.

$$\ddot{\tilde{x}}_n(t) = a \times \left[F'(h)\left(\tilde{x}_{n+1}(t) - \tilde{x}_n(t)\right) - \dot{\tilde{x}}_n(t)\right] \tag{8-7}$$

接下来, 我们将 $\tilde{x}_n(t)$ 项和 $\tilde{x}_{n+1}(t)$ 项分别移到等号的左右两侧, 便可以得到系统微分方程的标准形式如下

$$\dot{\tilde{v}}_n(t) + a\tilde{v}_n(t) + aF'(h)\tilde{x}_n(t) = aF'(h)\tilde{x}_{n+1}(t) \tag{8-8}$$

将上式进行拉普拉斯变换, 可得

$$\left(s^2 + as + aF'(h)\right)V_n(s) = aF'(h)V_{n+1}(s) \tag{8-9}$$

其中, V_{n+1} 和 V_n 分别表示 $\tilde{v}_{n+1}$ 和 $\tilde{v}_n$ 的拉普拉斯变换形式. 在方程两边交叉相除, 我们可以得到如下有理表达式.

$$\frac{V_n(s)}{V_{n+1}(s)} = \frac{aF'(h)}{s^2 + as + aF'(h)} \tag{8-10}$$

所以, 我们可以得到跟驰系统的传递函数 $\varPhi(s)$

$$\varPhi(s) = \frac{aF'(h)}{s^2 + as + aF'(h)} \tag{8-11}$$

根据单位反馈控制系统的原理, 我们可以画出系统的结构框图, 如图 8-2 所示, 同时得到系统的开环传递函数, 如公式 (8-12) 所示

$$G(s)=\frac{aF'(h)}{s^2+as} \tag{8-12}$$

传递函数 $\varPhi(s)$ 的特征多项式 $d(s)$ 为

$$d(s)=s^2+as+aF'(h) \tag{8-13}$$

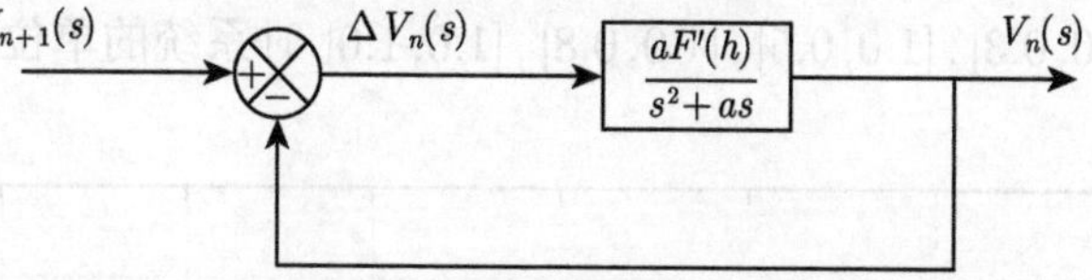

图 8-2 基于最优速度模型的跟驰系统的反馈框图

8.1.2 稳定性分析

根据经典控制理论, 如果特征多项式 $d(s)$ 的根都位于相平面的左半部分以及 $\|\varPhi^*(\mathrm{j}\omega)\|_\infty<1$, 则交通流系统是稳定的. 具体的证明分析过程如下.

首先, 根据经典控制理论中的稳定性条件, 如果特征多项式 $d(s)$ 满足如下不等式, 则控制系统稳定.

$$\begin{cases} a>0 \\ aF'(h)>0 \end{cases} \tag{8-14}$$

我们知道, 这里的 $a>0, aF'(h)>0$, 所以上面的不等式肯定是成立的.

其次, 根据小增益定理, 考虑 $\|\varPhi^*(\mathrm{j}\omega)\|_\infty<1$, 即

$$\|\varPhi^*(\mathrm{j}\omega)\|_\infty=\sup_{\omega\in[0,+\infty)}|\varPhi^*(\mathrm{j}\omega)|<1\Rightarrow\sup_{\omega\in[0,+\infty)}\sqrt{\frac{a^2(F'(h))^2}{(aF'(h)-\omega^2)^2+a^2\omega^2}}<1 \tag{8-15}$$

从上面的不等式我们可以得出

$$\inf_{\omega\in[0,+\infty)}\sqrt{\omega^4-2aF'(h)\omega^2+a^2\omega^2}>0 \tag{8-16}$$

进而

$$\sqrt{(F'(h))^2-aF'(h)+\frac{1}{4}a^2}<0 \tag{8-17}$$

即

$$F'(h) < \frac{a}{2} \tag{8-18}$$

综上所述, 我们可以得到交通流系统的稳定性条件为

$$\begin{cases} a > 0 \\ 0 < F'(h) < \dfrac{a}{2} \end{cases} \tag{8-19}$$

8.1.3　时域、频域分析

可以用系统的单位阶跃响应来判断系统的稳定性. 图 8-3 表示当 $[a, F'(h)]$ 的值分别取 $[1.0, 0.3]$, $[1.0, 0.5]$, $[1.0, 0.8]$, $[1.0, 1.0]$ 时系统的单位阶跃响应, 图 8-4

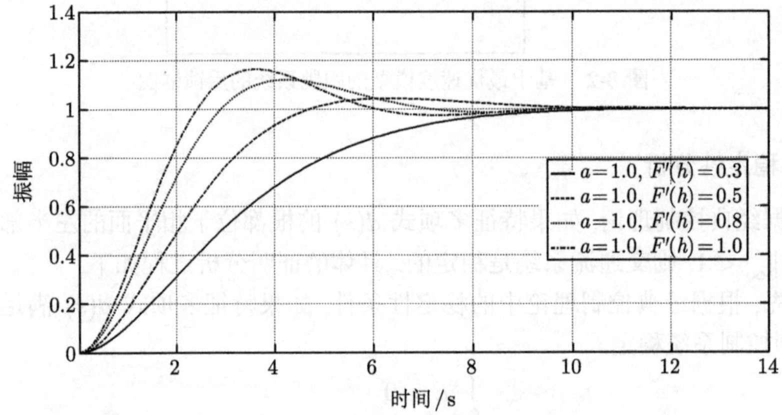

图 8-3　不同的 $[a, F'(h)]$ 值所对应的跟驰系统单位阶跃响应 (I)

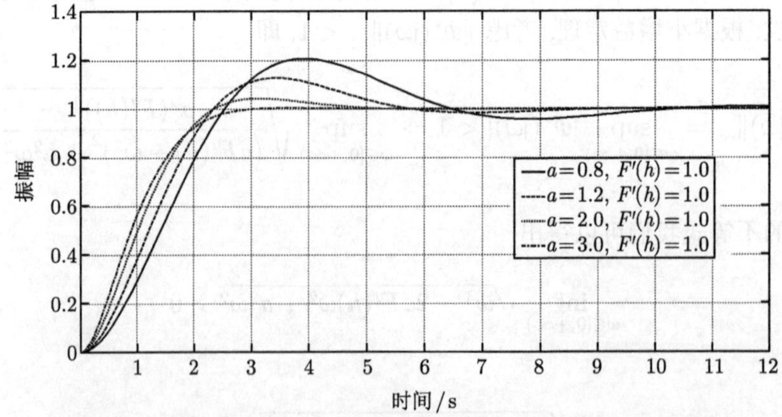

图 8-4　不同的 $[a, F'(h)]$ 值所对应的跟驰系统单位阶跃响应 (II)

表示当 $[a, F'(h)]$ 的值分别取 $[0.8, 1.0], [1.2, 1.0], [2.0, 1.0], [3.0, 1.0]$ 时系统的单位阶跃响应. 从两个图中可以看出, 当驾驶员灵敏度 a 固定不变时, 随着 $F'(h)$ 增大, 系统的稳定性变弱; 当 $F'(h)$ 固定不变时, 随着驾驶员灵敏度 a 的增加, 系统的稳定性增强.

8.2 速度反馈控制策略对交通流跟驰系统的性能改善

8.2.1 速度反馈模型

输出量的导数可以用来改善系统的性能. 通过将输出量的速度信号反馈到系统的输入端, 并与误差信号比较, 可以增大系统的有效阻尼比, 改善系统的动态性能. 从经典的反馈控制理论可以看出, 如果在系统中引入速度反馈补偿项, 系统的性能会得到明显的改善. 因此, 本系统使用了速度反馈控制策略. 如图 8-5 所示, 基于此思想, 可以得到改进系统的开环传递函数 $G^*(s)$ 和闭环传递函数 $\Phi^*(s)$, 为了简单起见, 令 $F'(h) = \Omega$, 则

$$G^*(s) = \frac{a\Omega}{s\left(s + a + a\Omega k_f\right)} \tag{8-20}$$

$$\Phi^*(s) = \frac{a\Omega}{s^2 + \left(a + a\Omega k_f\right)s + a\Omega} \tag{8-21}$$

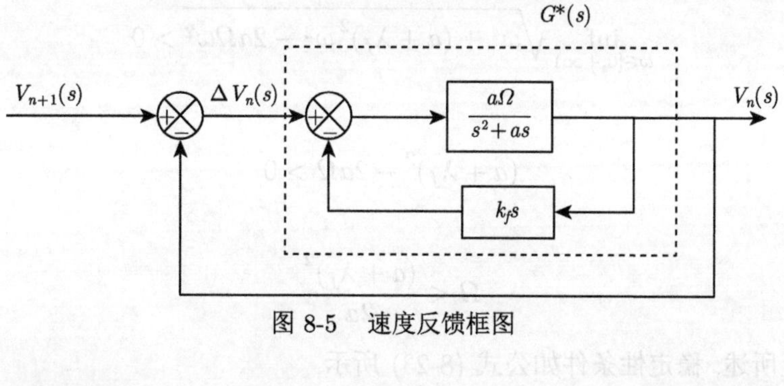

图 8-5 速度反馈框图

8.2.2 稳定性分析

同样, 我们对改进后的模型进行稳定性分析. 根据前面的稳定性分析原理, 如果传递函数的特征多项式的根都位于相平面的左半部分以及 $\|\Phi^*(\mathrm{j}\omega)\|_\infty < 1$, 则交通流系统是稳定的. 我们先给出稳定性条件, 再给出证明过程. 为了简单起见, 令 $k_f = \dfrac{\lambda_f}{a\Omega}$, 则传递函数可以改写为

$$\Phi^*(s) = \frac{a\Omega}{s^2 + (a+\lambda_f)\,s + a\Omega} \tag{8-22}$$

如果满足下列条件, 则交通流系统稳定

$$\begin{cases} a > 0 \\ 0 < \Omega < \dfrac{(a+\lambda_f)^2}{2a} \end{cases} \tag{8-23}$$

首先, 根据控制理论的劳斯稳定性判据, 如果特征多项式 $d(s) = s^2 + (a+\lambda_f)s + a\Omega$ 满足下列不等式, 则系统稳定

$$\begin{cases} a\Omega > 0 \\ a+\lambda_f > 0 \end{cases} \tag{8-24}$$

因为, $a > 0, \Omega > 0, \lambda_f > 0$ 一定成立, 所以上述不等式成立.

然后, 根据小增益定理, 考虑 $\|\Phi^*(\mathrm{j}\omega)\|_\infty < 1$, 即

$$\|\Phi^*(\mathrm{j}\omega)\|_\infty = \sup_{\omega\in[0,+\infty)} |\Phi^*(\mathrm{j}\omega)| < 1 \Rightarrow \sup_{\omega\in[0,+\infty)} \sqrt{\frac{a^2\Omega^2}{(a\Omega-\omega^2)+(a+\lambda_f)\,\omega^2}} < 1 \tag{8-25}$$

从上面的不等式可以得出

$$\inf_{\omega\in[0,+\infty)} \sqrt{\omega^4 + (a+\lambda_f)^2\,\omega^2 - 2a\Omega\omega^2} > 0 \tag{8-26}$$

进而

$$(a+\lambda_f)^2 - 2a\Omega > 0 \tag{8-27}$$

即

$$\Omega < \frac{(a+\lambda_f)^2}{2a} \tag{8-28}$$

综上所述, 稳定性条件如公式 (8-23) 所示.

8.2.3　时域、频域分析

首先进行时域和频域分析. 为了简单起见, 取交通流平均车头间距为 17m, 灵敏度为 $0.85\mathrm{s}^{-1}$. 因此, 闭环传递函数和开环传递函数可以分别写为

$$\Phi^*(s) = \frac{0.85}{s^2 + 0.85\,(1+1.028k_f)\,s + 0.85} \tag{8-29}$$

$$G^*(s) = \frac{0.85}{s^2 + 0.85\,(1 + 1.028k_f)\,s} \tag{8-30}$$

取不同的速度反馈系数 k_f, 可以得到系统的单位阶跃响应和伯德图, 分别如图 8-6 和图 8-7 所示, 其中各条曲线分别代表反馈系数 $k_f = 0.00, 0.25, 0.50, 0.75, 1.00$. 图 8-6 为改进系统的单位阶跃响应, 从图中可以发现系统的超调量随着速度反馈系数的增大而减小, 这说明随着反馈系数的增大系统变得更加稳定. 图 8-7 为改进系统的伯德图, 从图中可以看到, 速度反馈系数 $k_f = 0.00, 0.25, 0.50, 0.75, 1.00$, 分别对应系统的相角裕度分别为 48.6, 57.8, 65.0, 70.5, 74.6, 随着反馈系数的增大, 相角裕度也逐渐增大, 根据控制理论中频域分析的基本原理, 相角裕度越大,

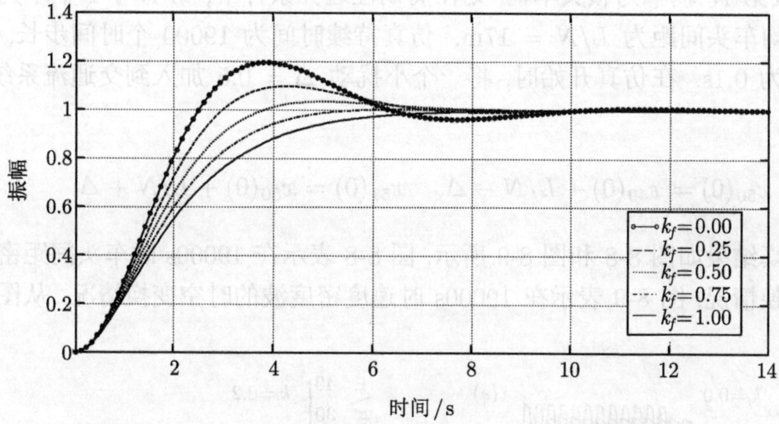

图 8-6 运用速度反馈策略改进交通流系统的单位阶跃响应

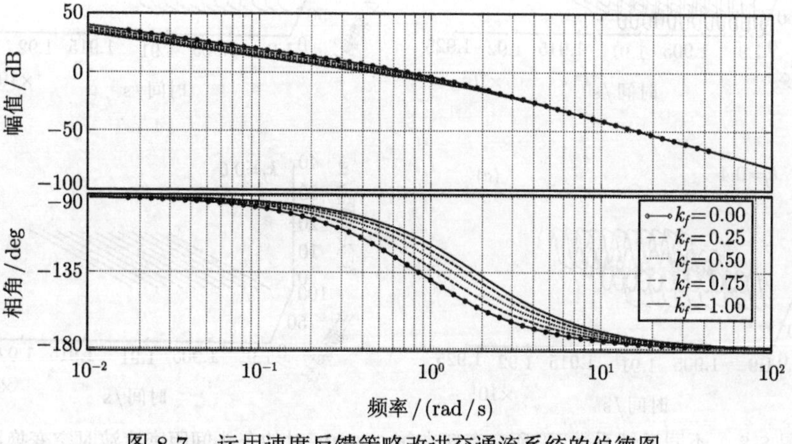

图 8-7 运用速度反馈策略改进交通流系统的伯德图

稳定性越强. 因此, 我们可以得出结论, 交通流跟驰系统的稳定性随着速度反馈系数的增大而逐渐增强.

8.2.4 仿真分析

本节通过数值仿真实验来验证速度反馈控制策略对交通流的影响. 选择公式 (8-2) 作为最优速度函数, 将公式 (8-31) 进行拉氏反变换, 可以得到改进后的最优速度模型如下所示

$$\ddot{x}_n(t) = a\left(F(\Delta x_n(t)) - \dot{x}_n(t)\right) - \lambda_f\left(\dot{x}_n(t) - F(h)\right) \tag{8-31}$$

假设总共有 $N = 100$ 辆车均匀分布在长 $L = 1700\text{m}$ 的道路上, 没有超车和变道, 设第 N 辆车为领头车辆, 则在周期性边界条件下, 第 $N+1$ 辆车为第一辆车. 平均车头间距为 $L/N = 17\text{m}$. 仿真持续时间为 19000 个时间步长, 每个时间步长为 0.1s. 在仿真开始时, 将一个小扰动 $\Delta = 0.5$ 加入到交通流系统中, 如下所示

$$x_{50}(0) = x_{49}(0) + L/N - \Delta, \quad x_{51}(0) = x_{50}(0) + L/N + \Delta \tag{8-32}$$

仿真结果如图 8-8 和图 8-9 所示, 图 8-8 表示在 19000s 时车头间距密度波的时空变换情况, 图 8-9 表示在 19000s 时速度密度波的时空变换情况. 从图中可以

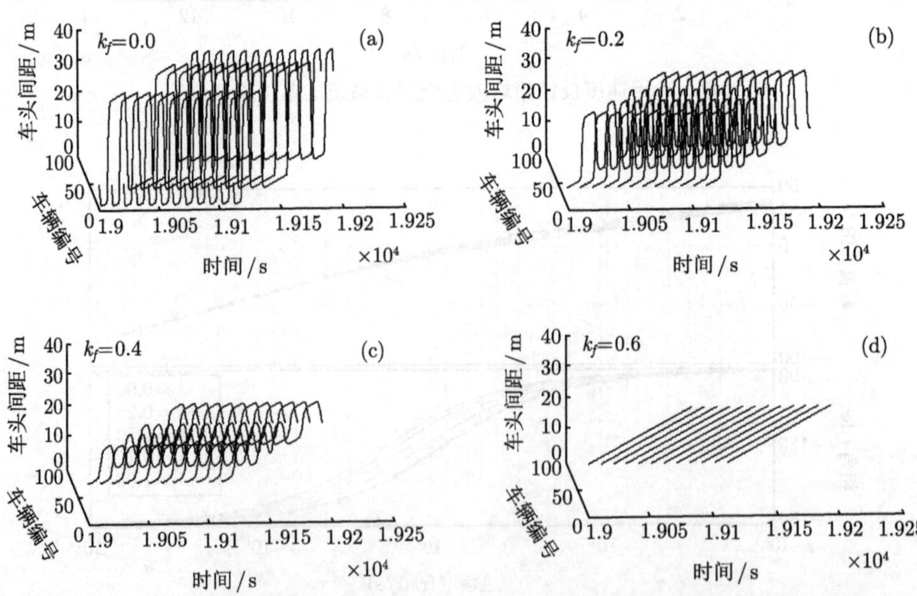

图 8-8 不同反馈系数下, 所有车辆在第 19000s 时的车头间距密度波时空变换图

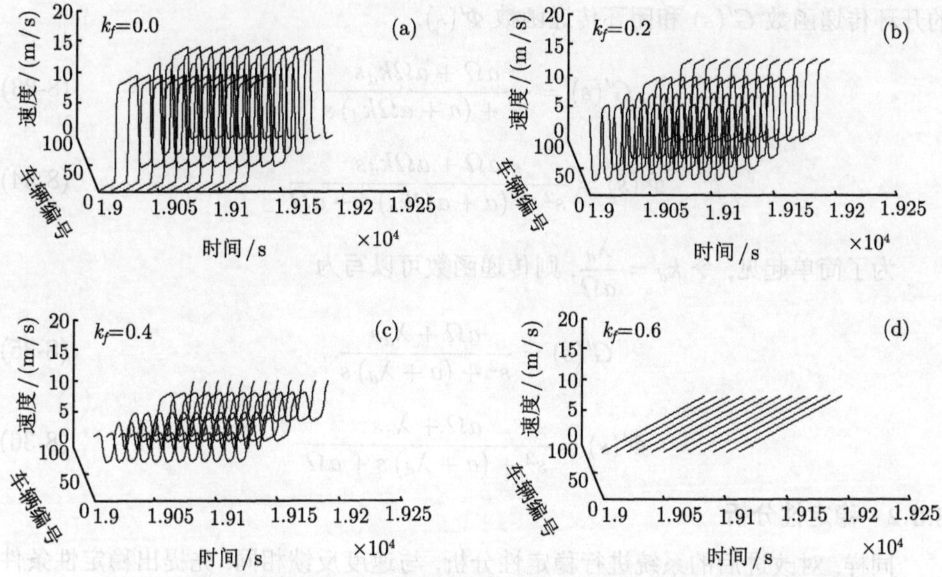

图 8-9 不同反馈系数下, 所有车辆在第 19000s 时的速度密度波时空变换图

看出, 随着反馈系数的不断增大, 密度波的振幅不断减小, 说明交通流越稳定. 仿真结果与稳定性分析结果一致.

8.3 比例微分控制策略对交通流跟驰系统的性能改善

8.3.1 比例微分模型

根据经典控制理论, 可以画出带有比例微分 (PD) 项的交通流系统的结构框图, 如图 8-10 所示.

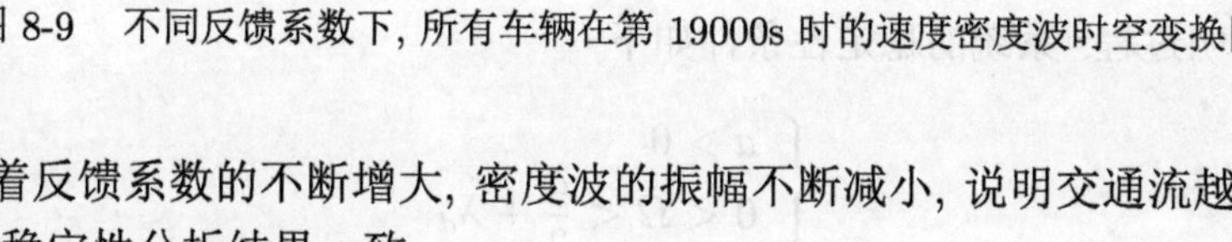

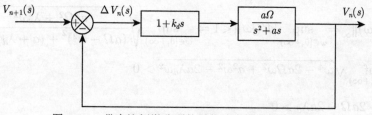

图 8-10 带有比例微分项的最优速度模型结构框图

系统中对被控对象的控制作用是误差信号 $\Delta V_n(s)$ 与其微分信号的线性组合, 即系统的输出量同时受误差信号以及其速率的双重作用. 从图 8-10 中可以得到新

的开环传递函数 $G'(s)$ 和闭环传递函数 $\varPhi'(s)$.

$$G'(s) = \frac{a\varOmega + a\varOmega k_d s}{s^2 + (a + a\varOmega k_d)\, s} \tag{8-33}$$

$$\varPhi'(s) = \frac{a\varOmega + a\varOmega k_d s}{s^2 + (a + a\varOmega k_d)\, s + a\varOmega} \tag{8-34}$$

为了简单起见, 令 $k_d = \dfrac{\lambda_d}{a\varOmega}$, 则传递函数可以写为

$$G'(s) = \frac{a\varOmega + \lambda_d s}{s^2 + (a + \lambda_d)\, s} \tag{8-35}$$

$$\varPhi'(s) = \frac{a\varOmega + \lambda_d s}{s^2 + (a + \lambda_d)\, s + a\varOmega} \tag{8-36}$$

8.3.2 稳定性分析

同样, 对改进后的系统进行稳定性分析, 与速度反馈相同, 先提出稳定性条件再给出证明过程. 系统的稳定性条件如下

$$\begin{cases} a > 0 \\ 0 < \varOmega < \dfrac{a}{2} + \lambda_d \end{cases} \tag{8-37}$$

首先, 根据控制理论中的劳斯稳定性判据, 特征多项式 $d(s) = s^2 + (a + \lambda_d)\, s + a\varOmega$ 的系数需要满足如下不等式

$$\begin{cases} a\varOmega > 0 \\ a + \lambda_d > 0 \end{cases} \tag{8-38}$$

因为 $a > 0, \varOmega > 0, \lambda_d > 0$ 一定成立, 所以上述不等式成立.

然后, 根据小增益定理 $\|\varPhi'(\mathrm{j}\omega)\|_\infty < 1$, 即

$$\|\varPhi'(\mathrm{j}\omega)\|_\infty = \sup_{\omega\in[0,+\infty)} |\varPhi'(\mathrm{j}\omega)| < 1 \Rightarrow \sup_{\omega\in[0,+\infty)} \sqrt{\frac{a^2\varOmega^2 + \lambda_d^2\omega^2}{(a\varOmega - \omega^2)^2 + (a+\lambda_d)^2\,\omega^2}} < 1$$

$$\Rightarrow \inf_{\omega\in[0,+\infty)} \sqrt{\omega^4 - 2a\varOmega\omega^2 + a^2\omega^2 - 2a\lambda_d\omega^2} > 0$$

$$\Rightarrow a^2 - 2a\varOmega - 2a\lambda_d > 0 \tag{8-39}$$

即

$$\varOmega < \frac{a}{2} + \lambda_d \tag{8-40}$$

因此, 综上所述, 改进后系统的稳定性条件如公式 (8-37) 所示.

8.3.3 时域、频域分析

首先进行时域和频域分析, 取交通流平均车头间距为 17m, 灵敏度为 0.85s^{-1}, 因此, 闭环传递函数和开环传递函数可以分别写为

$$\Phi'(s) = \frac{0.85 + \lambda_d s}{s^2 + (0.85 + \lambda_d)\, s + 0.85} \tag{8-41}$$

$$G'(s) = \frac{0.85 + \lambda_d s}{s^2 + (0.85 + \lambda_d)\, s} \tag{8-42}$$

取不同的比例微分系数 λ_d, 我们可以得到系统的单位阶跃响应和伯德图, 如图 8-11 和图 8-12 所示, 其中各条曲线分别代表系数 $\lambda_d = 0.1, 0.2, 0.3, 0.5$. 图 8-11

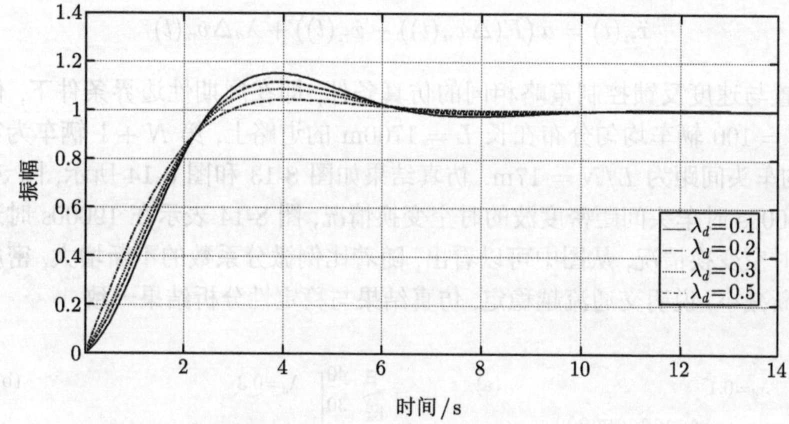

图 8-11 运用比例微分策略改进交通流系统的单位阶跃响应

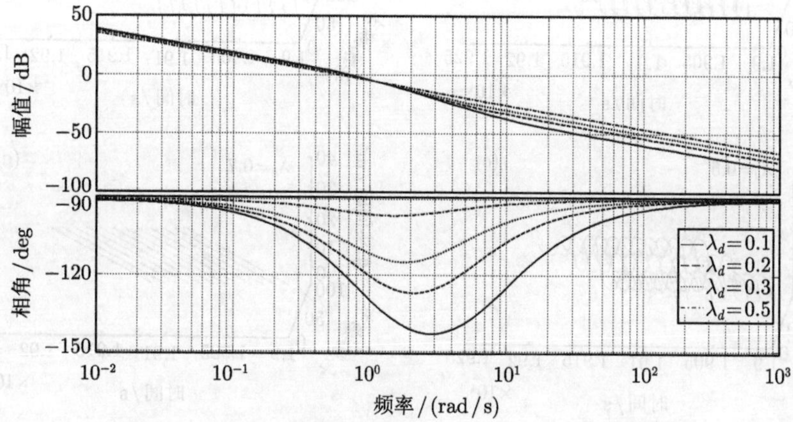

图 8-12 运用比例微分策略改进交通流系统的伯德图

为改进系统的单位阶跃响应, 从图中我们可以发现系统的超调量随着比例微分系数的增大而减小, 这说明随着比例微分系数的增大系统变得更加稳定. 图 8-12 为改进系统的伯德图, 从图中我们可以看到, 比例微分系数 $\lambda_d = 0.1, 0.2, 0.3, 0.5$, 对应系统的相角裕度分别为 57.8, 66.0, 73.3, 85.4, 随着比例微分系数的增大, 相角裕度也逐渐增大, 根据控制理论中频域分析的基本原理, 相角裕度越大, 稳定性越强. 因此, 我们可以得出结论, 系统稳定性随着比例微分系数的增大而逐渐增强.

8.3.4 仿真分析

本节通过数值仿真实验来验证比例微分控制策略对交通流的影响. 选择公式 (8-2) 作为最优速度函数, 将公式 (8-36) 进行拉氏反变换, 可以得到改进后的最优速度模型如下所示

$$\ddot{x}_n(t) = a\left(F(\Delta x_n(t)) - \dot{x}_n(t)\right) + \lambda_d \Delta v_n(t) \tag{8-43}$$

设置与速度反馈控制策略相同的仿真条件, 即在周期性边界条件下, 假设总共有 $N = 100$ 辆车均匀分布在长 $L = 1700\text{m}$ 的道路上, 第 $N + 1$ 辆车为第一辆车, 平均车头间距为 $L/N = 17\text{m}$. 仿真结果如图 8-13 和图 8-14 所示, 图 8-13 表示在 19000s 时车头间距密度波的时空变换情况, 图 8-14 表示在 19000s 时速度密度波的时空变换情况, 从图中可以看出, 随着比例微分系数的不断增大, 密度波的振幅不断减小, 说明交通流越稳定, 仿真结果与稳定性分析结果一致.

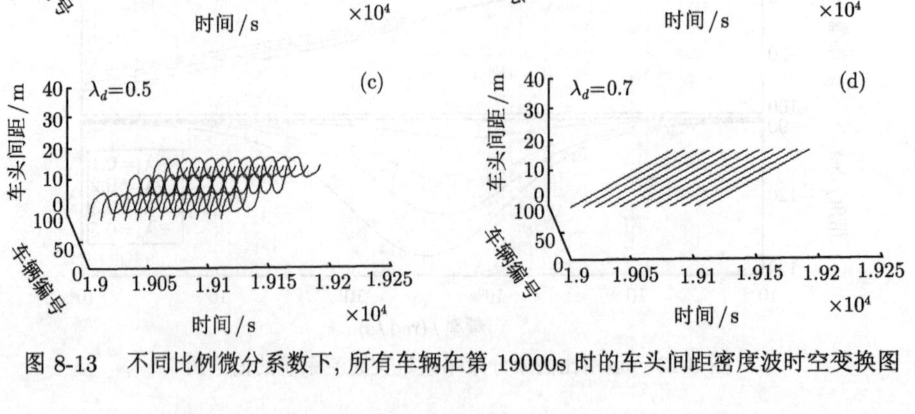

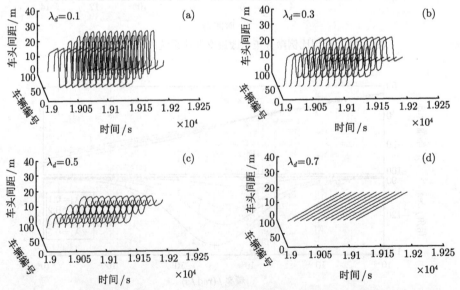

图 8-13 不同比例微分系数下, 所有车辆在第 19000s 时的车头间距密度波时空变换图

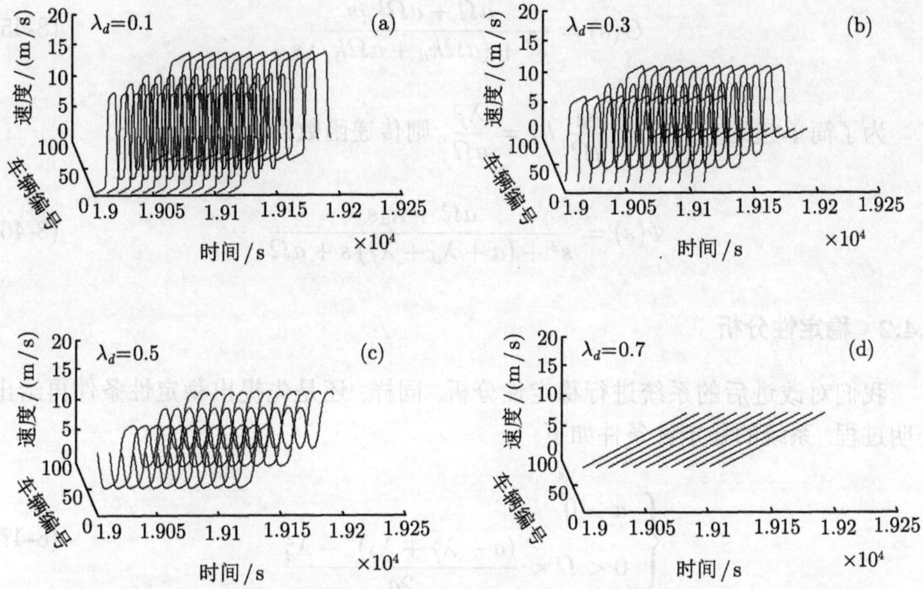

图 8-14 不同比例微分系数下, 所有车辆在第 19000s 时的速度密度波时空变换图

8.4 混合补偿控制策略对交通流跟驰系统的性能改善

8.4.1 混合补偿模型

利用经典的反馈控制理论, 如果在系统中引入速度反馈和串联补偿项, 系统性能将得到明显改善. 可以绘制具有速度反馈项和 PD 项的交通流系统闭环传递函数框图, 如图 8-15 所示.

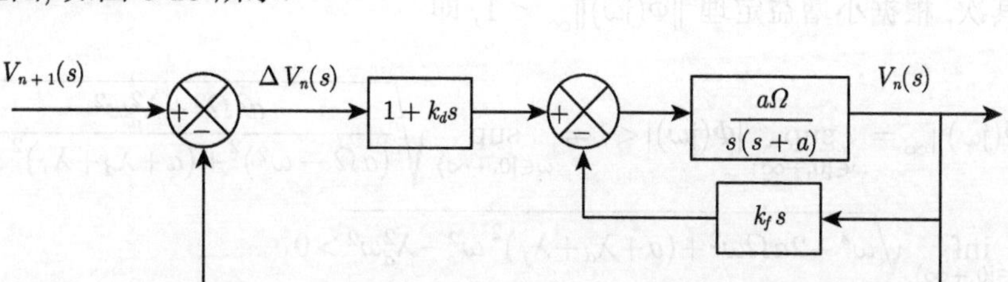

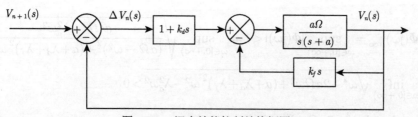

图 8-15 混合补偿控制结构框图

根据上面的框图, 我们可以得到由混合补偿控制策略改进后得到的闭环传递函数 $\varPhi(s)$ 和开环传递函数 $G(s)$, 分别如下所示

$$\varPhi(s)=\frac{a\varOmega+a\varOmega k_d s}{s^2+(a+a\varOmega k_d+a\varOmega k_f)\,s+a\varOmega} \tag{8-44}$$

$$G(s)=\frac{a\Omega+a\Omega k_d s}{s^2+(a\Omega k_d+a\Omega k_f)\,s} \tag{8-45}$$

为了简单起见, 令 $k_d=\dfrac{\lambda_d}{a\Omega},k_f=\dfrac{\lambda_f}{a\Omega}$, 则传递函数为

$$\Phi(s)=\frac{a\Omega+\lambda_d s}{s^2+(a+\lambda_d+\lambda_f)\,s+a\Omega} \tag{8-46}$$

8.4.2 稳定性分析

我们对改进后的系统进行稳定性分析, 同样, 还是先提出稳定性条件再给出证明过程. 系统的稳定性条件如下

$$\begin{cases} a>0 \\ 0<\Omega<\dfrac{(a+\lambda_f+\lambda_d)^2-\lambda_d^2}{2a} \end{cases} \tag{8-47}$$

首先, 根据控制理论中的劳斯稳定性判据, 特征多项式 $d(s)=s^2+(a+\lambda_d+\lambda_f)s+a\Omega$ 的系数需要满足如下不等式

$$\begin{cases} a\Omega>0 \\ a+\lambda_d+\lambda_f>0 \end{cases} \tag{8-48}$$

因为 $a>0,\Omega>0,\lambda_d>0,\lambda_f>0$ 一定成立, 所以上述不等式成立.

其次, 根据小增益定理 $\|\Phi(\mathrm{j}\omega)\|_\infty<1$, 即

$$\|\Phi(\mathrm{j}\omega)\|_\infty=\sup_{\omega\in[0,+\infty)}|\Phi(\mathrm{j}\omega)|<1\Rightarrow \sup_{\omega\in[0,+\infty)}\sqrt{\frac{a^2\Omega^2+\lambda_d^2\omega^2}{(a\Omega-\omega^2)^2+(a+\lambda_d+\lambda_f)^2\,\omega^2}}<1$$

$$\Rightarrow \inf_{\omega\in[0,+\infty)}\sqrt{\omega^4-2a\Omega\omega^2+(a+\lambda_d+\lambda_f)^2\,\omega^2-\lambda_d^2\omega^2}>0$$

$$\Rightarrow (a+\lambda_d+\lambda_f)^2-2a\Omega-\lambda_d^2>0 \tag{8-49}$$

即

$$\Omega<\frac{(a+\lambda_d+\lambda_f)^2-\lambda_d^2}{2a} \tag{8-50}$$

因此, 综上所述, 改进后系统的稳定性条件如公式 (8-47) 所示.

8.4.3 时域、频域分析

取交通流平均车头间距为 17m, 灵敏度为 $0.85\mathrm{s}^{-1}$, 因此, 闭环传递函数和开环传递函数可以分别写为

$$\Phi(s)=\frac{0.85+\lambda_d s}{s^2+(0.85+\lambda_d+\lambda_f)\,s+0.85} \tag{8-51}$$

$$G(s)=\frac{0.85+\lambda_d s}{s^2+(0.85+\lambda_d+\lambda_f)\,s} \tag{8-52}$$

取不同的系数 λ_d,λ_f, 可以得到系统的单位阶跃响应和伯德图, 如图 8-16 和图 8-17 所示, 其中各条曲线分别代表系数 $\lambda_d=\lambda_f=0.1,0.2,0.3,0.4$. 图 8-16

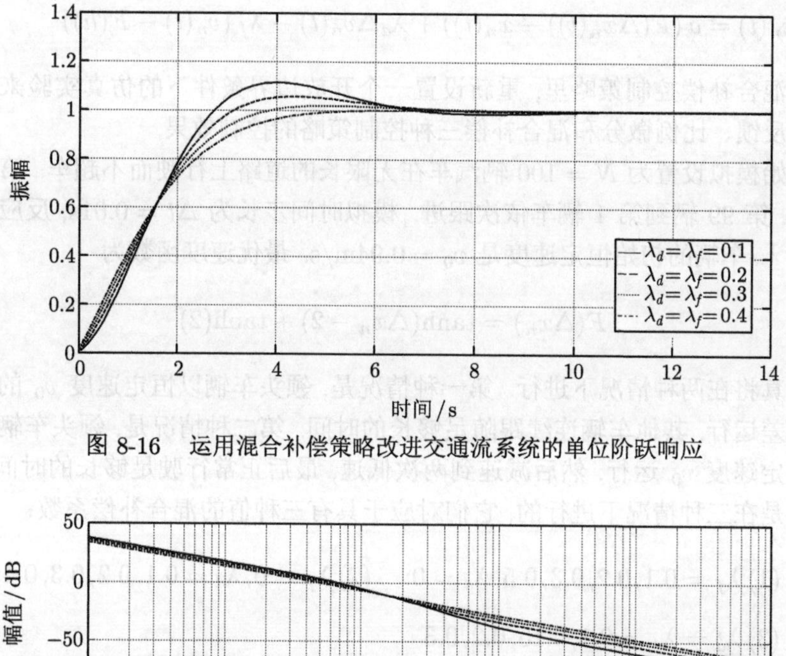

图 8-16 运用混合补偿策略改进交通流系统的单位阶跃响应

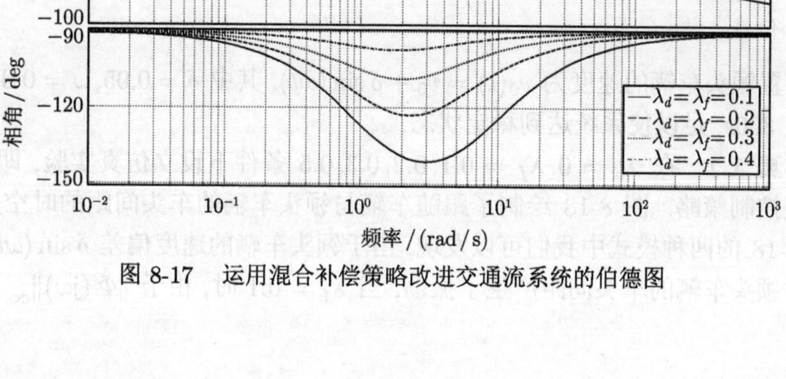

图 8-17 运用混合补偿策略改进交通流系统的伯德图

为改进系统的单位阶跃响应, 从图中我们可以发现系统的超调量随着混合补偿系数的增大而减小, 说明随着混合补偿系数的增大系统变得更加稳定. 图 8-17 为改进系统的伯德图, 从图中可以看到, 混合系数 $\lambda_d = \lambda_f = 0.1, 0.2, 0.3, 0.4$, 对应系统的相角裕度分别为 61.6, 72.0, 80.1, 86.3, 随着混合系数的增大, 相角裕度也逐渐增大, 根据控制理论中频域分析的基本原理, 相角裕度越大, 稳定性越强. 因此, 我们可以得出结论, 系统的稳定性随着混合系数的增大而逐渐增强.

8.4.4 仿真分析

通过数值仿真实验来验证混合控制策略对交通流的影响. 选择公式 (8-2) 作为最优速度函数, 将公式 (8-37) 进行拉氏反变换, 我们可以得到改进后的最优速度模型如下所示

$$\ddot{x}_n(t) = a\left(F(\Delta x_n(t)) - \dot{x}_n(t)\right) + \lambda_d \Delta v_n(t) - \lambda_f\left(v_n(t) - F(h)\right) \tag{8-53}$$

在混合补偿控制策略里, 重新设置一个开放边界条件下的仿真实验来综合比较速度反馈、比例微分和混合补偿三种控制策略的控制效果.

初始模拟设置为 $N = 100$ 辆汽车在无限长的道路上行驶而不超车. 第 100 辆车领头, 第 99 辆到第 1 辆车依次跟进. 模拟时间步长为 $\Delta t = 0.01\text{s}$, 反应灵敏度 $a = 1\text{s}^{-1}$. 车辆的初始恒定速度是 $v_0 = 0.94\text{m/s}$. 最优速度函数为

$$F(\Delta x_n) = \tanh(\Delta x_n - 2) + \tanh(2) \tag{8-54}$$

仿真将在两种情况下进行. 第一种情况是, 领头车辆以恒定速度 v_0 的较小的速度偏差运行, 其他车辆连续跟随足够长的时间. 第二种情况是, 领头车辆在开始时以恒定速度 v_0 运行, 然后减速到两次低速, 最后正常行驶足够长的时间. 这两种模拟是在三种情况下进行的, 它们对应于具有三种值的混合补偿系数:

$$\begin{aligned}&(1)\,\lambda_f = 0.1, 0.2, 0.3, 0.5, \lambda_d = 0; \quad (2)\,\lambda_f = 0, \lambda_d = 0.1, 0.2, 0.3, 0.4;\\&(3)\,\lambda_d = \lambda_f = 0.1, 0.15, 0.2, 0.3\end{aligned} \tag{8-55}$$

1. 仿真一

设置领头车辆的速度为 $v_0(t) = v_0 + \delta \sin(\omega t)$, 其中 $\delta = 0.05, \omega = 0.05$. 仿真时长为 300s, 足以使系统达到稳定状态.

仿真 1.1 在 $\lambda_d = 0, \lambda_f = 0.1, 0.2, 0.3, 0.5$ 条件下设立仿真实验, 即采用速度反馈控制策略. 图 8-18 绘制了跟随车辆与领头车辆的车头间距的时空变化图. 从图 8-18 的四种模式中我们可以发现, 由于领头车辆的速度偏差 $\delta \sin(\omega t)$, 跟随车辆与领头车辆的车头间距产生了振荡, 当 $\lambda_f = 0.1$ 时, 由于 $\|\Phi'(\mathrm{j}\omega)\|_\infty > 1$, 车

头间距产生了振荡, 随着系数 $\lambda_f = 0.2, 0.3, 0.5$ 的增大, 车头间距的振荡幅度越来越小, 意味着系统的稳定性越来越好.

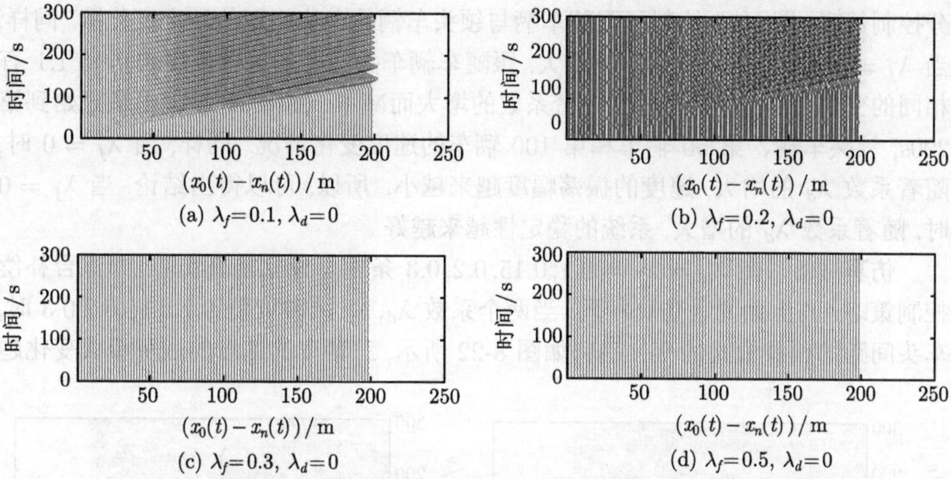

图 8-18 跟随车辆与领头车辆车头间距的时空变化图 (仿真 1.1)

从开始到第 200s, 领头车辆、第 50 辆车和第 100 辆车的速度变化情况如图 8-19 所示, 这与图 8-18 的车头间距时空图的变化趋势相同. 从图 8-19 可以看到, 由于不满足稳定条件, 第 50 辆车的速度从第 50s 开始振荡. 第 50 和第 100 辆车的振荡幅度分别在第 100s 和第 150s 后不再变化. 从图 8-19 的四个图可以看出, 随着

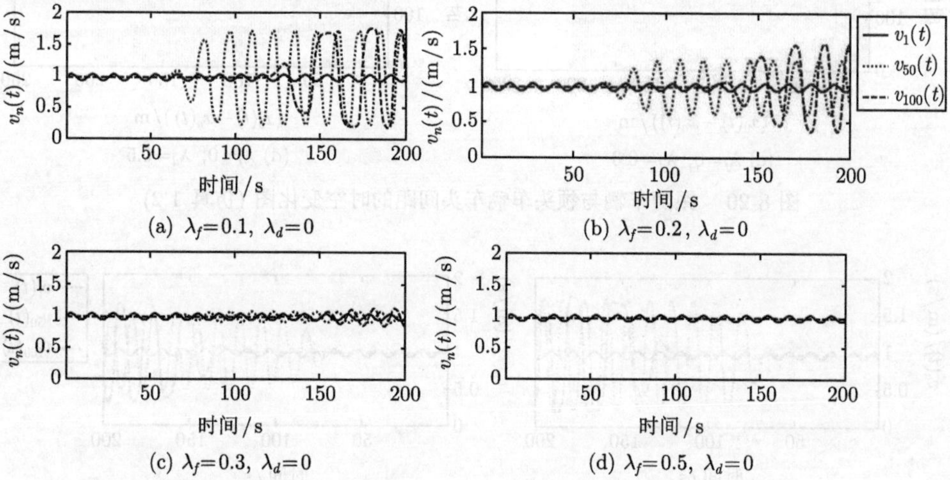

图 8-19 领头车辆、第 50 辆车和第 100 辆车的速度变化图 (仿真 1.1)

系数 λ_f 的增大, 速度的振荡幅度越来越小. 这表明, 当 $\lambda_d=0$ 时, 随着系数 λ_f 的增大, 系统越来越稳定.

仿真 1.2　在 $\lambda_d=0.1,0.2,0.3,0.5,\lambda_f=0$ 条件下设立仿真实验, 即比例微分控制策略. 图 8-20 绘制了跟随车辆与领头车辆的车头间距的时空变化图. 同样, 当 $\lambda_f=0$ 时, 随着系数 λ_d 的增大, 跟随车辆车头间距的振荡幅度与仿真 1.1 有相同的变化趋势, 即振荡幅度随着系数的增大而减小. 图 8-21 绘制了从开始到第 200s, 领头车辆、第 50 辆车和第 100 辆车的速度变化情况. 同样, 当 $\lambda_f=0$ 时, 随着系数 λ_d 的增大, 速度的振荡幅度越来越小. 所以, 可以得出结论, 当 $\lambda_f=0$ 时, 随着系数 λ_d 的增大, 系统的稳定性越来越好.

仿真 1.3　在 $\lambda_d=\lambda_f=0.1,0.15,0.2,0.3$ 条件下设立仿真实验, 即混合补偿控制策略. 与上面两种仿真相同, 当两个系数 λ_d,λ_f 同时取值 0.1,0.15,0.2,0.3 时, 车头间距的四种模式的变化趋势如图 8-22 所示, 三辆车的速度的四种模式变化趋

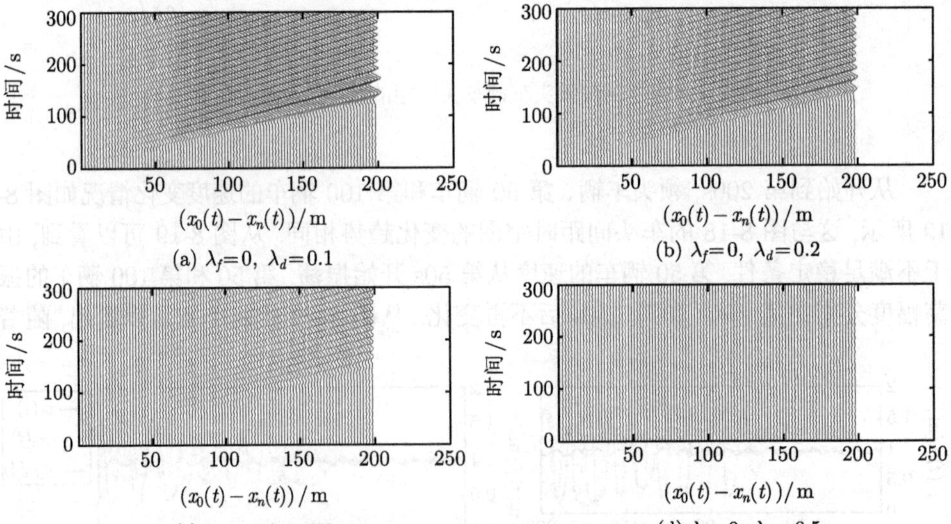

(a) $\lambda_f=0,\ \lambda_d=0.1$　(b) $\lambda_f=0,\ \lambda_d=0.2$

(c) $\lambda_f=0,\ \lambda_d=0.3$　(d) $\lambda_f=0,\ \lambda_d=0.5$

图 8-20　跟随车辆与领头车辆车头间距的时空变化图 (仿真 1.2)

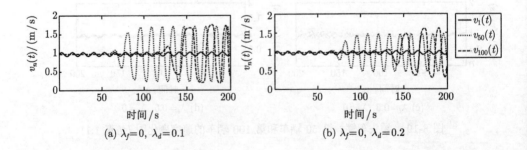

(a) $\lambda_f=0,\ \lambda_d=0.1$　(b) $\lambda_f=0,\ \lambda_d=0.2$

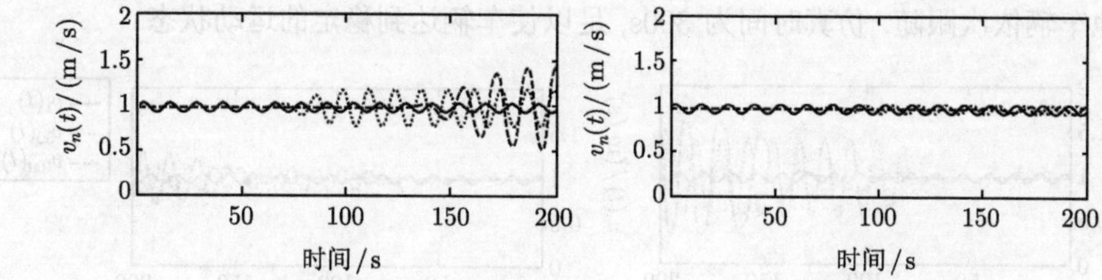

(c) $\lambda_f=0,\ \lambda_d=0.3$　　(d) $\lambda_f=0,\ \lambda_d=0.5$

图 8-21　领头车辆、第 50 辆车和第 100 辆车的速度变化图 (仿真 1.2)

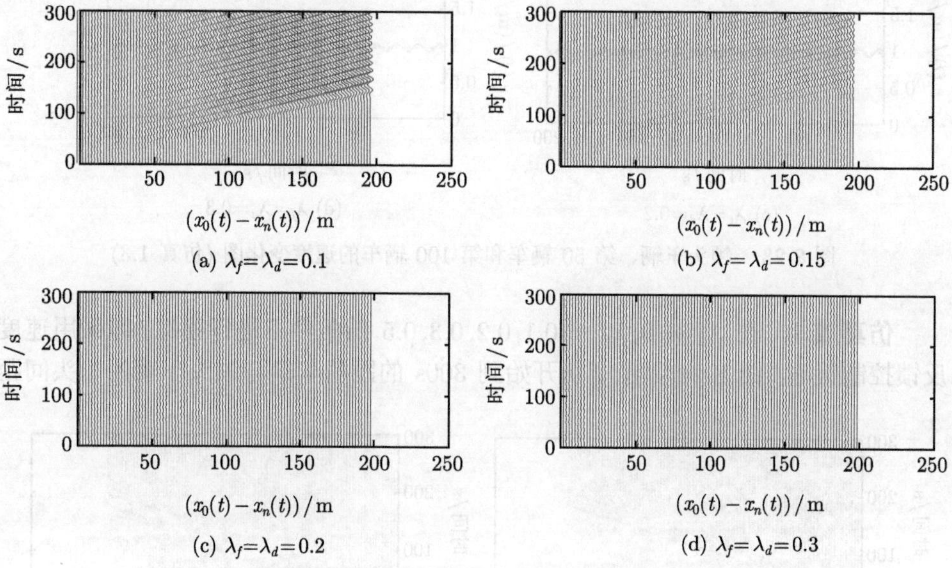

(a) $\lambda_f=\lambda_d=0.1$　　(b) $\lambda_f=\lambda_d=0.15$

(c) $\lambda_f=\lambda_d=0.2$　　(d) $\lambda_f=\lambda_d=0.3$

图 8-22　跟随车辆与领头车辆车头间距的时空变化图 (仿真 1.3)

势如图 8-23 所示. 同样, 可以得出结论, 随着系数 λ_d,λ_f 的增大, 系统稳定性增强, 并且, 两种控制策略同时作用时, 控制效果比单一控制策略效果更好.

2. *仿真二*

开始时, 领头车辆以速度 $v_0=0.94\text{m/s}$ 运行, 然后, 在第 10s 到第 15s 时间内和第 30s 到第 35s 时间内, 以速度 $\dfrac{v_0}{2}$ 运行, 其余的时间以速度 v_0 运行. 其运动方程为

$$v_0(t)=\begin{cases}\dfrac{v_0}{2}, & 10\leqslant t\leqslant 15\\ \dfrac{v_0}{2}, & 30\leqslant t\leqslant 35\\ v_0, & \text{其他时间}\end{cases}\tag{8-56}$$

其他车辆依次跟随. 仿真时间为 300s, 足以使车辆达到稳定的运动状态.

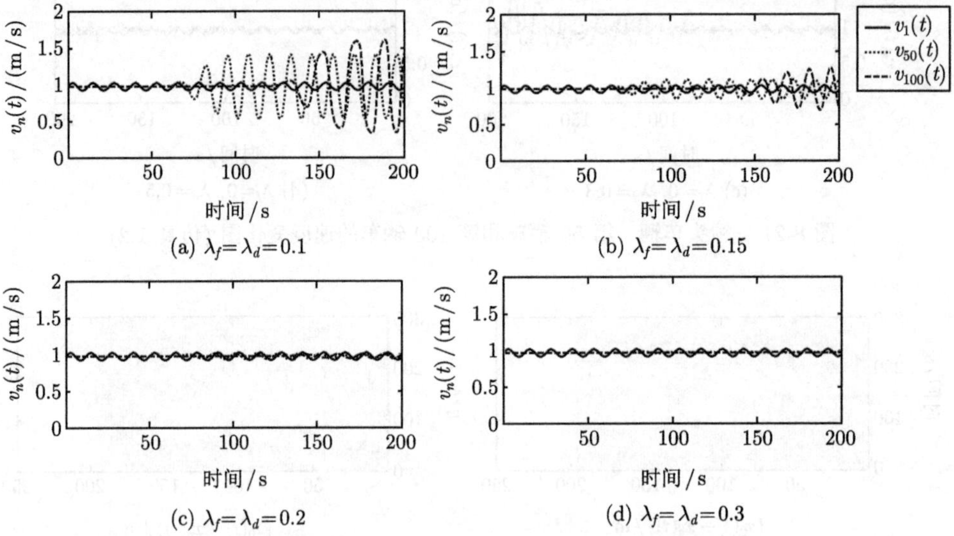

(a) $\lambda_f = \lambda_d = 0.1$　　(b) $\lambda_f = \lambda_d = 0.15$

(c) $\lambda_f = \lambda_d = 0.2$　　(d) $\lambda_f = \lambda_d = 0.3$

图 8-23　领头车辆、第 50 辆车和第 100 辆车的速度变化图 (仿真 1.3)

仿真 2.1　在 $\lambda_d = 0, \lambda_f = 0.1, 0.2, 0.3, 0.5$ 的条件下进行模拟, 即采用速度反馈控制策略. 图 8-24 显示了从开始到 300s 的跟随车辆与领头车辆的车头间距

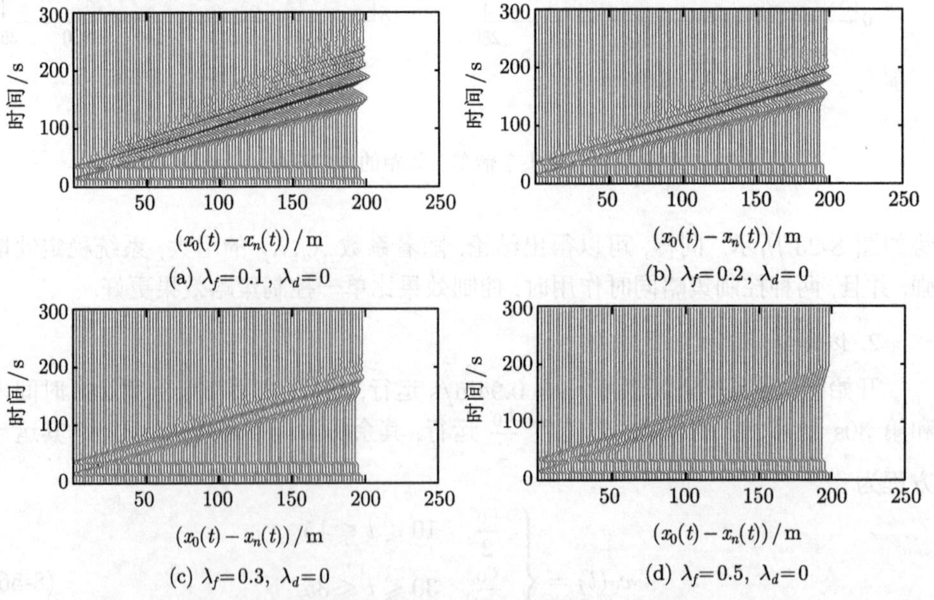

(a) $\lambda_f = 0.1$, $\lambda_d = 0$　　(b) $\lambda_f = 0.2$, $\lambda_d = 0$

(c) $\lambda_f = 0.3$, $\lambda_d = 0$　　(d) $\lambda_f = 0.5$, $\lambda_d = 0$

图 8-24　跟随车辆与领头车辆车头间距的时空变化图 (仿真 2.1)

的时空演化. 很容易发现, 当 $\lambda_d=0$ 时, 随着 λ_f 的增加, 车头间距的振荡幅度减小. 此外, 图 8-25 显示了领头车辆、第 50 辆车和第 100 辆车的速度分布. 显然, 随着 λ_f 的增大, 跟随车辆的速度振荡幅度也减小. 因此, 与仿真 1.1 一样, 本仿真验证了当 $\lambda_d=0$ 时, 随着 λ_f 的增大, 车辆跟驰系统的稳定性增强.

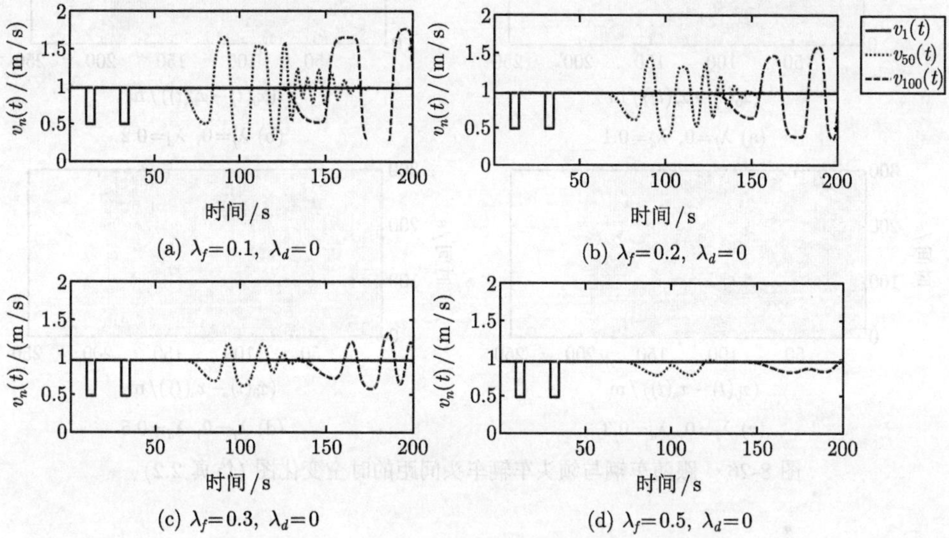

图 8-25 领头车辆、第 50 辆车和第 100 辆车的速度变化图 (仿真 2.1)

仿真 2.2 在 $\lambda_d=0.1,0.2,0.3,0.5,\lambda_f=0$ 的条件下进行模拟, 即采用比例微分控制策略. 与仿真 2.1 一样, 图 8-26 显示了从开始到 300s 的跟随车辆与领头车辆的车头间距的时空演化. 从该图可以看出, 当 $\lambda_f=0$ 时, 随着 λ_d 的增加, 车头间距的振荡幅度减小. 同样, 图 8-27 显示了领头车辆、第 50 辆车和第 100 辆车的速度分布, 随着 λ_d 的增加, 三辆车速度的振荡幅度减小. 显然, 跟随车辆的速度振荡幅度随 λ_d 的增大而减小, 因此当 $\lambda_f=0$ 时, 交通流系统稳定性随着 λ_d 的增大而增强.

仿真 2.3 在 $\lambda_d=\lambda_f=0.1,0.15,0.2,0.3$ 条件下进行模拟, 即采用混合补偿控制策略. 与仿真 2.1 和仿真 2.2 相同, 图 8-28 显示了从开始到 300s 的跟随车辆与领头车辆的车头间距的时空演化. 从图中可以看出, 当 λ_d 和 λ_f 同时增大时, 车头间距的振荡幅度减小. 图 8-29 给出了领头车辆、第 50 辆车和第 100 辆车的速度分布图. 显然, 随着 λ_d 和 λ_f 的增加, 跟随车辆的速度振荡幅度减小. 因此, 随着 λ_d 和 λ_f 的增大, 跟驰系统的稳定性增强.

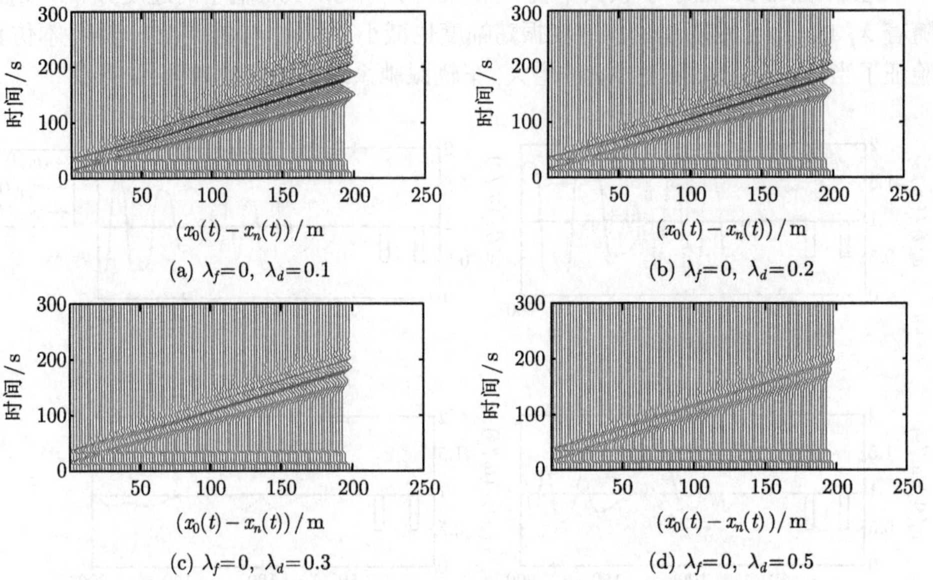

(a) $\lambda_f=0,\ \lambda_d=0.1$　　(b) $\lambda_f=0,\ \lambda_d=0.2$

(c) $\lambda_f=0,\ \lambda_d=0.3$　　(d) $\lambda_f=0,\ \lambda_d=0.5$

图 8-26　跟随车辆与领头车辆车头间距的时空变化图 (仿真 2.2)

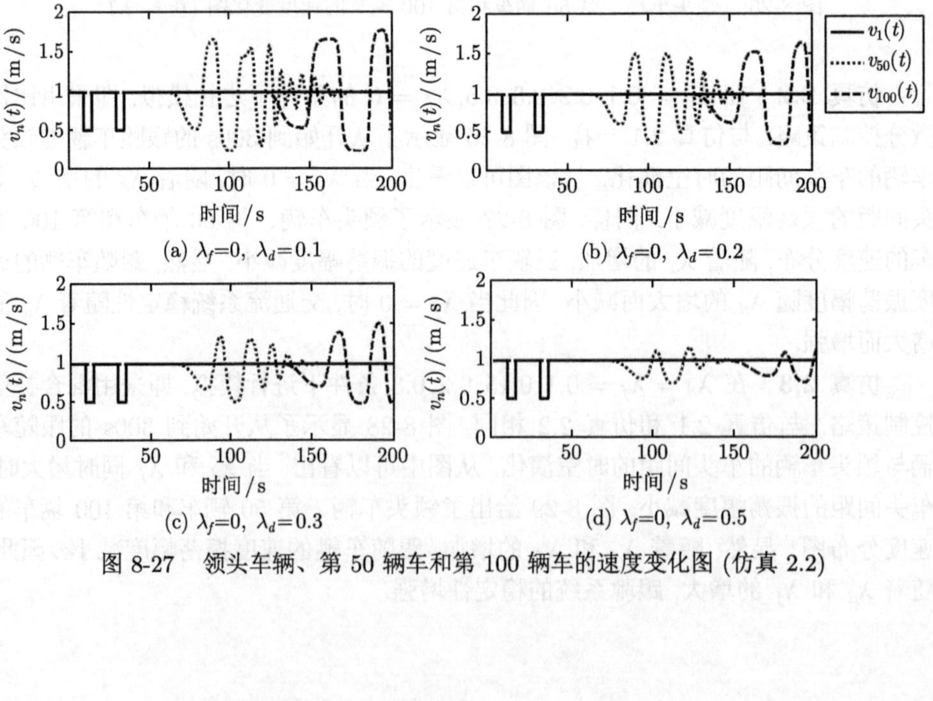

(a) $\lambda_f=0,\ \lambda_d=0.1$　　(b) $\lambda_f=0,\ \lambda_d=0.2$

(c) $\lambda_f=0,\ \lambda_d=0.3$　　(d) $\lambda_f=0,\ \lambda_d=0.5$

图 8-27　领头车辆、第 50 辆车和第 100 辆车的速度变化图 (仿真 2.2)

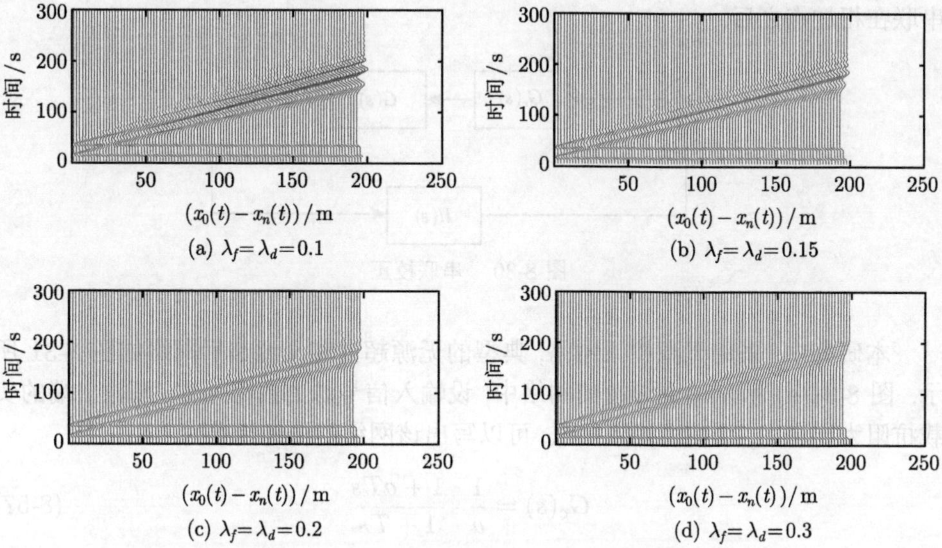

(a) $\lambda_f=\lambda_d=0.1$　(b) $\lambda_f=\lambda_d=0.15$

(c) $\lambda_f=\lambda_d=0.2$　(d) $\lambda_f=\lambda_d=0.3$

图 8-28　跟随车辆与领头车辆车头间距的时空变化图 (仿真 2.3)

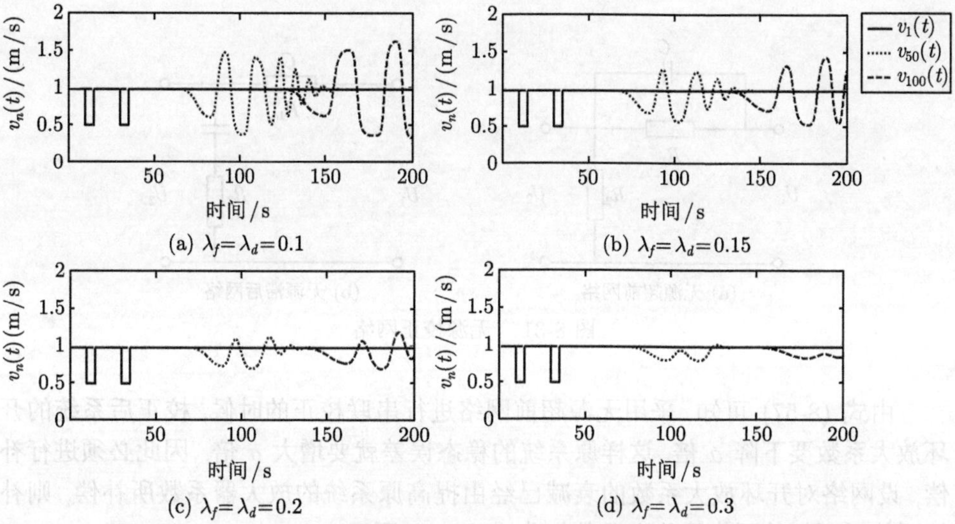

(a) $\lambda_f=\lambda_d=0.1$　(b) $\lambda_f=\lambda_d=0.15$

(c) $\lambda_f=\lambda_d=0.2$　(d) $\lambda_f=\lambda_d=0.3$

图 8-29　领头车辆、第 50 辆车和第 100 辆车的速度变化图 (仿真 2.3)

8.5　串联补偿控制策略对交通流跟驰系统的性能改善

8.5.1　串联校正设计

校正装置在系统中的连接方式称为校正方式, 串联校正是指校正装置串联在原系统的前向通道中, 如图 8-30 所示. 通常, 为了减小校正装置的功率, 一般将其串联在相加点之后.

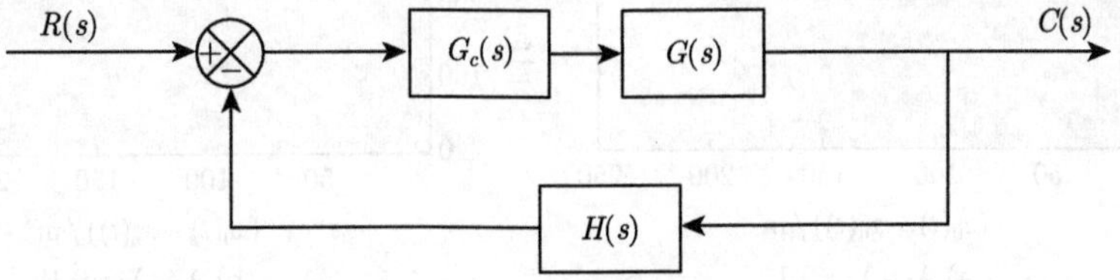

图 8-30 串联校正

本研究中, 采用无源校正网络, 典型的无源超前和无源滞后网络如图 8-31 所示. 图 8-31(a) 所示的无源超前网络中, 设输入信号源的内阻为零, 而输出端的负载抗阻为无穷大, 则利用复阻抗法, 可以写出该网络的传递函数为

$$G_c(s) = \frac{1}{a} \cdot \frac{1+aTs}{1+Ts} \tag{8-57}$$

其中, $a = \dfrac{R_1+R_2}{R_2} > 1, T = \dfrac{R_1R_2}{R_1+R_2}C$.

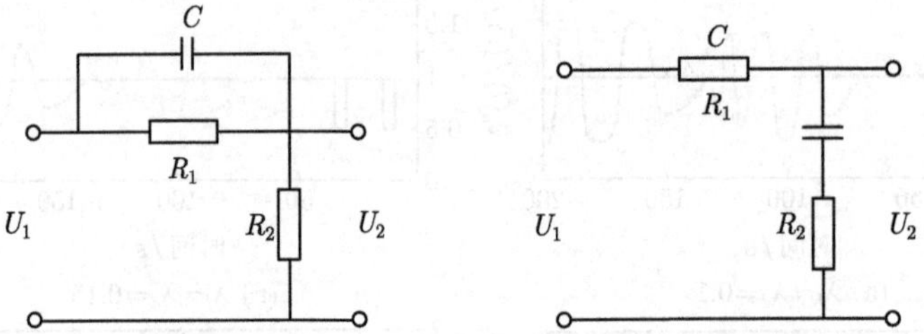

(a) 无源超前网络 (b) 无源滞后网络

图 8-31 无源校正网络

由式 (8-57) 可知, 采用无源超前网络进行串联校正的时候, 校正后系统的开环放大系数要下降 a 倍, 这样原系统的稳态误差就要增大 a 倍. 因此必须进行补偿, 设网络对开环放大系数的衰减已经由提高原系统的放大器系数所补偿, 则补偿后的无源超前网络的传递函数如公式 (8-58) 所示

$$G_c(s) = \frac{1+aTs}{1+Ts} \quad (a>1) \tag{8-58}$$

图 8-31(b) 为典型的无源滞后校正网络. 设输入信号源的内阻为零, 负载阻抗为无穷大, 则无源滞后网络的传递函数如公式 (8-59) 所示

$$G_c(s) = \frac{1+bTs}{1+Ts} \tag{8-59}$$

其中, $b=\dfrac{R_2}{R_1+R_2}<1, T=(R_1+R_2)C$.

在 8.1 节中, 已经得到了交通流跟驰系统的反馈结构框图. 为了提高系统的稳定性, 在车辆跟驰系统中设计了一个串联补偿器如图 8-32 所示, 串联补偿器的数学表达式 $G_c(s)$ 如公式 (8-60) 所示. 其中, $b>0, b\neq 1, T>0$. 当 $b>1$ 时, 即为串联超前校正; 当 $0<b<1$ 时, 即为串联滞后校正.

$$G_c(s)=\frac{1+bTs}{1+Ts} \tag{8-60}$$

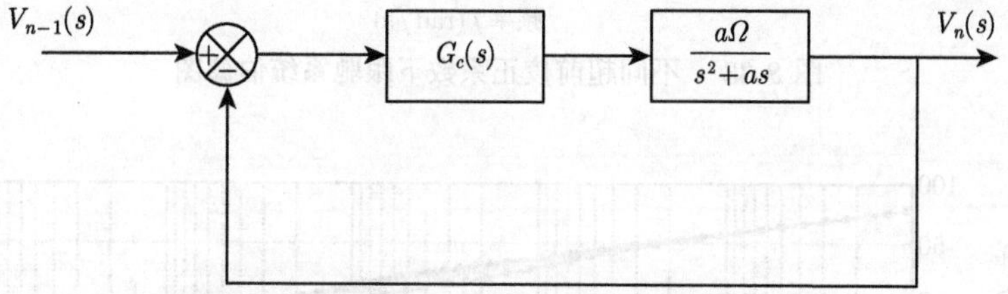

图 8-32 带有串联补偿的跟驰系统结构框图

8.5.2 时域、频域分析

1. 频域分析

当 $b>1$ 时, 为超前校正. 选择校正系数为 $b>1, b=2.0, 4.0, 6.0, 8.0$, 则根据校正系数与时间常数的关系, 对应的时间常数为 $T=0.23, 0.14, 0.1, 0.081$. 串联超前校正频域响应的伯德图如图 8-33 所示, 图中各条曲线分别对应校正参数 $b=1.0, 2.0, 4.0, 6.0, 8.0$. 当 $b=1.0$ 时, 即为没有加入校正装置. 从图中可以看到, 随着超前校正系数增大, 相角裕度从 19 增大到 61. 由于相位超前补偿, 相角裕度被放大. 从频域的角度来看, 在相位超前补偿策略下, 相角裕度增大, 系统的稳定性增强.

当 $0<b<1$ 时, 为滞后校正. 选择校正系数为 $0<b<1, b=0.2, 0.4, 0.6, 0.8$, 则根据校正系数与时间常数的关系, 对应的时间常数为 $T=31.6, 15.8, 10.6, 7.9$. 串联滞后校正频域响应的伯德图如图 8-34 所示, 图中各条曲线分别对应于补偿参数 $b=1.0, 0.2, 0.4, 0.6, 0.8$, 对应的频域响应的相角裕度分别为 19, 36, 33, 27, 21. 当 $b=1.0$ 时, 即为没有加入校正装置, 引入滞后补偿后, 相角裕度增大, 系统稳定性增强. 引入滞后补偿后, 由于相位滞后补偿参数 b 减小, 相角裕度也从 21 放大到 36. 在相位滞后补偿策略下, 随着参数 b 的减小, 系统的稳定性增强.

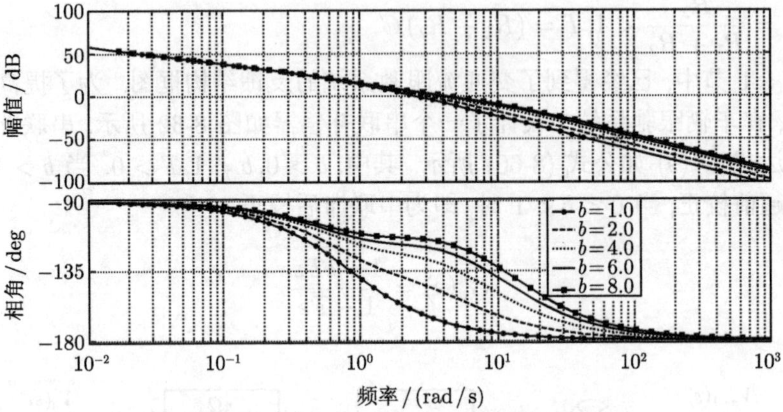

图 8-33　不同超前校正系数下跟驰系统伯德图

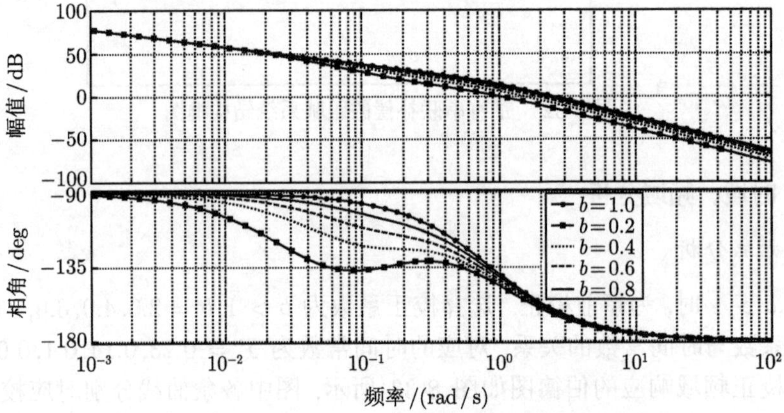

图 8-34　不同滞后校正系数下跟驰系统伯德图

2. 时域分析

阶跃输入是时域控制系统中常用的标准测试输入信号之一. 为简单起见, 设交通流系统的平均车头间距为 17m. 反应灵敏度为 $0.85\mathrm{s}^{-1}$. 因此, 系统的闭环传递函数可以写为公式 (8-61) 的形式, 如下

$$\varPhi^*(s)=\frac{0.85\left(\dfrac{1+bTs}{1+Ts}\right)}{(s^2+0.85s)+0.85\left(\dfrac{1+bTs}{1+Ts}\right)} \tag{8-61}$$

对于相位超前补偿法, 补偿参数的值取为 $b=2.0$, 4.0, 6.0, 8.0 和 $T=0.23$, 0.14, 0.1, 0.081. 单位阶跃响应曲线如图 8-35 所示, 可以观察到超调量随着校正

系数 b 从 1.0 增加到 8.0 而减小, 这就意味着, 随着补偿参数 b 的增大, 系统的稳定性自然增强.

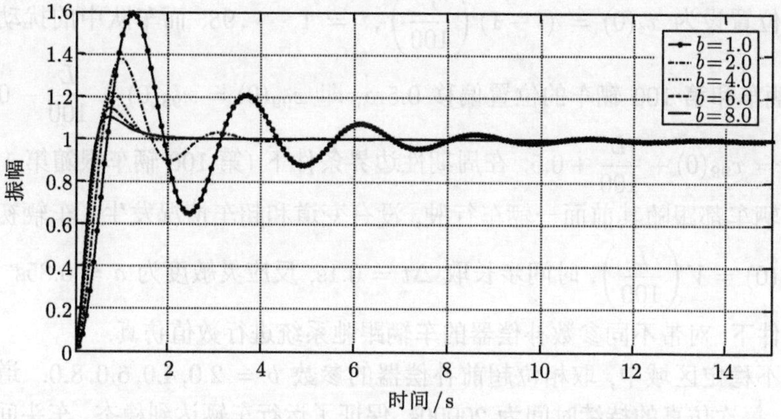

图 8-35 当 $b > 1$ 时, 相位超前补偿系统单位阶跃响应

对于相位滞后补偿法, 参数取 $b = 0.2, 0.4, 0.6, 0.8$ 和 $T = 31.6, 15.8, 10.6, 7.9$. 图 8-36 绘制了单位阶跃响应曲线, 可以观察到, 超调量随校正系数 b 从 1.0 减小到 0.2 而减小. 同样说明了校正系数 b 的减小增强了系统的稳定性.

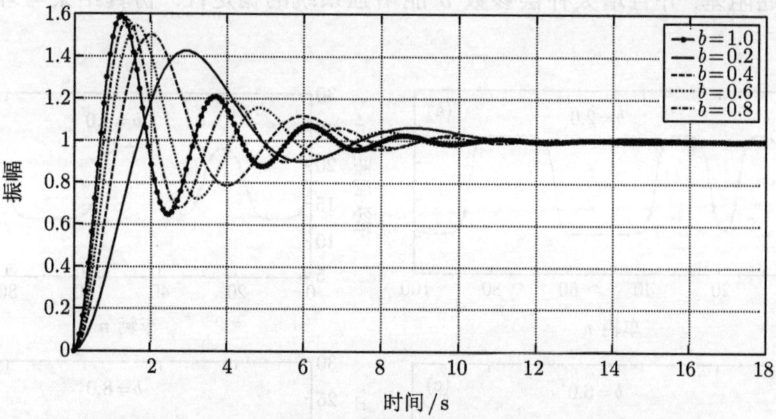

图 8-36 当 $b < 1$ 时, 相位滞后补偿系统单位阶跃响应

从这两幅图中可以发现, 图 8-35 中的超调量通常比图 8-36 中的小. 因此, 可以得出如下结论, 相位超前补偿优于相位滞后补偿.

8.5.3 周期性边界条件仿真分析

设置仿真条件如下：道路长度为 L, 车辆总数为 $N = 100$, 第 1 辆车至第 98 辆车的位置设为 $x_i(0) = (i-1)\left(\dfrac{L}{100}\right), i = 1, \cdots, 98$, 而车队中的扰动设置为第 99 辆车和第 100 辆车的位置偏移 0.5m, 即 $x_{99}(0) = x_{98}(0) + \dfrac{L}{100} - 0.5$ 以及 $x_{100}(0) = x_{99}(0) + \dfrac{L}{100} + 0.5$. 在周期性边界条件下 (第 100 辆车跟随第 1 辆车行驶), 每辆车都跟随其前面一辆车行驶, 没有变道和超车情况发生. 车辆初始速度设为 $v_i(0) = V\left(\dfrac{L}{100}\right)$, 时间步长取 $\Delta t = 0.1\text{s}$, 反应灵敏度为 $a = 0.85\text{s}^{-1}$. 在不稳定条件下, 对带不同参数补偿器的车辆跟驰系统进行数值仿真.

在不稳定区域中, 取相位超前补偿器的参数 $b = 2.0, 4.0, 6.0, 8.0$. 道路长为 1700m. 每次仿真的持续时间为 20000s, 保证了运行车辆达到稳态. 车头间距和速度数据取自 $t = 19000\text{s}$ 至 $t = 19110\text{s}$, 时间间隔为 10s, 共 12 组. 仿真结果如图 8-37~图 8-41 所示.

图 8-37 和图 8-38 分别显示了 $t = 19000\text{s}$ 时的车头间距和速度变化剖面, 其中图 (a)~(d) 分别对应于参数 $b = 2.0, 4.0, 6.0, 8.0$. 从这些图可以观察到, 随着参数 b 从 2.0 增加到 8.0, 振幅变得越来越小. 结果表明, 相位超前补偿能有效地抑制交通阻塞, 并且增大补偿参数 b 能增强系统的稳定性. 仿真结果与理论分析一致.

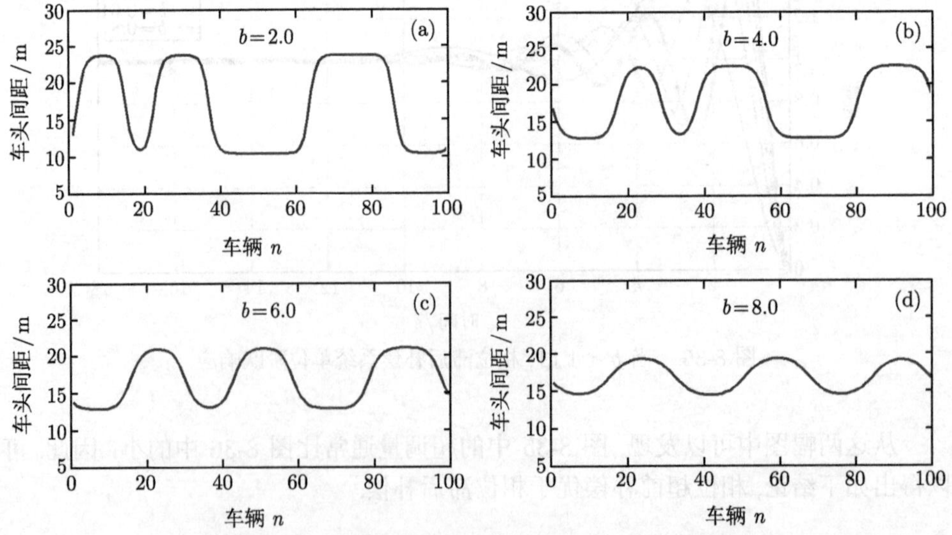

图 8-37　所有车辆在 $t = 19000\text{s}$ 时车头间距变化剖面

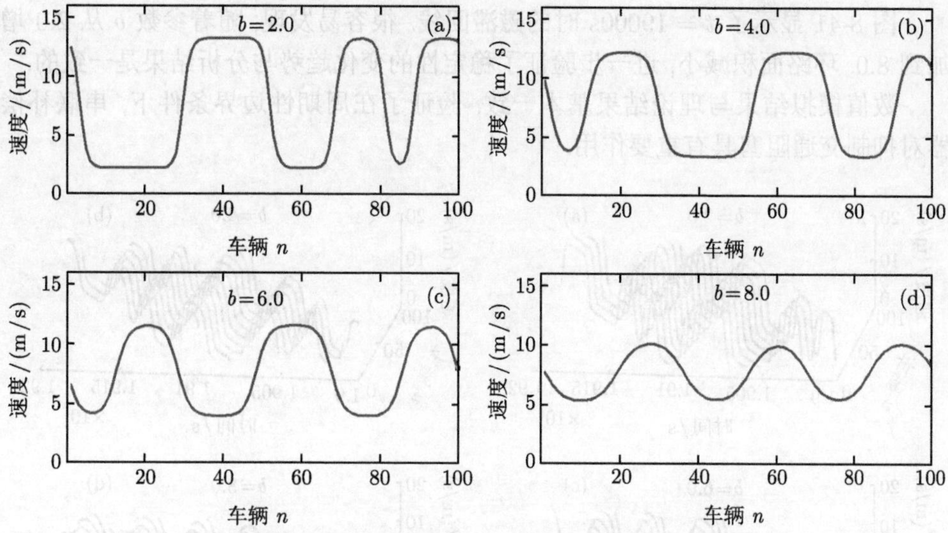

图 8-38 所有车辆在 $t = 19000$s 时速度变化剖面

图 8-39 和图 8-40 分别显示了 $t = 19000$s 之后车头间距密度波和速度密度波的时空演化, 其中图 (a)~(d) 分别对应于补偿参数 $b = 2.0, 4.0, 6.0, 8.0$. 可以观察到随着补偿参数的增大, 密度波趋于平缓, 验证了随着补偿参数 b 的增加, 具有稳定性增强的变化趋势, 并且与理论结果是一致的. 此外, 从图中还可以发现密度波的传播方向是向后的.

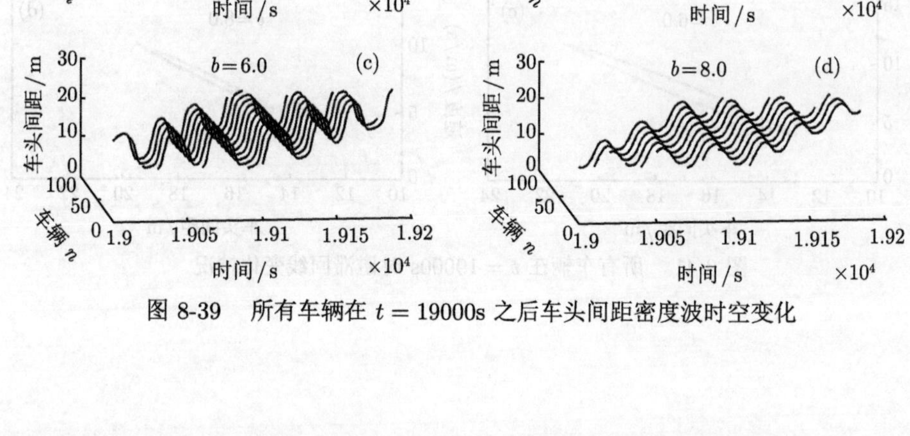

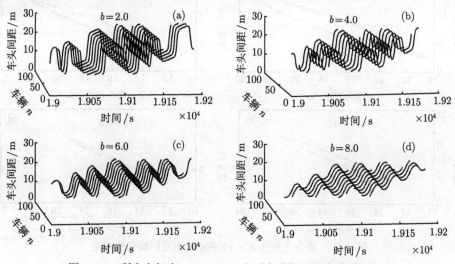

图 8-39 所有车辆在 $t = 19000$s 之后车头间距密度波时空变化

图 8-41 显示了 $t = 19000$s 时的磁滞回线. 很容易发现, 随着参数 b 从 2.0 增加到 8.0, 环路面积减小, 进一步验证了稳定性的变化趋势与分析结果是一致的.

数值模拟结果与理论结果基本一致, 验证了在周期性边界条件下, 串联补偿器对抑制交通阻塞具有重要作用.

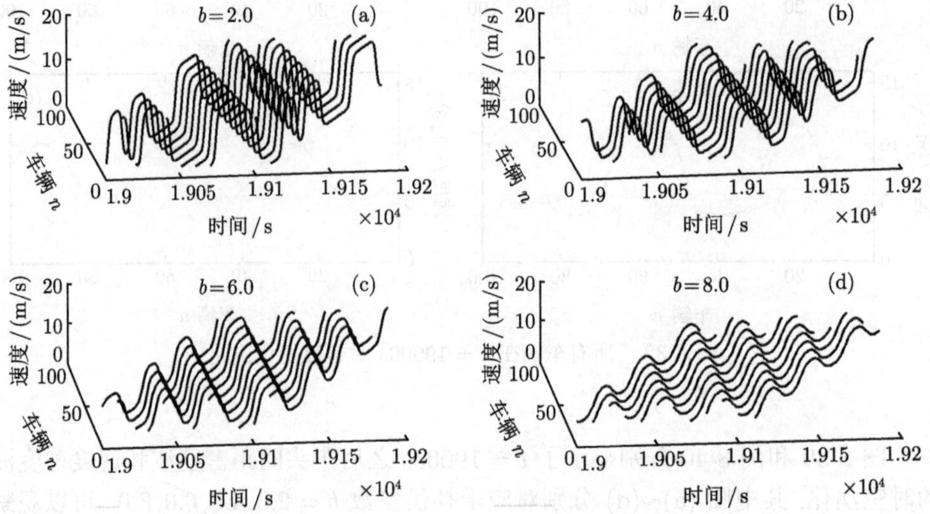

图 8-40　所有车辆在 $t = 19000$s 之后速度密度波时空变化

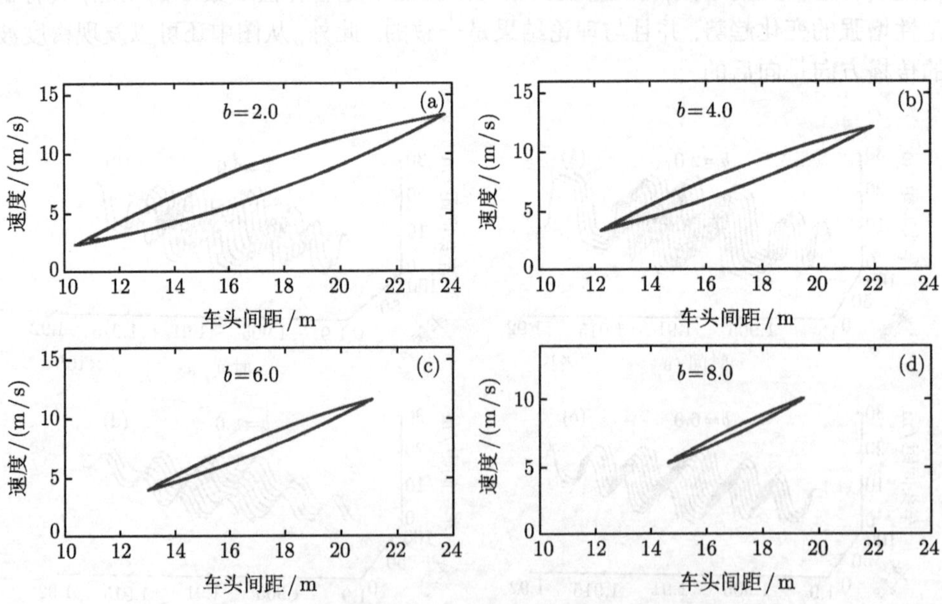

图 8-41　所有车辆在 $t = 19000$s 时磁滞回线变化情况

8.5.4 开放性边界仿真分析

仿真实验如下. 系统中只有四辆车, 第一辆车是领头车, 其他三辆车紧随其后. 第一辆车按照下列规则在无限长的道路上行驶.

第一阶段, 当信号灯变为绿色之前, 头车在起点不会移动. 在信号灯变为绿色后, 头车以 3m/s^2 的加速度运行, 直至速度为 12m/s.

第二阶段, 在第 50s 之前, 头车以 12m/s 的速度持续运行.

第三阶段, 在第 50s 时, 头车以 -3m/s^2 的加速度减速, 直至速度为零.

分别在补偿参数 $b = 1.0, 2.0, 4.0, 8.0$ 时进行仿真, 从开始到 100s 取结果, 并绘制在图中, 如图 8-42~图 8-45 所示. 从图中可以看到补偿参数 $b = 1.0, 2.0, 4.0, 8.0$ 分别对应的前车以及跟随的后车的运动轨迹. 实线表示领头车辆的轨迹, 其余各条曲线分别表示第二辆、第三辆和第四辆车辆的轨迹. 每个图中都有一个带有值 (x, y) 的数据提示, x 表示仿真时间, y 表示跟随车辆的速度. 这些数据提示显示, 在 4 次模拟中第四辆车的速度分别在 13, 10, 10, 10s 时达到最大值, 分别为 15.22, 14.33, 14.2, 13.85m/s, 对应于参数 $b = 1.0, 2.0, 4.0, 8.0$. 从这些数据提示可以很容易地看出, 随着参数 b 的增加, 跟随车辆的速度振荡幅度减小.

仿真结果表明, 增大补偿参数可以提高交通流系统在开放边界条件下的稳定性.

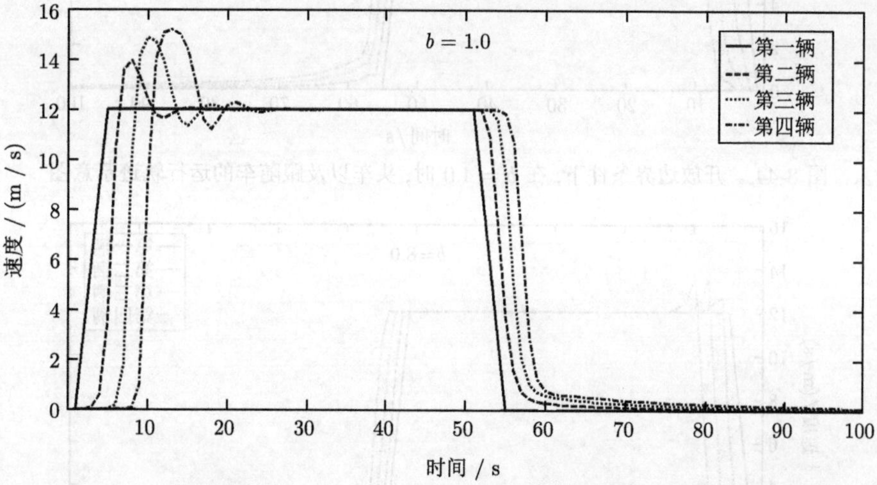

图 8-42 开放边界条件下, 在 $b = 1.0$ 时, 头车以及跟随车的运行轨迹示意图

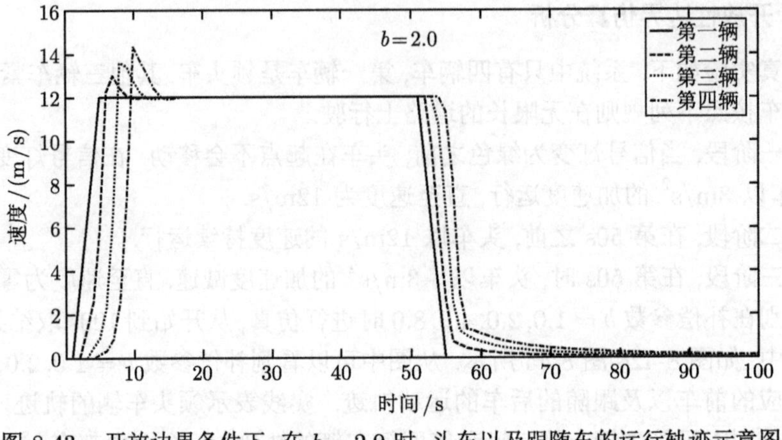

图 8-43 开放边界条件下, 在 $b = 2.0$ 时, 头车以及跟随车的运行轨迹示意图

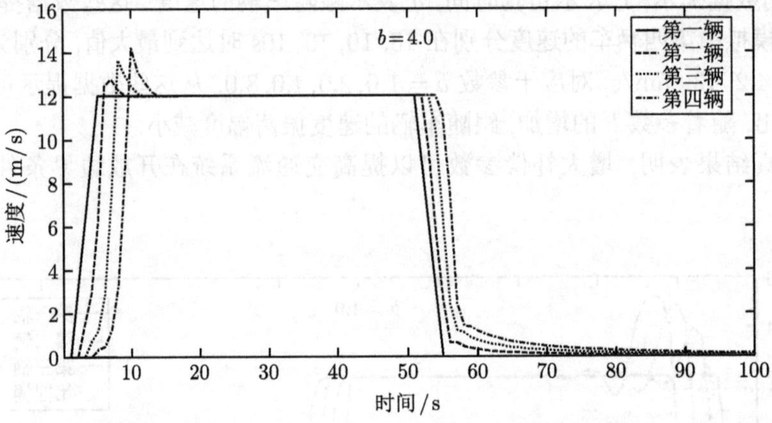

图 8-44 开放边界条件下, 在 $b = 4.0$ 时, 头车以及跟随车的运行轨迹示意图

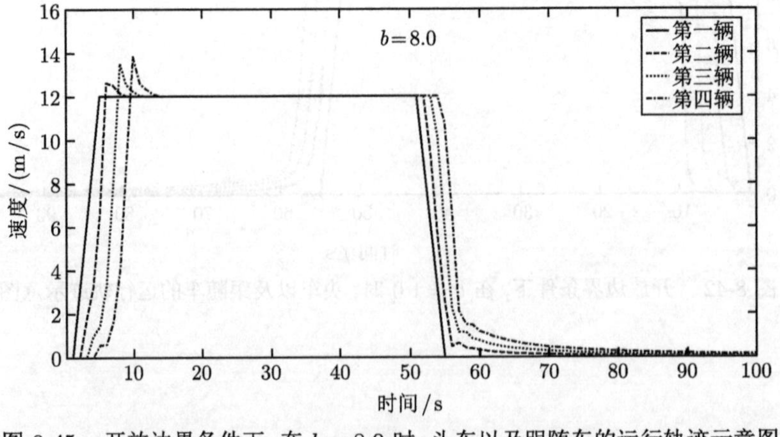

图 8-45 开放边界条件下, 在 $b = 8.0$ 时, 头车以及跟随车的运行轨迹示意图

8.6 本 章 小 结

本章对跟驰模型进行了进一步的数学分析, 运用泰勒方程对其进行处理, 将跟驰模型改写成标准二阶微分方程的形式, 进一步运用拉普拉斯变换的方式, 得到了跟驰系统的传递函数, 并得到其基本的结构框图. 在此基础上, 相继引入了速度反馈、比例微分和混合补偿、串联校正等经典控制器, 通过时域和频域分析研究引入控制器对交通流系统的影响, 运用劳斯判据和小增益定理得出改进前后系统的稳定性条件, 进一步通过数值仿真实验验证控制器的引入对交通流稳定性的影响. 结果表明, 引入经典补偿器对交通流稳定性有明显的改善作用, 理论分析与数值仿真结果高度一致.

第 9 章 状态空间法在交通流跟驰系统中的应用

状态空间法是现代控制理论的重要组成部分, 是分析多输入多输出系统的一种基本方法. 用状态空间法对跟驰系统进行分析, 可进一步解释交通流系统内部变量之间的相互作用的机理. 速度和车头间距两个重要的状态变量对交通流稳定性起着重要的控制作用. 本章提出了一种基于状态空间法改进的跟驰系统控制策略, 并得到了改进后系统的动力学模型. 实验结果表明, 改进后系统对交通流的稳定性有明显的改善作用.

9.1 状态空间概述

9.1.1 状态空间的基本概念

1. 状态变量组

一个动力学系统的状态变量组定义为能完全表征其时间域行为的一个最小内部变量组, 表示为 $x_1(t), x_2(t), \cdots, x_n(t)$, 其中 t 为自变量时间.

2. 状态

一个动力学系统的状态定义为由其状态变量组 $x_1(t), x_2(t), \cdots, x_n(t)$ 所组成的一个列向量, 表示为

$$x(t) = \begin{bmatrix} x_1(t) \\ \vdots \\ x_n(t) \end{bmatrix} \tag{9-1}$$

并且状态 x 的维数定义为其组成状态变量 $x_1(t), x_2(t), \cdots, x_n(t)$ 的个数, 即 $\dim x = n$.

3. 状态空间

状态空间定义为状态向量的一个集合, 状态空间的维数等于状态的维数.

4. 状态方程

状态变量的一阶导数与状态变量、输入变量的关系的数学表达式称为状态方程. 线性定常连续系统的状态方程如下所示, 其中 $x(t)$ 表示状态变量, $u(t)$ 表示

输入变量,

$$
\begin{cases}
\dot{x}_1(t) = a_{11}x_1(t) + \cdots + a_{1n}x_n(t) + b_{11}u_1(t) + \cdots + b_{1p}u_p(t) \\
\dot{x}_2(t) = a_{21}x_1(t) + \cdots + a_{2n}x_n(t) + b_{21}u_1(t) + \cdots + b_{2p}u_p(t) \\
\qquad\qquad\cdots\cdots \\
\dot{x}_n(t) = a_{n1}x_1(t) + \cdots + a_{nn}x_n(t) + b_{n1}u_1(t) + \cdots + b_{np}u_p(t)
\end{cases}
\tag{9-2}
$$

为了简单起见, 通常将状态方程写为向量矩阵形式, 如下

$$
\dot{x}(t) = Ax(t) + Bu(t)
$$

$$
A = \begin{bmatrix} a_{11} & a_{12} & \cdots & a_{1n} \\ a_{21} & a_{22} & \cdots & a_{2n} \\ \vdots & \vdots & & \vdots \\ a_{n1} & a_{n2} & \cdots & a_{nn} \end{bmatrix}, \quad B = \begin{bmatrix} b_{11} & b_{12} & \cdots & b_{1p} \\ b_{21} & b_{22} & \cdots & b_{2p} \\ \vdots & \vdots & & \vdots \\ b_{n1} & b_{n2} & \cdots & b_{np} \end{bmatrix} \tag{9-3}
$$

其中, A 称为系统矩阵, B 为输入矩阵.

5. 输出方程

系统输出变量与状态变量、输入变量的关系的数学表达式称为输出方程. 线性定常连续系统的输出方程如下所示

$$
\begin{cases}
y_1 = c_{11}x_1 + \cdots + c_{1n}x_n + d_{11}u_1 + \cdots + d_{1p}u_p \\
\qquad\qquad\cdots\cdots \\
y_q = c_{q1}x_1 + \cdots + c_{qn}x_n + d_{q1}u_1 + \cdots + d_{qp}u_p
\end{cases}
\tag{9-4}
$$

同样, 将输出方程写成向量矩阵形式为

$$
y = Cx + Du \tag{9-5}
$$

$$
C = \begin{bmatrix} c_{11} & c_{12} & \cdots & c_{1n} \\ c_{21} & c_{22} & \cdots & c_{2n} \\ \vdots & \vdots & & \vdots \\ c_{q1} & c_{q2} & \cdots & c_{qn} \end{bmatrix}, \quad D = \begin{bmatrix} d_{11} & d_{12} & \cdots & d_{1p} \\ d_{21} & d_{22} & \cdots & d_{2p} \\ \vdots & \vdots & & \vdots \\ d_{q1} & d_{q2} & \cdots & d_{qp} \end{bmatrix}
$$

其中, C 为输出矩阵, D 为前馈矩阵.

6. 状态变量图

系统的状态变量图中仅含积分器、加法器、比例器三种元件以及一些连接线, 积分器的输出均为状态变量, 输出量可根据输出方程在状态变量图中形成和引出.

7. 动态方程

状态方程、输出方程的组合称为状态空间表达式, 简称为动态方程. 动态方程有如下特点: 动态方程用状态方程、输出方程来表达输入-输出关系, 提示了系统内部状态对系统性能的影响; 动态方程是状态空间分析法的基本数学方程; 动态方程具有非唯一性 (由状态变量决定)[2,4].

9.1.2 基于传递函数方框图的动态方程

系统传递函数方框图和系统状态变量图很相似, 只要将系统传递函数方框图转化为系统的状态变量图, 就可以直接写出系统的动态方程. 一个 n 阶传递函数可以分解成为一阶和二阶传递函数串联和并联的形式, 因此只要掌握一阶和二阶系统传递函数转化为状态方程的形式, 就可以得到系统的动态方程.

1. 一阶系统传递函数的方框图的动态方程

最基本的一阶系统的传递函数如图 9-1 所示.

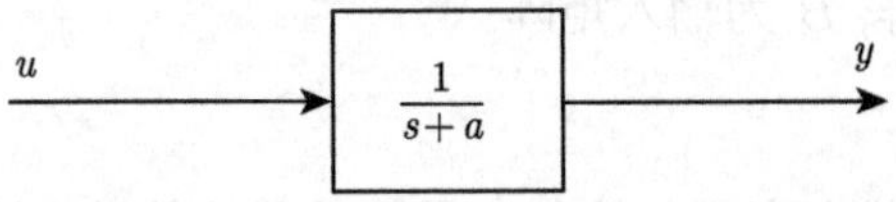

图 9-1　最基本的一阶系统方框图

则根据自动控制原理, 可以将上述框图改画为状态变量图的形式, 如图 9-2 所示.

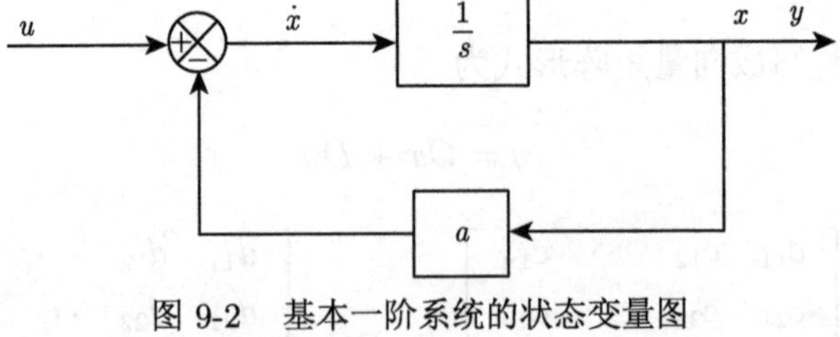

图 9-2　基本一阶系统的状态变量图

根据其状态变量图, 可以得到基本一阶系统的动态方程:

$$\begin{cases} \dot{x} = -ax + u \\ y = x \end{cases} \tag{9-6}$$

2. 二阶系统传递函数的方框图的动态方程

当传递函数 $G(s)=\dfrac{1}{s^2+a_1s+a_0}$ 时, 其系统框图如图 9-3 所示. 可以借助一阶系统的结果进行分解. 令 $s'=s^2+a_1s$, 则传递函数 $G(s)=\dfrac{1}{s'+a_0}$ 转化为一阶环节, 再对 s' 进行分解 $s'=s^2+a_1s=s\left(s+a_1\right)$, 如图 9-4 所示.

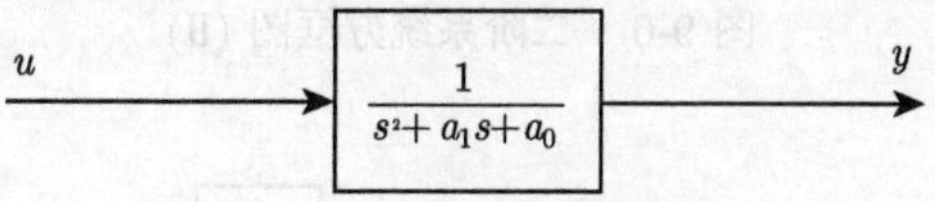

图 9-3 二阶系统方框图 (I)

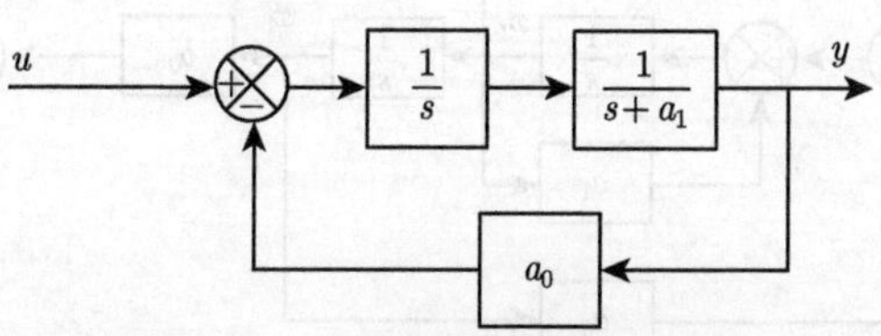

图 9-4 二阶系统方框图的转化图

再将一阶系统传递函数的状态变量图代入, 得到二阶系统的状态变量图, 如图 9-5 所示.

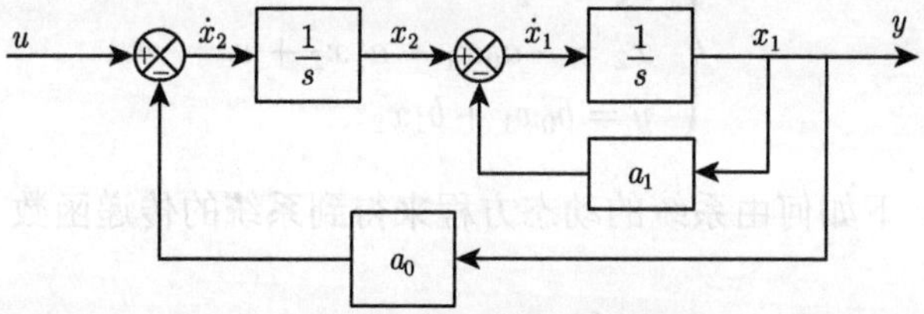

图 9-5 二阶系统的状态变量图 (I)

根据其状态变量图, 可以得到二阶系统的动态方程:

$$\begin{cases}\dot{x}_1=-a_1x_1+x_2\\ \dot{x}_2=-a_0x_1+u\\ y=x_1\end{cases}\tag{9-7}$$

当传递函数 $G(s)=\dfrac{b_1s+b_0}{s^2+a_1s+a_0}$ 时, 其系统框图如图 9-6 所示. 可以根据梅森公式来构造状态变量图, 先对传递函数进行变换, 如公式 (9-8) 所示, 再得到系统的状态变量图, 如图 9-7 所示.

$$G(s)=\frac{b_1s+b_0}{s^2+a_1s+a_0}=\frac{b_1s^{-1}+b_0s^{-2}}{1+a_1s^{-1}+a_0s^{-2}} \tag{9-8}$$

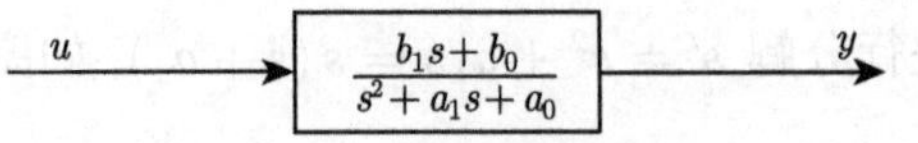

图 9-6　二阶系统方框图 (II)

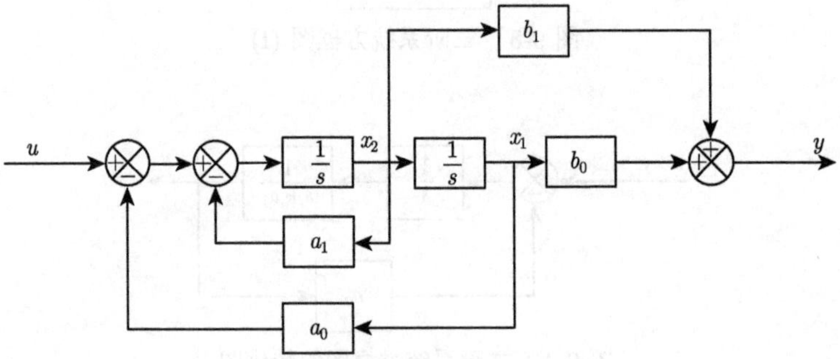

图 9-7　二阶系统的状态变量图 (II)

根据上面的状态变量图, 可以得到其动态方程:

$$\begin{cases}\dot{x}_1=x_2\\ \dot{x}_2=-a_0x_1-a_1x_2+u\\ y=b_0x_1+b_1x_2\end{cases} \tag{9-9}$$

下面阐述一下如何由系统的动态方程来得到系统的传递函数. 设系统的动态方程为

$$\begin{cases}\dot{x}=Ax+Bu\\ y=Cx+Du\end{cases} \tag{9-10}$$

设初始条件为零, 取拉氏变换后, 再移项可得

$$x(s)=(sI-A)^{-1}Bu(s) \tag{9-11}$$

$$y(s)=\left[C(sI-A)^{-1}B-D\right]u(s) \tag{9-12}$$

所以, 从动态方程中可以得到系统的传递函数为

$$G(s)=C(sI-A)^{-1}B+D \tag{9-13}$$

9.2 状态空间法的应用

前面章节, 已经介绍了最优速度模型, 这里简单回顾一下. 假设所有的车辆都在无限长的单车道上依次跟车行驶, $x_n(t)$ 表示第 n 辆车在 t 时刻的位置, $n = 1, 2, \cdots, N$, N 为车辆总数, 第 N 辆车为领先的头车. 根据 Bando 等提出的最优速度模型, 系统的运动方程为

$$\dot{v}_n(t) = a \times [F(\Delta x_n(t)) - v_n(t)] \tag{9-14}$$

其中, a 表示司机的灵敏度, $\dot{v}_n(t)$ 和 $v_n(t)$ 分别代表第 n 辆车在 t 时刻的加速度和速度, $\Delta x_n(t) = x_{n+1}(t) - x_n(t)$ 表示第 $n+1$ 辆车和第 n 辆车在 t 时刻的车头间距, $F(\Delta x_n(t))$ 表示第 n 辆车的最优速度函数. 在这里, 我们选择如下的最优速度函数,

$$F(\Delta x_n(t)) = \frac{v_{\max}}{2} \times [\tanh(\Delta x_n(t) - x_c) + \tanh(x_c)] \tag{9-15}$$

其中, $v_{\max}$ 为最大速度, x_c 为安全距离. 假设所有车辆都以恒定的车头间距 h 向前行驶, 那么交通流会有以下稳态

$$[\hat{v}_n(t), \Delta\hat{x}_n(t)]^{\mathrm{T}} = [F(h), h]^{\mathrm{T}} \tag{9-16}$$

其中, $\hat{v}_n(t)$ 和 $\Delta\hat{x}_n(t)$ 分别表示第 n 辆车在 t 时刻处于稳定状态时的速度变量和车头间距变量.

在第 8 章中, 已经详细地介绍了如何对跟驰模型进行基于控制理论的分析. 跟驰模型的结构框图如图 8-1 所示, 其闭环传递函数和开环传递函数分别如公式 (8-11) 和 (8-12) 所示. 根据在 9.1 节中对现代控制理论的阐述, 可以将图 8-1 的传递函数结构框图绘制成状态变量图的形式, 如图 9-8 所示.

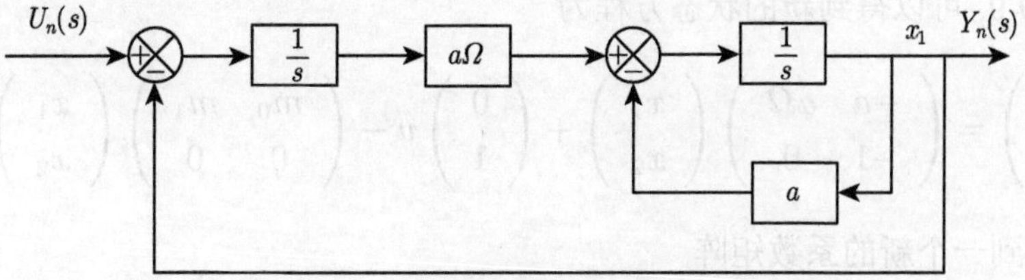

图 9-8 跟驰模型的状态变量图

从跟驰系统的状态变量图中, 可以得到系统的动力学方程如下

$$\begin{cases} \dot{x}_1 = -ax_1 + a\Omega x_2 \\ \dot{x}_2 = -x_1 + u \\ y = x_1 \end{cases} \tag{9-17}$$

将系统的动态方程写成矩阵形式为

$$\begin{cases} \dot{X}_n = AX_n + BU_n \\ \dot{Y}_n = CX_n + DU_n \end{cases} \tag{9-18}$$

其中, X_n 表示交通流系统的状态变量, $x_1 = v_n^*(t), x_2 = \Delta x_n^*(t)$. U_n 和 Y_n 分别代表系统的输入和输出变量. 我们就用这三个变量来描述交通流系统的动态特性.

$$\dot{X}_n = \begin{bmatrix} \dfrac{\mathrm{d}\left(v_n^*(t)\right)}{\mathrm{d}t} \\ \dfrac{\mathrm{d}\left(\Delta x_n^*(t)\right)}{\mathrm{d}t} \end{bmatrix}, \quad X_n = \begin{bmatrix} v_n^*(t) \\ \Delta x_n^*(t) \end{bmatrix}, \quad U_n = v_{n+1}^*(t), \quad Y_n = v_n^*(t)$$

$$A = \begin{bmatrix} -a & a\Omega \\ -1 & 0 \end{bmatrix}, \quad B = \begin{bmatrix} 0 \\ 1 \end{bmatrix}, \quad C = \begin{bmatrix} 1, & 0 \end{bmatrix}, \quad D = 0 \tag{9-19}$$

其中, $v_n^*(t) = v_n(t) - F(h), \Delta x_n^*(t) = \Delta x_n(t) - h$.

状态变量图不同于经典控制理论的反馈图, 它反映了系统内变量之间的函数关系. 从图 9-8 的状态变量图可以看出, 如果状态变量 x_1 和 x_2 的微分不变, 即 $\dot{x}_1$ 和 $\dot{x}_2$ 等于零时, 系统是稳定的. 在经典控制理论中, 反馈通常用来稳定系统, 而反馈控制的本质就是利用偏差进行控制. 其中状态变量 x_1 和 x_2 分别为偏差, 即 $x_1 = v_n^* = v_n - F(h)$ 和 $x_2 = \Delta x_n^* = \Delta x_n - h$. 因此, 基于状态变量的偏差, 可以采用状态反馈控制策略来调整系统的稳定性. 在最优速度模型中, 内部状态 x_1 的微分 $\dot{x}_1$ 通常用来反映系统的跟驰情况. 在这里, 可以运用状态反馈的方式将两个状态量反馈回 $\dot{x}_1$, 反馈系数分别为 m_0 和 m_1, 如图 9-9 所示[78]. 基于上述的理论和图 9-9, 可以得到新的状态方程为

$$\begin{pmatrix} \dot{x}_1 \\ \dot{x}_2 \end{pmatrix} = \begin{pmatrix} -a & a\Omega \\ -1 & 0 \end{pmatrix} \begin{pmatrix} x_1 \\ x_2 \end{pmatrix} + \begin{pmatrix} 0 \\ 1 \end{pmatrix} u - \begin{pmatrix} m_0 & m_1 \\ 0 & 0 \end{pmatrix} \begin{pmatrix} x_1 \\ x_2 \end{pmatrix} \tag{9-20}$$

进而, 得到一个新的系数矩阵

$$A_1 = \begin{bmatrix} -a - m_0 & a\Omega - m_1 \\ -1 & 0 \end{bmatrix} \tag{9-21}$$

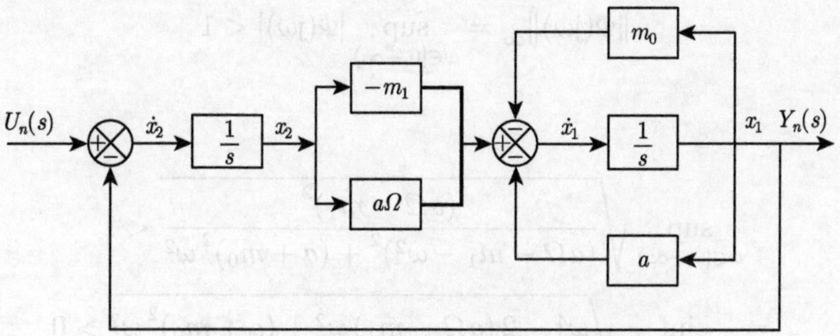

图 9-9 改进的跟驰系统的状态变量图

根据改进后系统的系数矩阵, 得到改进后系统的闭环传递函数

$$\Phi(s)=\frac{V_n(s)}{V_{n+1}(s)}=C\left(sI-A_1\right)^{-1}B=\frac{a\Omega-m_1}{s^2+\left(a+m_0\right)s+a\Omega-m_1} \tag{9-22}$$

改进后系统传递函数的特征多项式为

$$d(s)=s^2+\left(a+m_0\right)s+a\Omega-m_1 \tag{9-23}$$

其中, $V_n(s)$ 和 $V_{n+1}(s)$ 分别表示 $v_n^*(t)$ 和 $v_{n+1}^*(t)$ 的拉普拉斯变换形式. 如果将改进后的传递函数 $\Phi(s)$ 进行拉氏反变换, 可以得到改进后的跟驰模型如下

$$\dot{v}_n(t)=a\times(F(\Delta x_n(t))-v_n(t))-m_0\times(v_n(t)-F(h))-m_1\times(\Delta x_n(t)-h) \tag{9-24}$$

9.3 稳定性分析

根据经典控制理论, 如果特征多项式 $d(s)$ 的根都在相平面的左半部分, 以及 $\|\Phi^*(\mathrm{j}\omega)\|_\infty<1$, 那么交通流系统稳定. 具体的证明过程如下.

首先, 根据经典控制理论中的稳定性条件, 如果特征多项式 $d(s)$ 满足以下不等式, 则控制系统是稳定的,

$$\begin{cases} a+m_0>0 \\ a\Omega-m_1>0 \end{cases} \tag{9-25}$$

这里 $a>0, \Omega>0, m_0>0, m_1>0$, 因此从上述不等式中可以得到

$$\Omega>\frac{m_1}{a} \tag{9-26}$$

其次, 根据小增益定理, $\|\Phi^*(\mathrm{j}\omega)\|_\infty<1$, 则

$$\|\Phi(\mathrm{j}\omega)\|_{\infty} = \sup_{\omega\in[0,+\infty)} |\Phi(\mathrm{j}\omega)| < 1 \tag{9-27}$$

即

$$\begin{aligned}
&\sup_{\omega\in[0,+\infty)} \sqrt{\frac{(a\Omega - m_1)^2}{(a\Omega - m_1 - \omega^2)^2 + (a+m_0)^2\omega^2}} < 1 \\
\Rightarrow &\inf_{\omega\in[0,+\infty)} \sqrt{\omega^4 - 2(a\Omega - m_1)\omega^2 + (a+m_0)^2\omega^2} > 0 \\
\Rightarrow &(a+m_0)^2 - 2(a\Omega - m_1) > 0
\end{aligned} \tag{9-28}$$

所以, 可以得到

$$\Omega < \frac{(a+m_0)^2 + 2m_1}{2a} \tag{9-29}$$

综上所述, 当系统满足下面不等式时, 交通流系统稳定, 并且绝对不会发生拥堵.

$$\begin{cases} a > 0 \\ \dfrac{m_1}{a} < \Omega < \dfrac{(a+m_0)^2 + 2m_1}{2a} \end{cases} \tag{9-30}$$

9.4 时域、频域分析

为了简单起见, 取交通流平均车头间距为 2m, 灵敏度为 $0.85\mathrm{s}^{-1}$, 因此, 闭环传递函数和开环传递函数可以分别写为

$$\Phi^*(s) = \frac{0.85 - m_1}{s^2 + (0.85 + m_0)s + 0.85 - m_1} \tag{9-31}$$

$$G^*(s) = \frac{0.85 - m_1}{s^2 + (0.85 + m_0)s} \tag{9-32}$$

分别取不同的系数 m_0, m_1, 可以得到系统的单位阶跃响应和伯德图. 图 9-10、图 9-11 和图 9-12 分别表示系数 m_0, m_1 和两系数共同作用对于系统稳定性的影响. 其中各条曲线在图 9-10~图 9-12 中分别代表系数为 $m_0 = 0.1, 0.3, 0.4, 0.6$, $m_1 = 0.1, 0.3, 0.4, 0.5$ 和 $m_0 = m_1 = 0.1, 0.2, 0.25, 0.3$. 图 9-10~图 9-12 的子图 (a) 分别为系数 m_0, m_1 和两系数共同作用的单位阶跃响应, 从图中可以发现系统的超调量随着反馈系数的增大而减小, 说明随着反馈系数的增大系统变得更加稳定. 图 9-10~ 图 9-12 的子图 (b) 为系数 m_0, m_1 和两系数共同作用的伯德图, 从图中可以看到, 系数 $m_0 = 0.1, 0.3, 0.4, 0.6$, 对应系统的相角裕度分别为 53.0, 60.7,

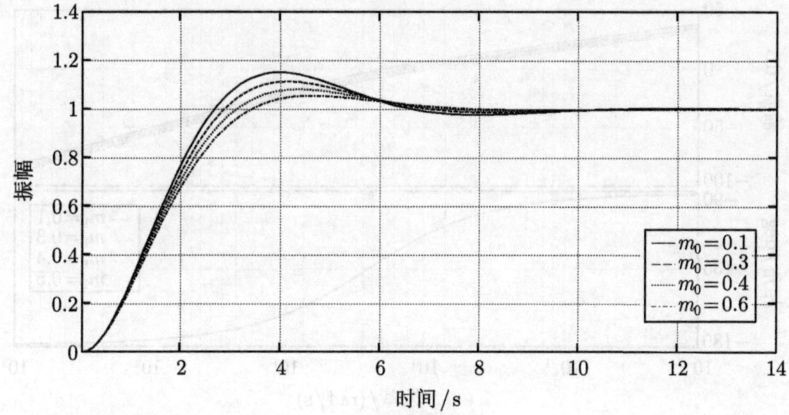

(a) 阶跃响应

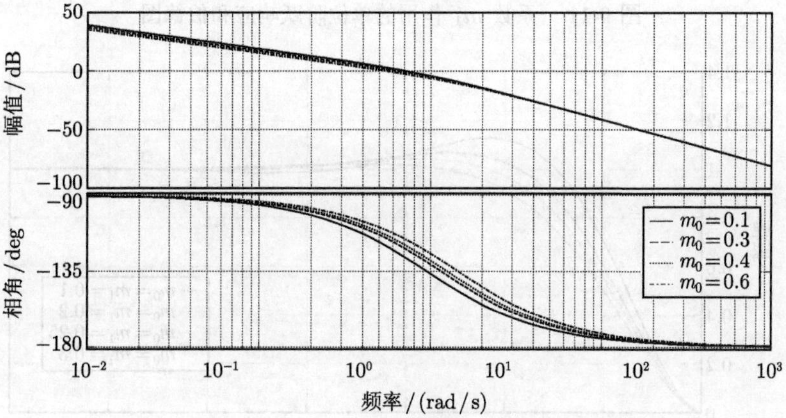

(b) 伯德图

图 9-10 系数 m_0 作用的单位阶跃响应和伯德图

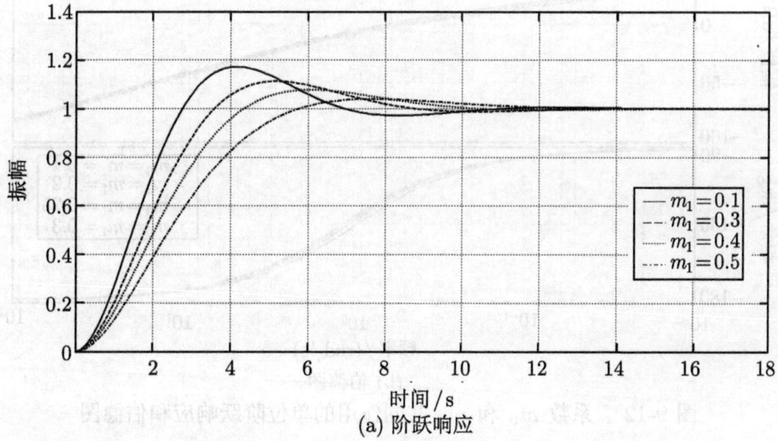

(a) 阶跃响应

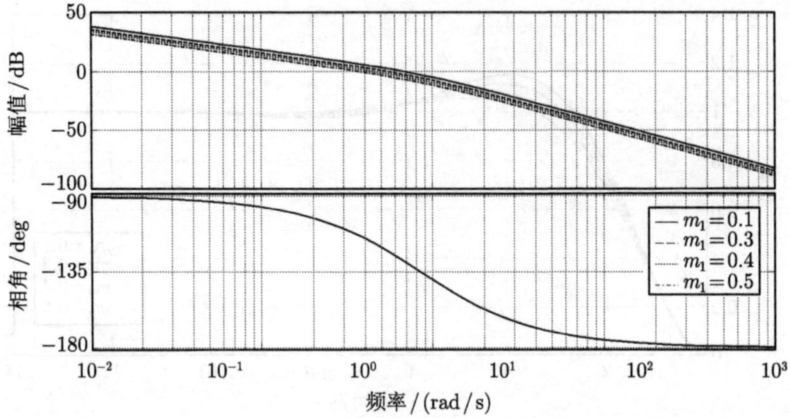

(b) 伯德图

图 9-11　系数 m_1 作用的单位阶跃响应和伯德图

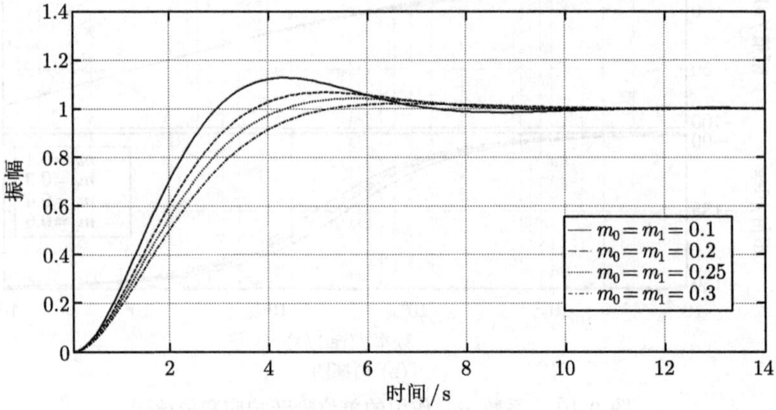

(a) 阶跃响应

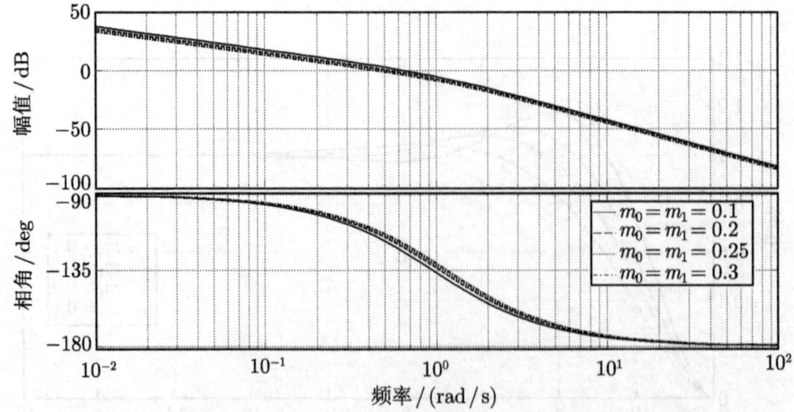

(b) 伯德图

图 9-12　系数 m_0 和 m_1 共同作用的单位阶跃响应和伯德图

64.0, 69.3; 系数 $m_1 = 0.1, 0.3, 0.4, 0.5$, 对应系统的相角裕度分别为 51.1, 57.3, 61.3, 66.1; 系数 $m_0 = m_1 = 0.1, 0.2, 0.25, 0.3$, 对应系统的相角裕度分别为 55.6, 62.4, 65.7, 68.8. 随着反馈系数的增大, 相角裕度也逐渐增大, 根据控制理论中频域分析的基本原理, 相角裕度越大, 稳定性越强. 因此, 可以得出结论, 系统稳定性随着反馈系数的增大而逐渐增强.

9.5 数值仿真分析

为了验证系数 m_0 和 m_1 对于交通流稳定性的影响, 设置三个数值仿真实验来进行讨论. 下面分别介绍这三个数值仿真实验的具体过程和仿真结果.

9.5.1 数值仿真实验一

设置如下初始条件, 在开放边界条件下, $N = 100$ 辆车行驶在无限长的道路上并且没有超车情况发生. 第 100 辆车为领头车, 其他车辆从第 99 辆车到第 1 辆车一辆跟着一辆行驶. 驾驶员的反应灵敏度设置为 $a = 0.8\text{s}^{-1}$. 车辆的初始速度恒定为 $v_0 = 0.94\text{m/s}$, 采用下面的最优速度函数,

$$F(\Delta x_n(t)) = \tanh(\Delta x_n(t) - 2) + \tanh(2) \tag{9-33}$$

领头车以 $v_0(t) = v_0 + 0.05\sin(0.05t)$ 的速度运行, 仿真时长为 300s. 在此实验中, 设置了以下三个条件来讨论 m_0 和 m_1 对于开放边界条件下交通流稳定性的影响.

1. 条件一

在这个仿真实验中, 选择系数为 $m_0 = 0.1, 0.2, 0.4, 0.6$ 和 $m_1 = 0$. 图 9-13 显示了跟随车辆到领头车辆的车头间距的时空演化图. 图 9-14 给出了从开始到 200s 时间范围内的第 1 辆车、第 50 辆车和第 100 辆车的速度变化图. 从图 9-14 可以看出, 由于前面车辆的速度变化, 跟随车辆的车头间距出现振荡. 当 $m_0 = 0.1$ 时, 车头间距的振幅最大. 随着 m_0 值的增大, 车头间距的振幅减小. 证明了在开放边界条件下, 随着系数 m_0 的增大, 系统的稳定性变好. 同样, 从图 9-14 可以看出, 当 $m_0 = 0.1$ 时, 三辆车的速度振荡幅度变化很大, 随着 m_0 值的增大, 振荡幅度减小. 证明了在系数 m_0 的作用下, 系统的稳定性随系数 m_0 的增大而增强.

2. 条件二

在这个仿真实验中, 选择 $m_0 = 0$ 和 $m_1 = 0.1, 0.2, 0.3, 0.4$. 图 9-15 显示了跟随车辆到领头车辆的车头间距的时空演化图. 从图 9-15 可以看出, 随着 m_1 值的增大, 车头间距的振幅越来越小. 从开始到 200s, 第 1 辆车、第 50 辆车和第 100 辆车的速度变化如图 9-16 所示. 同样, 随着 m_1 值的增大, 三辆车的速度振荡幅度越来越小. 由此可以得出结论: 随着 m_1 的增大, 交通流系统的稳定性增强.

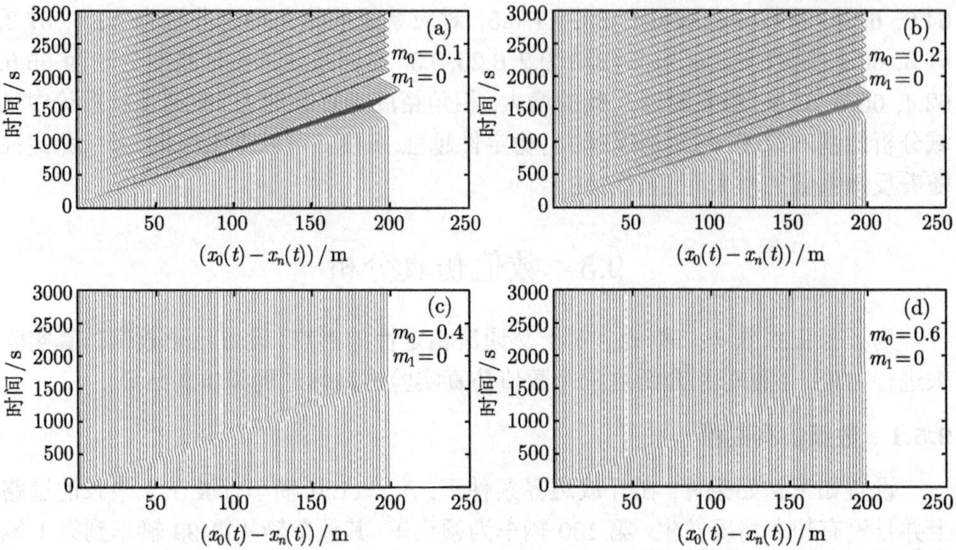

图 9-13　在不同系数 $m_0=0.1, 0.2, 0.4, 0.6$ 和 $m_1=0$ 下, 跟随车辆到领头车辆的车头间距时空演化图

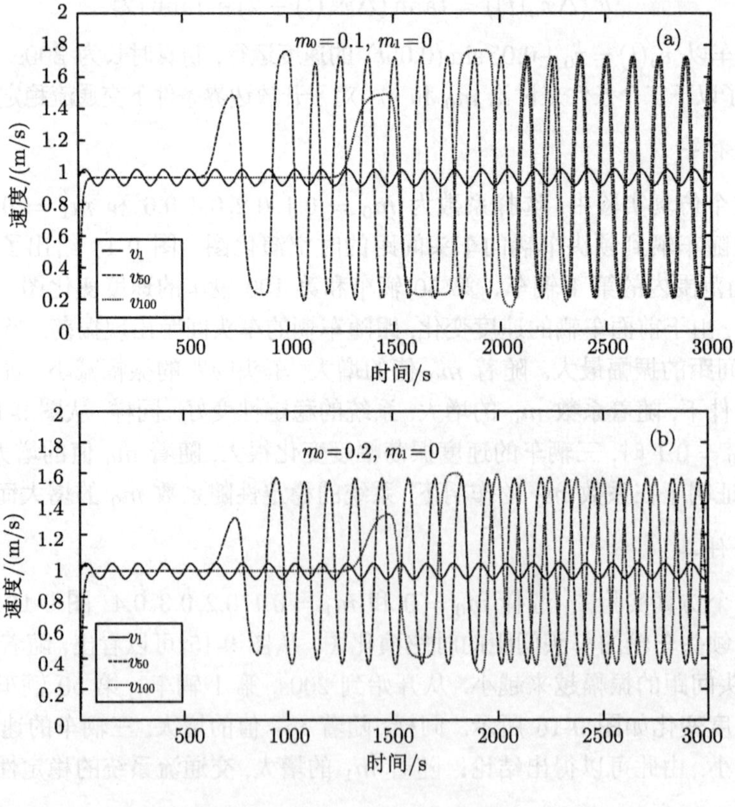

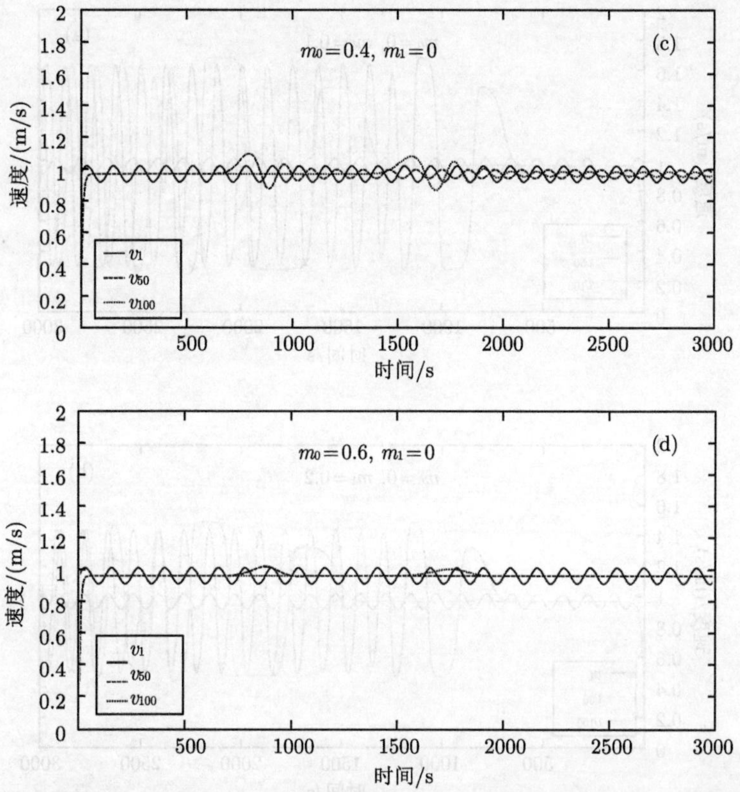

图 9-14 在不同系数 $m_0 = 0.1, 0.2, 0.4, 0.6$ 和 $m_1 = 0$ 下, 第 1 辆车、第 50 辆车和第 100 辆车的速度变化图

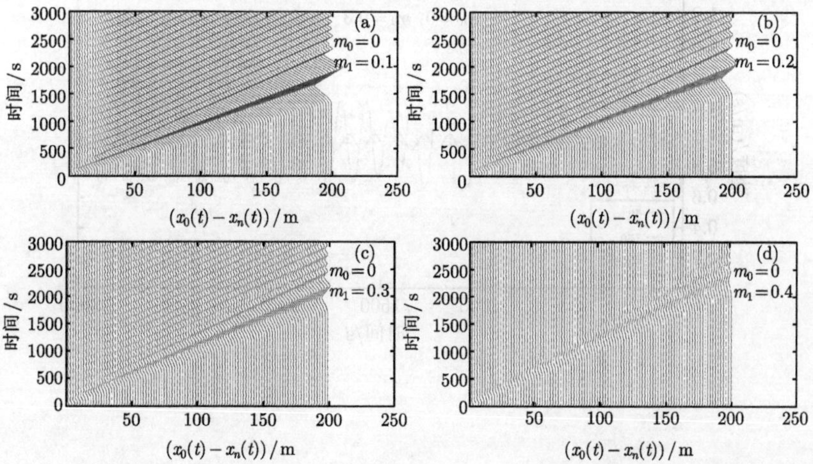

图 9-15 在不同系数 $m_0 = 0$ 和 $m_1 = 0.1, 0.2, 0.3, 0.4$ 下, 跟随车辆到领头车辆的车头间距时空演化图

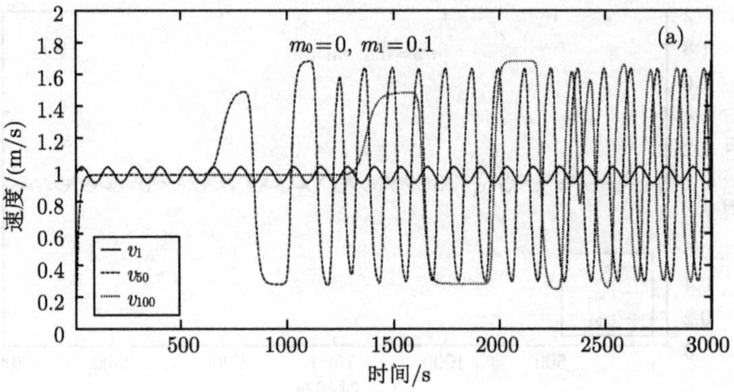

(a)
$m_0=0,\ m_1=0.1$
速度/(m/s)
时间/s
v_1
v_{50}
v_{100}
0
0.2
0.4
0.6
0.8
1
1.2
1.4
1.6
1.8
2
500
1000
1500
2000
2500
3000

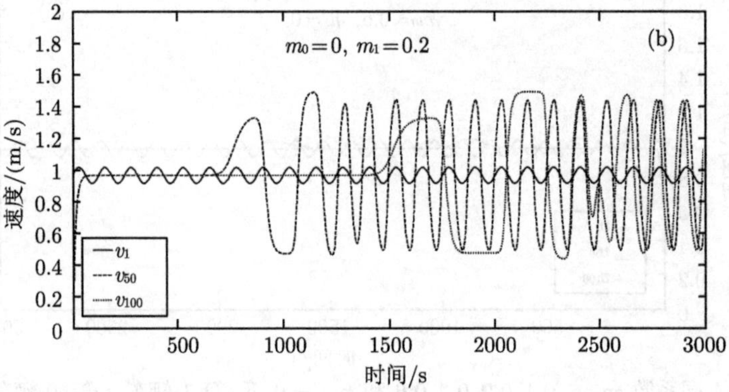

(b)
$m_0=0,\ m_1=0.2$
速度/(m/s)
时间/s
v_1
v_{50}
v_{100}
0
0.2
0.4
0.6
0.8
1
1.2
1.4
1.6
1.8
2
500
1000
1500
2000
2500
3000

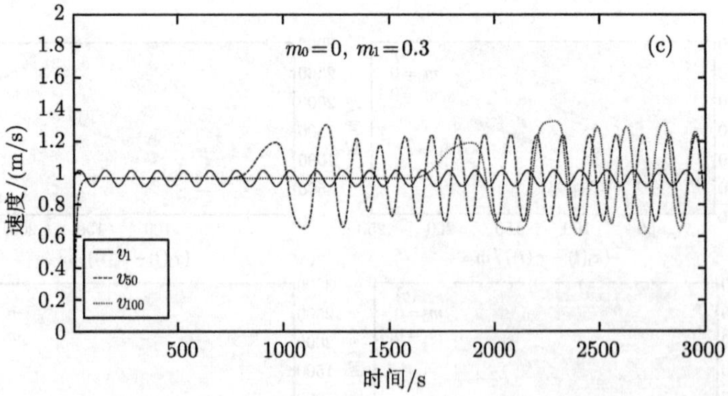

(c)
$m_0=0,\ m_1=0.3$
速度/(m/s)
时间/s
v_1
v_{50}
v_{100}
0
0.2
0.4
0.6
0.8
1
1.2
1.4
1.6
1.8
2
500
1000
1500
2000
2500
3000

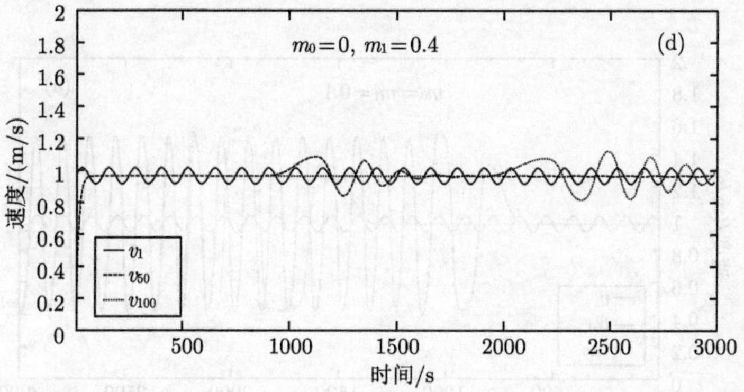

图 9-16 在不同系数 $m_0 = 0$ 和 $m_1 = 0.1, 0.2, 0.3, 0.4$ 下, 第 1 辆车、第 50 辆车和第 100 辆车的速度变化图

3. 条件三

在此数值仿真实验中, 选取 $m_0 = m_1 = 0.1, 0.15, 0.2, 0.25$. 图 9-17 显示了所有跟随车辆与领头车的车头间距的时空演化图. 随着系数 m_0 和 m_1 的增大, 车头间距的振荡幅度减小, 系统变得越来越稳定. 从开始到 200s, 第 1 辆车、第 50 辆车和第 100 辆车的速度如图 9-18 所示. 随着系数 m_0 和 m_1 的增大, 速度变化越来越平稳, 这也证明了系统的稳定性得到了提高.

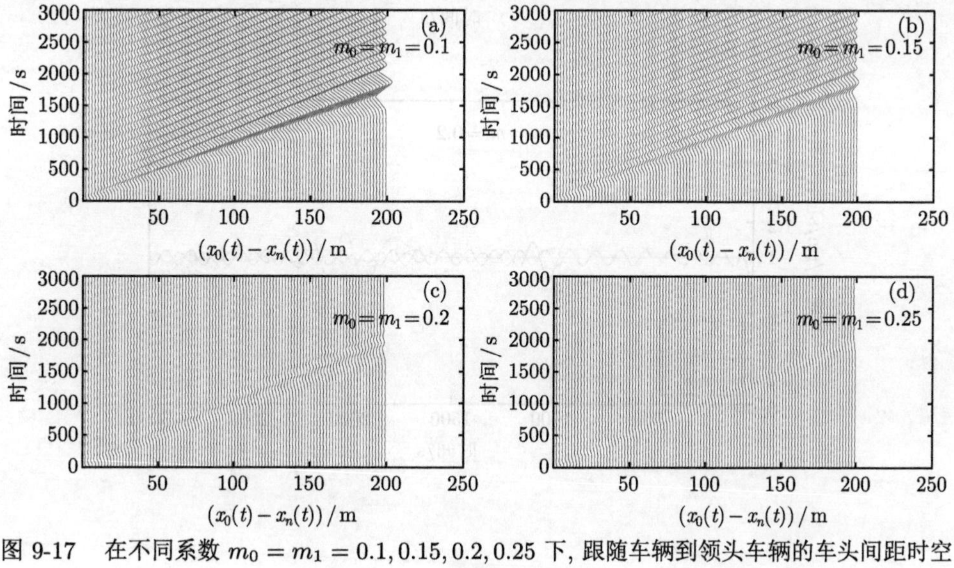

图 9-17 在不同系数 $m_0 = m_1 = 0.1, 0.15, 0.2, 0.25$ 下, 跟随车辆到领头车辆的车头间距时空演化图

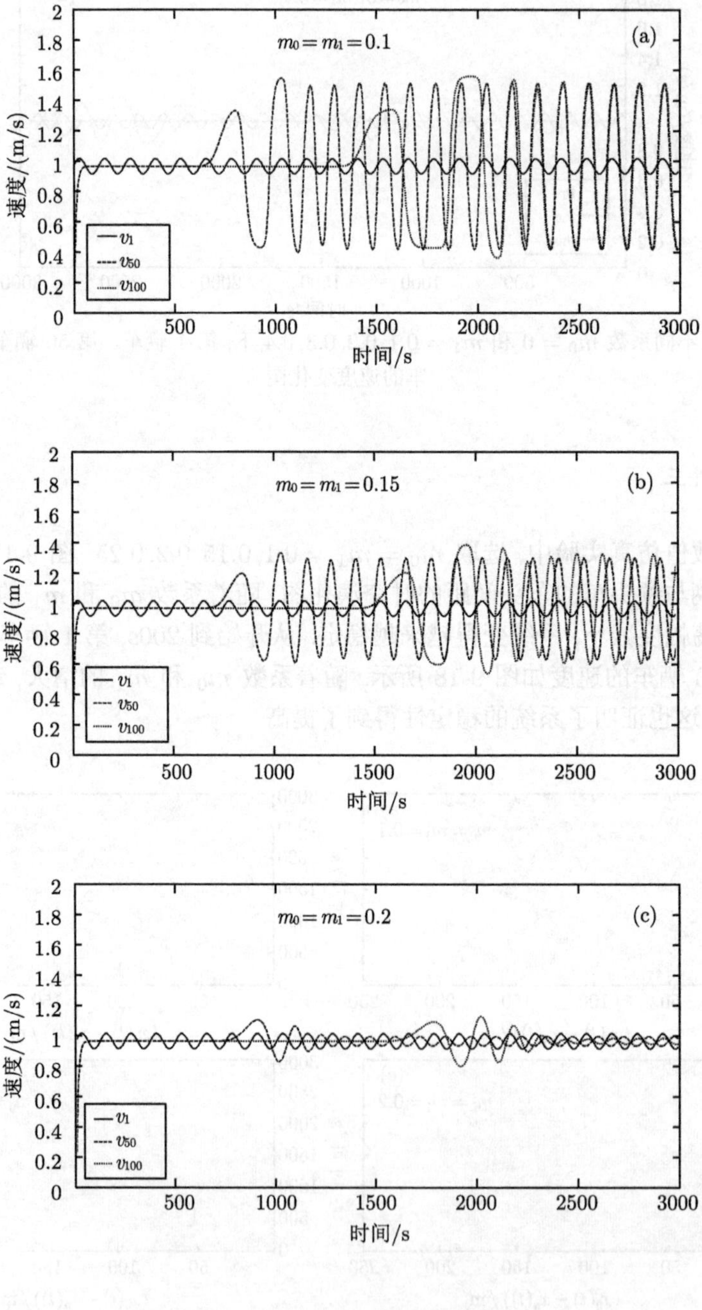
(a)
$m_0 = m_1 = 0.1$
速度/(m/s)
时间/s
v_1
v_{50}
v_{100}
(b)
$m_0 = m_1 = 0.15$
速度/(m/s)
时间/s
v_1
v_{50}
v_{100}
(c)
$m_0 = m_1 = 0.2$
速度/(m/s)
时间/s
v_1
v_{50}
v_{100}

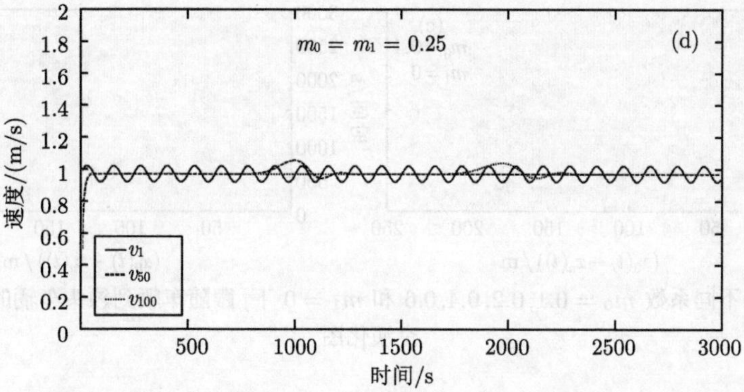

图 9-18 在不同系数 $m_0 = m_1 = 0.1, 0.15, 0.2, 0.25$ 下, 第 1 辆车、第 50 辆车和第 100 辆车的速度变化图

9.5.2 数值仿真实验二

仿真实验二的基本条件与实验一相同, 也是在开放边界条件下, 开始的前车速度仍为 $v_0 = 0.94\text{m/s}$. 在新的仿真实验中, 设置前车的速度变化为

$$v_0(t) = \begin{cases} \dfrac{v_0}{2}, & 10 \leqslant t < 15 \\ \dfrac{v_0}{2}, & 30 \leqslant t < 35 \\ v_0, & \text{其他} \end{cases} \tag{9-34}$$

1. 条件一

在此数值仿真实验中, 选择 $m_0 = 0.1, 0.2, 0.4, 0.6$ 和 $m_1 = 0$. 图 9-19 显示了跟随车辆到领头车辆的车头间距时空演化图. 图 9-20 显示了从开始到 300s 的领头车辆、第 50 辆车和第 100 辆车的速度变化. 当 $m_1 = 0$ 时, 随着系数 m_0 的增加, 车头间距和速度的波动越来越小, 意味着系统变得越来越稳定.

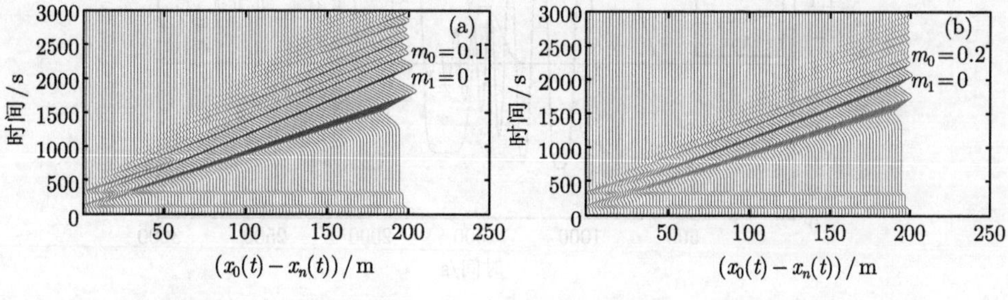

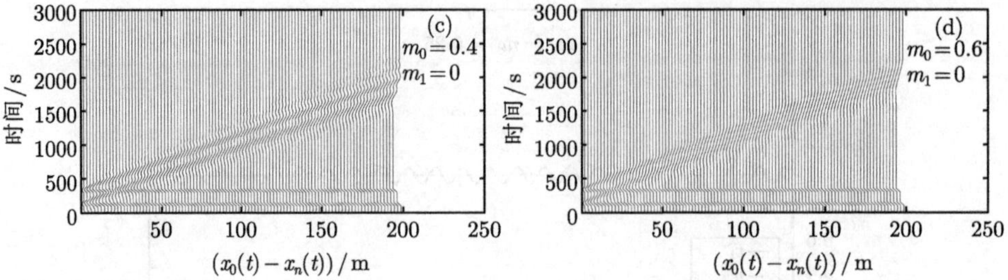

图 9-19 在不同系数 $m_0 = 0.1, 0.2, 0.4, 0.6$ 和 $m_1 = 0$ 下, 跟随车辆到领头车辆的车头间距时空演化图

2. 条件二

在此仿真实验中, 选择 $m_0 = 0$ 和 $m_1 = 0.1, 0.2, 0.3, 0.4$. 图 9-21 显示了跟随车辆到领头车辆的车头间距的时空演化图. 从图 9-21 可以看出, 当 $m_0 = 0$ 时, 随着系数 m_1 的增大, 车头间距的振幅越来越小. 图 9-22 显示了领头车辆、第 50 辆车和第 100 辆车的速度变化情况分布. 同样, 随着系数 m_1 的增大, 三辆车的速度振荡幅度越来越小. 由此可以得出结论: 随着 m_1 的增大, 交通流系统的稳定性增强.

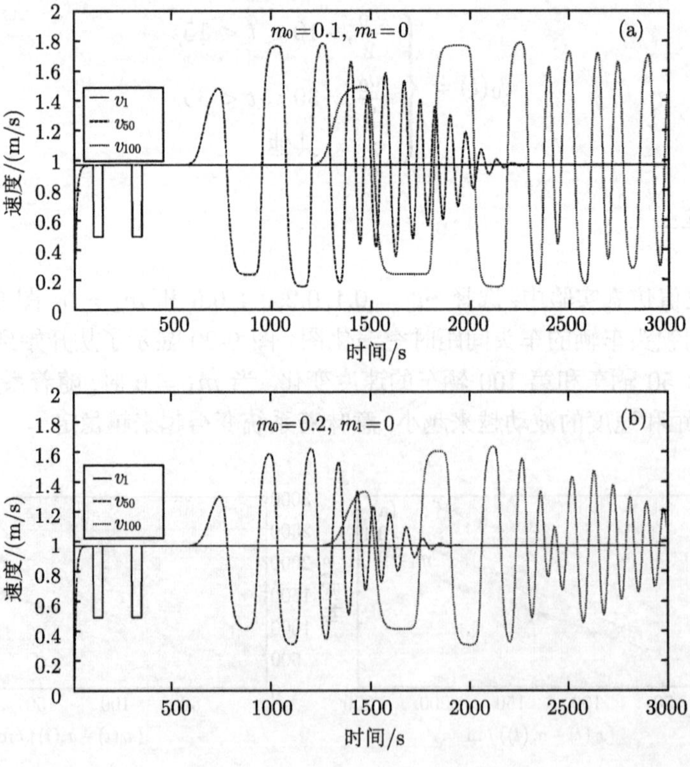

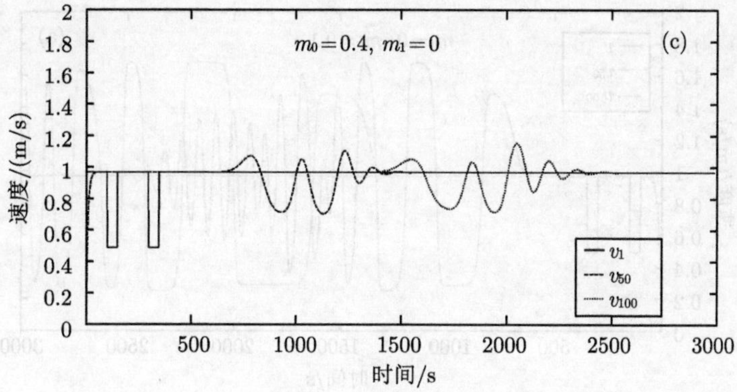

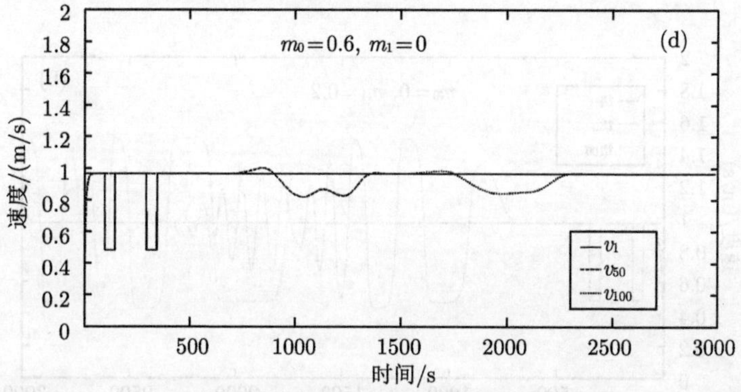

图 9-20 在不同系数 $m_0=0.1, 0.2, 0.4, 0.6$ 和 $m_1=0$ 下, 第 1 辆车、第 50 辆车和第 100 辆车的速度变化图

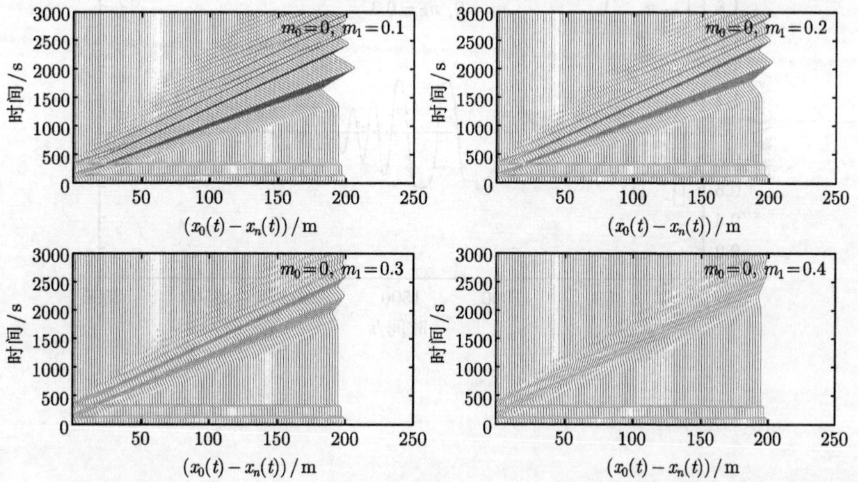

图 9-21 在不同系数 $m_0=0$ 和 $m_1=0.1, 0.2, 0.3, 0.4$ 下, 跟随车辆到领头车辆的车头间距时空演化图

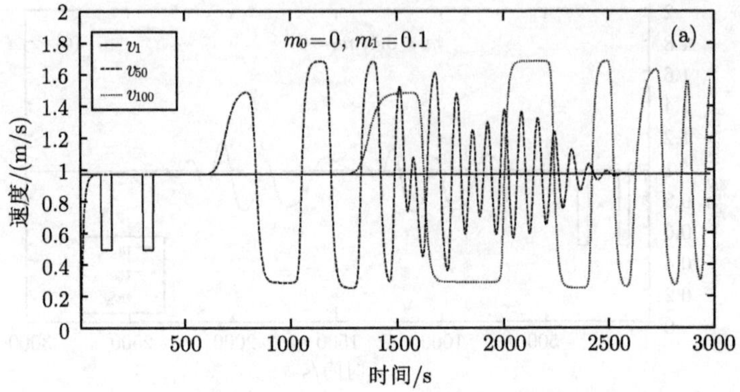
(a)
$m_0=0,\ m_1=0.1$
v_1
v_{50}
v_{100}
速度/(m/s)
时间/s

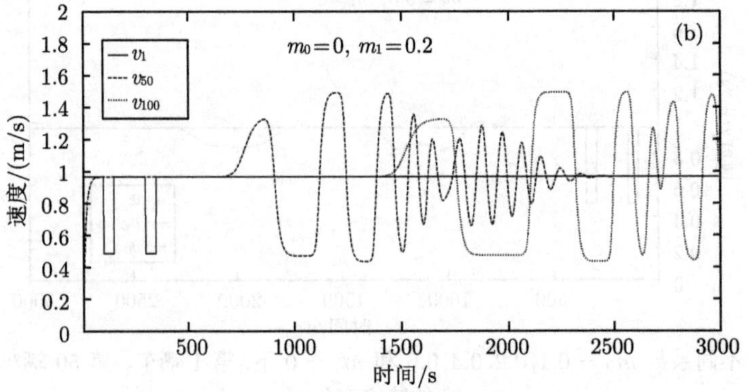
(b)
$m_0=0,\ m_1=0.2$
v_1
v_{50}
v_{100}
速度/(m/s)
时间/s

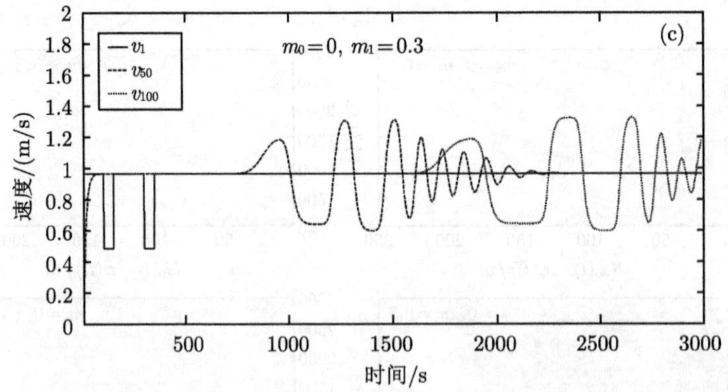
(c)
$m_0=0,\ m_1=0.3$
v_1
v_{50}
v_{100}
速度/(m/s)
时间/s

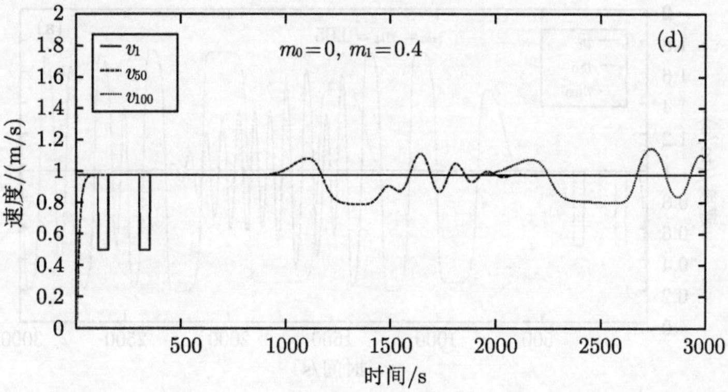

图 9-22 在不同系数 $m_0 = 0$ 和 $m_1 = 0.1, 0.2, 0.3, 0.4$ 下, 第 1 辆车、第 50 辆车和第 100 辆车的速度变化图

3. 条件三

在本次仿真实验中, 选取系数 $m_0 = m_1 = 0.05, 0.15, 0.2, 0.35$. 图 9-23 显示了从开始到 300s 领头车辆到跟随车辆的车头间距的时空演化. 从该图中, 可以看出, 当 m_0 和 m_1 同时增加时, 车头间距的振幅减小. 图 9-24 显示了领头车辆、第 50 辆车和第 100 辆车的速度变化分布. 随着系数 m_0 和 m_1 的增大, 速度的振幅越来越小. 因此, 交通流系统的稳定性随着 m_0 和 m_1 的增加而增强.

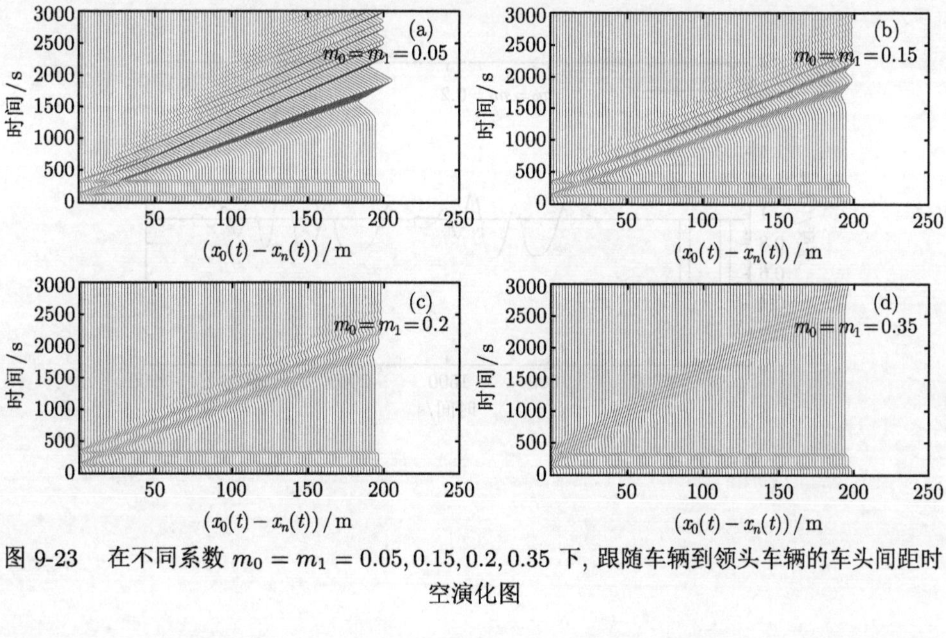

图 9-23 在不同系数 $m_0 = m_1 = 0.05, 0.15, 0.2, 0.35$ 下, 跟随车辆到领头车辆的车头间距时空演化图

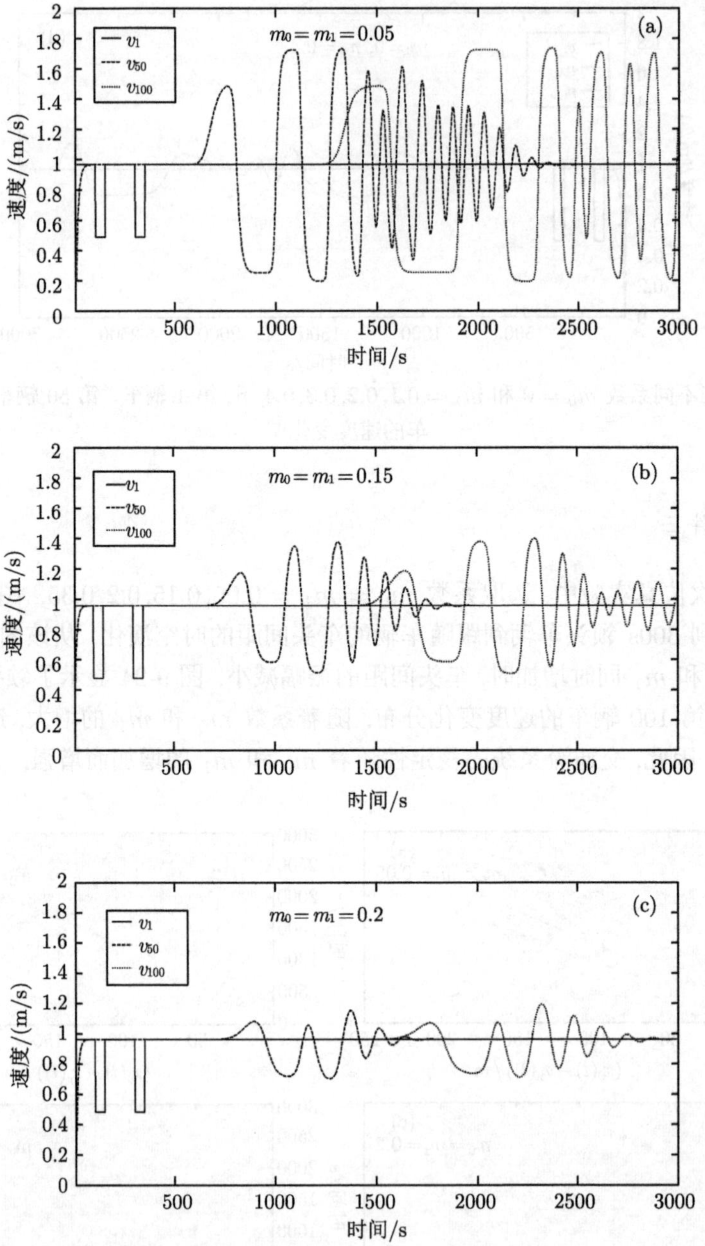
(a)
$m_0=m_1=0.05$
v_1
v_{50}
v_{100}
速度/(m/s)
时间/s
(b)
$m_0=m_1=0.15$
v_1
v_{50}
v_{100}
速度/(m/s)
时间/s
(c)
$m_0=m_1=0.2$
v_1
v_{50}
v_{100}
速度/(m/s)
时间/s

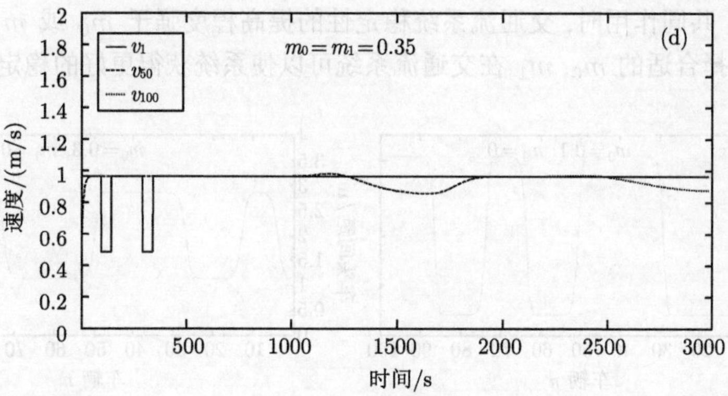

图 9-24 在不同系数 $m_0=m_1=0.05, 0.15, 0.2, 0.35$ 下, 第 1 辆车、第 50 辆车和第 100 辆车的速度变化图

9.5.3 数值仿真实验三

在周期边界条件下, 假设共有 $N=100$ 辆车均匀分布在道路上, 长度 $L=200\text{m}$, 平均车头间距 $L/N=2\text{m}$, 模拟时间为 199000 个时间步长. 在仿真开始时, 向交通流系统添加一个小扰动 $\varDelta=0.5$, 如下所示

$$x_{50}(0)=x_{49}(0)+L/N-\varDelta, \quad x_{51}(0)=x_{50}(0)+L/N+\varDelta \tag{9-35}$$

1. 条件一

在此仿真实验中, 验证了系数 m_0 对稳定性的改善, 即 $m_0=0.1, 0.3, 0.4, 0.6$, $m_1=0$. 模拟结果如图 9-25 所示, 图中显示了 $t=190300\text{s}$ 时, 100 辆车的车头间距剖面图. 从图中可以看出, 随着 m_0 的不断增大, 车头间距的波动幅度不断减小, 说明交通流变得更加稳定, 直到振幅为零, 系统才到达稳态.

2. 条件二

在此仿真实验中, 验证了系数 m_1 对稳定性的改善, 即 $m_0=0, m_1=0.1, 0.3, 0.4, 0.6$. 模拟结果如图 9-26 所示, 图中显示了 $t=190300\text{s}$ 时, 100 辆车的车头间距分布曲线. 从图中可以看出, 随着 m_1 的不断增大, 车头间距的波动幅度越来越小, 交通流系统变得越来越稳定, 直到振幅为零, 系统才到达稳态.

3. 条件三

在本次仿真实验中, 我们同时讨论了 m_0 和 m_1 对交通流系统稳定性的影响. 我们选择 $m_0=m_1=0.1, 0.15, 0.2, 0.25$. 仿真结果如图 9-27 所示, 此图展示了 $t=190300\text{s}$ 时 100 辆车的车头间距剖面情况. 随着 m_0 和 m_1 的增加, 交通流系统变得越来越稳定, 直到幅值为零, 系统达到稳定状态. 与此同时, 我们可以看到,

当 m_0, m_1 共同作用时, 交通流系统稳定性的提高程度强于 m_0 或 m_1 单独作用时, 所以选择合适的 m_0, m_1 在交通流系统可以使系统获得更好的稳定性.

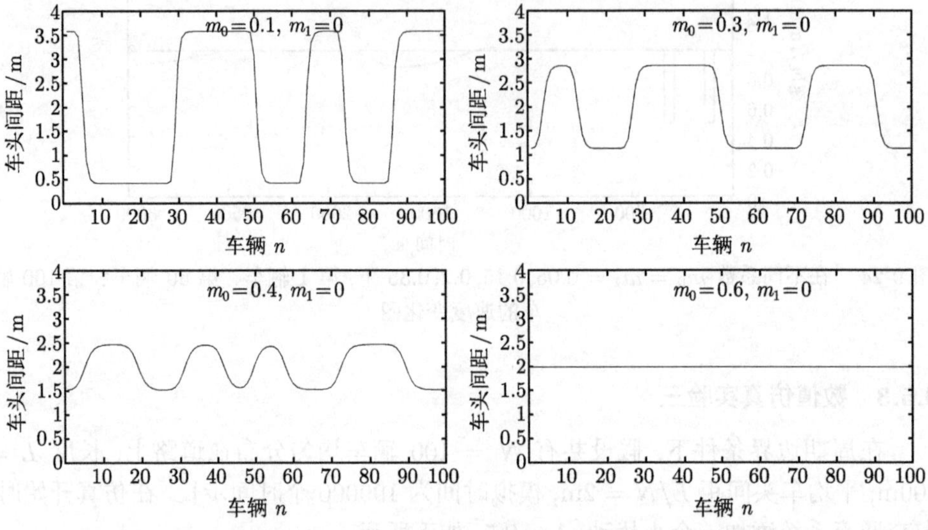

图 9-25 100 辆车在第 190300 个时间步长时的车头间距剖面图 (I)

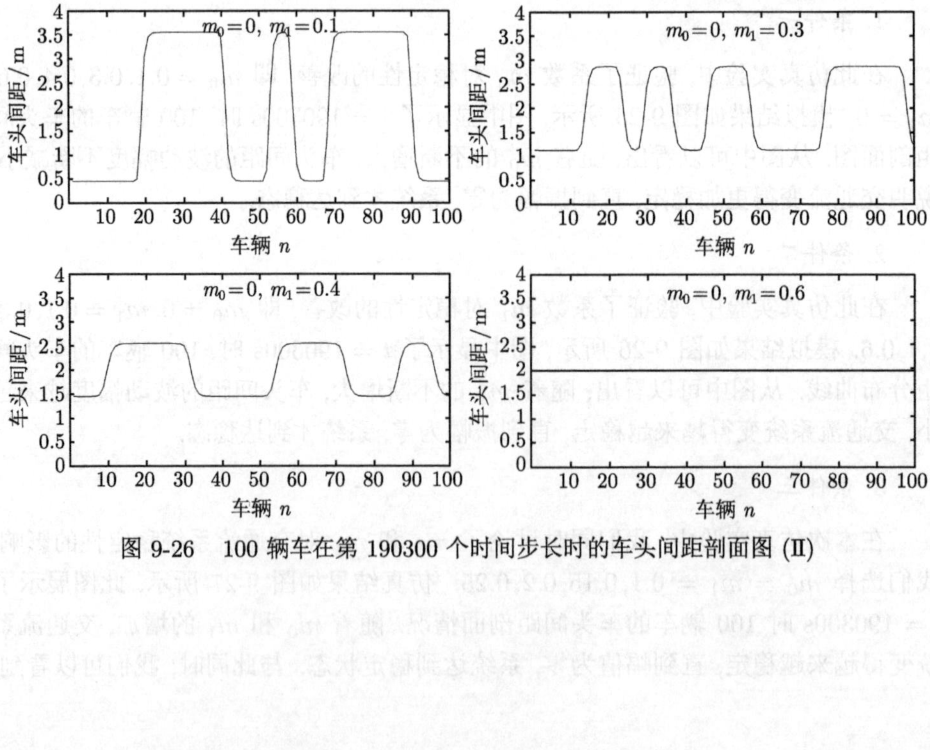

图 9-26 100 辆车在第 190300 个时间步长时的车头间距剖面图 (II)

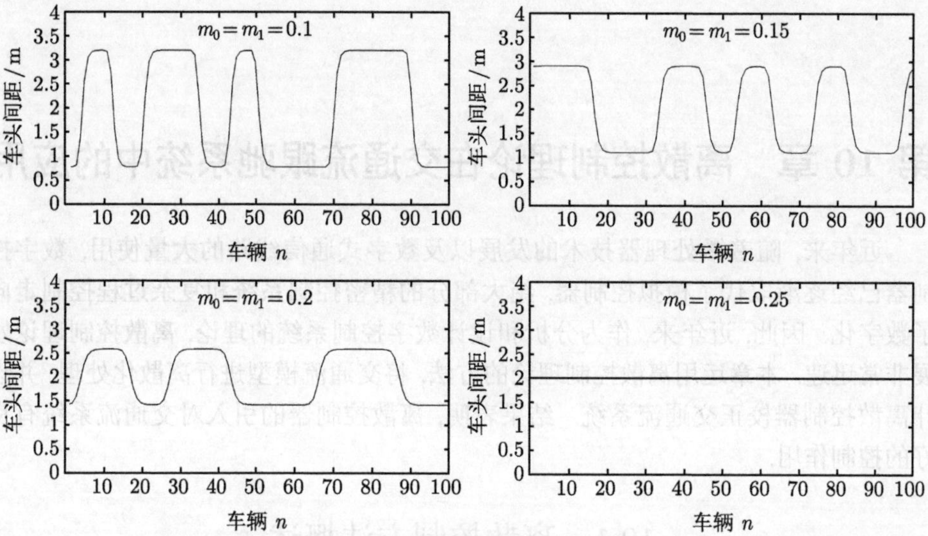

图 9-27 在不同系数 $m_0 = m_1 = 0.1, 0.15, 0.2, 0.25$ 下, 100 辆车在第 190300 个时间步长时车头间距剖面图

9.6 本章小结

本章对跟驰系统进行进一步分析, 运用现代控制理论中的状态分析法对跟驰系统的结构方框图进一步解析, 得到了交通流跟驰系统的状态变量图, 更加详细地分析讨论了交通流系统中的各个变量对交通流运行过程的控制作用, 并在此基础上, 设计了全新的内部状态控制方法, 得到了改进后系统的传递函数以及动力学模型. 同样运用劳斯判据和小增益定理得到改进后系统的稳定性条件, 并设计数值仿真实验进行仿真验证. 结果表明, 改进后系统能够有效地改善交通流系统的稳定性, 理论分析和模拟仿真结果一致.

第 10 章　离散控制理论在交通流跟驰系统中的应用

近年来, 随着微处理器技术的发展以及数字式通信线路的大量使用, 数字控制器已经逐渐取代了模拟控制器, 绝大部分的精密控制系统和复杂过程控制走向了数字化. 因此, 近年来, 作为分析和设计数字控制系统的理论, 离散控制理论发展非常迅速. 本章运用离散控制理论的方法, 将交通流模型进行离散化处理, 并设计离散控制器校正交通流系统. 结果表明, 离散控制器的引入对交通流系统有良好的控制作用.

10.1　离散控制方法概述

10.1.1　离散控制系统的基本概念

离散控制是一种断续的控制方式, 在实际系统中, 往往是按控制的需要, 人为地将控制信号离散化, 称其为采样. 离散系统的构成, 关键是含有采样器件. 当系统中只要有一个地方是脉冲序列或者数码时, 即为离散系统. 离散信号是脉冲序列而不是数码的即为脉冲控制系统, 脉冲序列的特点是时间上离散分布, 在幅值上任意可取的, 幅值代表了脉冲的强度. 离散信号是数码的而不是脉冲的即为数字控制系统, 数码的特点是在时间上离散对应的, 而在幅值上采用整量化表示.

离散系统中连续信号和离散信号并存, 从连续信号到离散信号之间需要采样器, 从离散信号到连续信号之间需要保持器, 以实现两种信号之间的转换. 所以, 采样器和保持器是离散控制系统的两个特殊环节. 接下来, 我们介绍一些与之相关的概念. 采样是指把连续信号变成脉冲序列 (或数码) 的过程; 采样器是指实现采样的装置, 可以是机电开关也可以是 A/D(analog-digital) 转换器; 周期采样是指采样开关等间隔开闭; 随机采样是指开关动作随机, 没有周期性; 保持器是指从离散信号中, 将连续信号恢复出来的装置, 具有低通滤波功能的电机网络和 D/A(digital/analog) 转换器都是这类装置.

把连续信号转换成离散信号的过程, 叫做采样过程. 把连续信号 $e(t)$ 加到采样开关的输入端, 采样开关以周期 T (秒) 闭合一次, 闭合持续时间为 τ, 则在采样开关输出端可以得到宽度为 τ 的调幅脉冲序列 $e^*(t)$. 由于开关闭合时间 τ 很小, 远远小于采样周期 T, 因此 $e(t)$ 在时间 τ 内变化甚微, 可以近似认为该时间内采样值不变. 所以 $e^*(t)$ 可以近似为一串宽度为 τ, 高度为 $e\,(kT)$ 的矩形窄脉冲, 其

数学描述可以用矩形面积和来表示, 如公式 (10-1) 所示

$$e^*(t)=\sum_{k=0}^{+\infty}e\left(kT\right)\left[1\left(t-kT\right)-1\left(t-kT-\tau\right)\right] \tag{10-1}$$

从数学上可知, 脉动函数的强度是用其面积来度量的. 当宽度 $\tau\to 0$ 时, 脉动函数转化为脉冲函数. 工程上一般在 τ 远小于采样以后系统连续部分最大时间常数时, 可认为 $\tau\to 0$, 则矩形窄脉冲可以用 kT 时刻的 δ 函数来近似表示

$$1\left(t-kT\right)-1\left(t-kT-\tau\right)=\tau\cdot\delta\left(t-kT\right) \tag{10-2}$$

其中, $\delta\left(t-kT\right)=\begin{cases}+\infty, & t=kT,\\ 0, & t\neq kT\end{cases}$ 且 $\int_{-\infty}^{+\infty}\delta\left(t-kT\right)\mathrm{d}t=1$.

如果不计脉宽 τ 的影响, 将采样过程直接按理想开关输出的信号来处理, 特别是数字控制系统中都是这种情况. 理想采样信号的数学表达式为

$$e^*(t)=\sum_{k=0}^{+\infty}e\left(kT\right)\delta\left(t-kT\right) \tag{10-3}$$

10.1.2 Z 变换

在连续系统分析中, 应用拉普拉斯变换作为数学工具, 将系统微分方程转化为代数方程, 建立了以传递函数为基础的复域分析法, 使得问题大大简化. 在离散系统分析中, 也有类似的途径. 在线性离散系统中可以用线性差分方程来描述, 通过 Z 变换法, 将差分方程转化为代数方程, 可以建立以脉冲函数为基础的复域分析法.

Z 变换是从拉普拉斯变换直接引申出来的一种变换方法, 它实际上是采样函数拉普拉斯变换的一种变形, 对于理想采样信号公式 (10-3) 进行拉普拉斯变换得

$$E^*(s)=L\left[e^*(t)\right]=\sum_{k=0}^{+\infty}e\left(kT\right)\mathrm{e}^{-kTs} \tag{10-4}$$

因为复变量 s 含在指数函数 e^{-kTs} 中不便计算, 故引进一个新的复变量 z, 即

$$z=\mathrm{e}^{Ts} \tag{10-5}$$

将公式 (10-5) 代到公式 (10-4), 便可以得到以 z 为变量的函数 $E(z)$, 即

$$E(z)=\sum_{k=0}^{+\infty}e\left(kT\right)z^{-k} \tag{10-6}$$

$E(z)$ 称为离散时间函数——脉冲序列的 Z 变换, 记为

$$E(z) = Z\left[e^{*}(t)\right] \tag{10-7}$$

1. Z 变换求法

求离散时间函数的 Z 变换在数学上有许多方法, 这里简单介绍其中两种最常用的方法: 级数求和法和部分分式法. 级数求和法实际上是按照 Z 变换的定义将离散函数的 Z 变换展成无穷级数的形式, 然后直接进行级数求和运算, 故称作直接法. 部分分式法：连续时间函数 $e(t)$ 与其拉普拉斯变换式 $E(s)$ 之间的关系式是一一对应的, 若通过部分分式法将时间函数拉普拉斯变换式展开成一些简单的部分分式, 使其每一项部分分式对应的时间函数为最基本、最典型的形式, 而这些典型的函数的 Z 变换都是已知的, 可以查表得到, 于是即可方便地求出 $E(s)$ 对应的 Z 变换 $E(z)$.

2. Z 反变换

根据 $E(z)$ 求 $e^{*}(t)$ 或 $e(kT)$ 的过程称为 Z 反变换, Z 反变换是 Z 变换的逆运算. 这里简单介绍两种常用的 Z 反变换方法. 幂级数法：这种方法是利用长除法将函数的 Z 变换表达式展开成按 z^{-1} 升幂排列的幂级数, 然后与 Z 变换定义式对照求出原函数的脉冲序列. 部分分式法：部分分式展开法主要是将 $E(z)$ 展开成若干个 Z 变换表中具有简单分式的形式, 然后通过查 Z 变换表找出相应的 $e^{*}(t)$ 或 $e(kT)$.

10.1.3　脉冲传递函数

在连续系统中, 传递函数定义为在零初始条件下, 输出量的拉普拉斯变换与输入量的拉普拉斯变换之比. 对于离散系统, 利用 Z 变换, 也有类似的定义.

设离散系统的结构图如图 10-1 所示, 系统输入的采样信号为 $r^{*}(t)$, 输出的采样信号为 $c^{*}(t)$. 则离散系统的脉冲函数可以定义为：在线性定常离散系统中, 当初始条件为零时, 系统离散输出信号的 Z 变换与离散输入信号的 Z 变换之比, 记作

$$G(z) = \frac{C(z)}{R(z)} = \frac{\sum\limits_{k=0}^{+\infty} c(kT)\, z^{-k}}{\sum\limits_{k=0}^{+\infty} r(kT)\, z^{-k}} \tag{10-8}$$

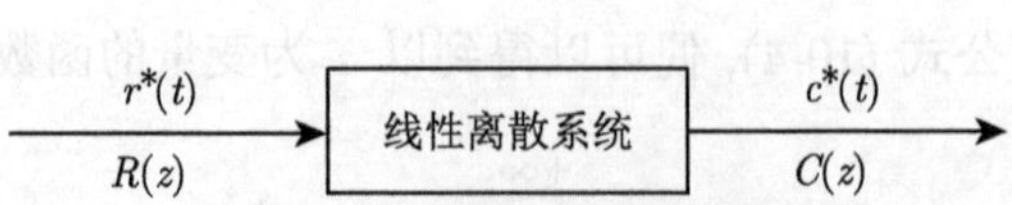

图 10-1　离散系统结构图

10.1.4 离散系统的稳定性分析

1. 稳定的充分必要条件

设 $D(z)$ 为离散系统脉冲传递函数的闭环 z 特征方程. 闭环 z 特征方程的根称为系统的闭环特征根, 也就是系统的闭环极点. 离散系统稳定的充要条件为系统的闭环极点均在 z 平面的单位圆内, 也就是系统的闭环极点的模均小于 1, 即

$$|z_i| < 1 \quad (i = 1, 2, \cdots, n) \tag{10-9}$$

上式又等价于系统的闭环特征根的模均小于 1, 或者说全部特征根都位于 z 平面以原点为圆心的单位圆内.

由此可得从稳定的充要条件出发判断离散系统的稳定性一般步骤如下:

(1) 根据结构图求出脉冲传递函数 $G(z)$;

(2) 由 $G(z)$ 写出闭环 z 特征方程 $D(z) = 0$;

(3) 求解这个代数方程 $D(z) = 0$, 得到闭环特征根, 即系统的闭环极点 z_i, 若 $|z_i| < 1\ (i = 1, 2, \cdots, n)$, 则闭环系统是稳定的, 否则是不稳定的.

2. 劳斯判据

线性连续系统的劳斯稳定性判据是通过系统特征方程的系数及其构成的劳斯阵列表来判断系统的稳定性. 而在线性离散系统中, 需要判别的是特征方程的根是否在 z 平面单位圆内. 因此不能直接将劳斯判据应用于以复变量 z 表示的特征方程. 为了在线性离散系统中应用劳斯判据, 需要引进一个新的坐标变换, 将 z 平面的稳定区域映射到新平面的左半部. 为此我们引入 W 变换, 将 z 平面上的单位圆映射到 w 平面的左半部, 令

$$z = \frac{w+1}{w-1} \quad 或 \quad w = \frac{z+1}{z-1} \tag{10-10}$$

由此可以看出 z 与 w 是互为线性变换的关系, 故 W 变换又称双线性变换. 根据式 (10-9), 便可以分析 z 平面到 w 平面的映射关系. 设

$$z = x + \mathrm{j}y, \quad w = u + \mathrm{j}v \tag{10-11}$$

则有

$$w = u + \mathrm{j}v = \frac{(x^2 + y^2) - 1}{(x-1)^2 + y^2} - \mathrm{j}\frac{2y}{(x-1)^2 + y^2} \tag{10-12}$$

因为 $x^2 + y^2 = |z|^2$, 由式 (10-12) 可知:

(1) 当 $|z| = \sqrt{x^2 + y^2} = 1$ 时, $u = 0, w = \mathrm{j}v$, 即 z 平面的单位圆映射为 w 平面上的虚轴.

(2) 当 $|z|=\sqrt{x^2+y^2}>1$ 时, $u>0$, 即 z 平面单位圆外映射为 w 平面的右半部.

(3) 当 $|z|=\sqrt{x^2+y^2}<1$ 时, $u<0$, 即 z 平面单位圆内映射为 w 平面的左半部.

其映射关系如图 10-2 所示. 引入 W 变换后, 可将线性离散系统的充要条件从 z 平面上的单位圆转换为 w 平面左半平面. 这种情况正好与 s 平面上应用劳斯判据一样, 所以根据 w 域中的特征方程系数, 就可将连续系统的劳斯判据直接用于离散系统的稳定性判据, 并且方法步骤完全相同[1,5].

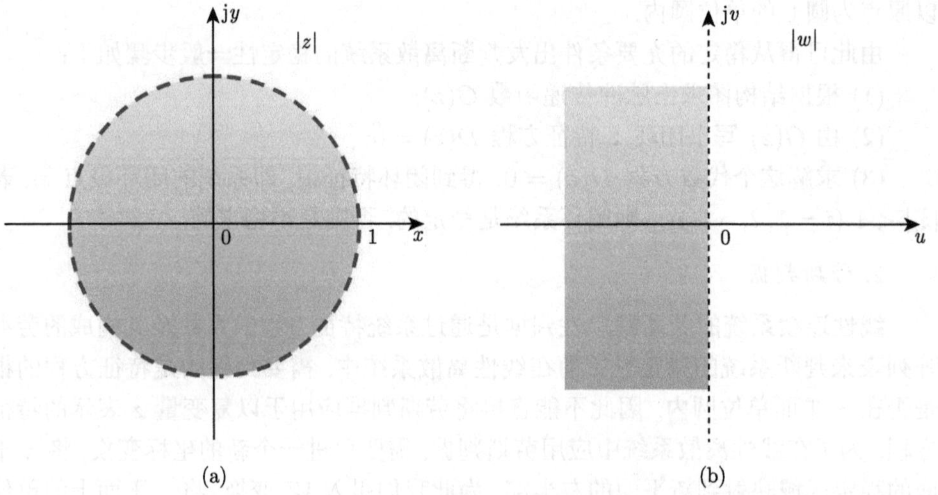

图 10-2　由 z 平面到 w 平面的映射

10.2　基于 Newell 模型的离散系统控制分析

10.2.1　Newell 模型离散控制分析

假设在车辆跟驰系统中有 N 辆车, 所有的车辆均匀地分布在一个单车道上, 车辆密度为 $\rho=\dfrac{1}{h}$, 其中 h 表示平均车头间距. 图 10-3 表示跟驰系统中第 n 辆车跟随第 $n+1$ 辆车的情况. 根据 Newell 模型, 跟随车辆的运动方程如公式 10-13 所示

$$\frac{\mathrm{d}x_n(t+T)}{\mathrm{d}t}=F(\Delta x_n(t)) \tag{10-13}$$

其中, T 表示驾驶员的调整时间, $\Delta x_n(t)=x_{n+1}(t)-x_n(t)$ 和 $x_n(t)$ 分别表示车头间距和第 n 辆车在时刻 t 的位置. 其基本思想就是驾驶员在 t 时刻根据车头间距调整车辆的速度, 使其在一段时间 T 后达到最优速度 $F(\Delta x_n(t))$.

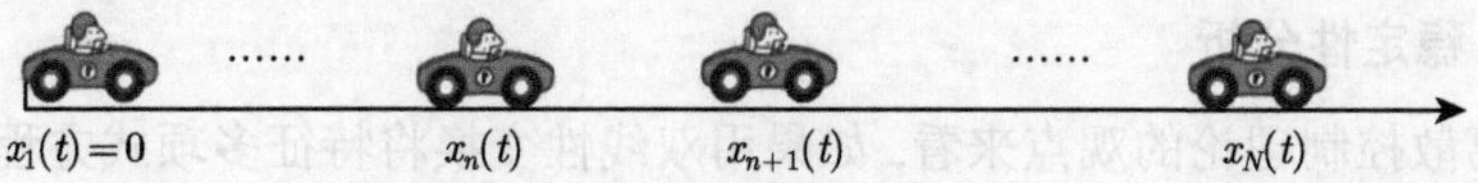

图 10-3 N 辆车跟驰系统示意图

将公式 (10-13) 表示的微分方程, 进行离散化处理, 得到公式 (10-14) 的离散方程,

$$\frac{x_n(t+T+\Delta t)-x_n(t+T)}{\Delta t}=F(\Delta x_n(t)) \tag{10-14}$$

令 $\Delta t=T$, 可以得到如公式 (10-15) 所示的差分方程,

$$x_n(t+2T)=x_n(t+T)+F(\Delta x_n(t))\times T \tag{10-15}$$

基于平均车头间距的线性化系统如公式 (10-16) 所示

$$x_n(t+2T)=x_n(t+T)+[F(h)+F'(h)\times(\Delta x_n(t)-h)]\times T \tag{10-16}$$

同样地,

$$x_{n+1}(t+2T)=x_{n+1}(t+T)+[F(h)+F'(h)\times(\Delta x_{n+1}(h)-h)]\times T \tag{10-17}$$

用等式 (10-17) 减去 (10-16), 得到如下方程,

$$\Delta x_n(t+2T)=\Delta x_n(t+T)+F'(h)T(\Delta x_{n+1}(t)-\Delta x_n(t)) \tag{10-18}$$

令 $t=kT$, 等式 (10-18) 可以被改写为

$$\Delta x_n(kT+2T)=\Delta x_n(kT+T)+F'(h)T(\Delta x_{n+1}(kT)-\Delta x_n(kT)) \tag{10-19}$$

为简单起见,

$$\Delta x_n(k+2)=\Delta x_n(k+1)+F'(h)T(\Delta x_{n+1}(k)-\Delta x_n(k)) \tag{10-20}$$

进行 Z 变换后, 差分方程可变为如下的代数方程,

$$\left(z^2-z+F'(h)T\right)\Delta x_n(z)=F'(h)T\Delta x_{n+1}(z) \tag{10-21}$$

将公式 (10-21) 的代数方程等号两边交叉相除, 可以得到离散系统的传递函数,

$$\frac{\Delta x_n(z)}{\Delta x_{n+1}(z)}=\frac{\Lambda T}{z^2-z+\Lambda T} \tag{10-22}$$

其中, $\Lambda=F'(h)$.

进一步,

$$\Phi(z)=\frac{\Lambda T}{z^2-z+\Lambda T} \tag{10-23}$$

其中, $\Phi(z)$ 表示离散控制系统的脉冲传递函数.

10.2.2 稳定性分析

从离散控制理论的观点来看, 如果用双线性变换将特征多项式方程转化为频域方程, 则可以用劳斯判据来判断系统的稳定性.

由系统的脉冲传递函数 $\Phi(z)$ 可以得到, 系统的闭环 z 特征方程为

$$z^2 - z + \Lambda T = 0 \tag{10-24}$$

引入双线性变换, 令 $z = \dfrac{1+w}{1-w}$, 代入公式 (10-24) 中得

$$(2 + \Lambda T)\, w^2 + (2 - 2\Lambda T)\, w + \Lambda T = 0 \tag{10-25}$$

根据劳斯判据得, 系统的稳定性条件为

$$0 < \Lambda < \frac{1}{T} \tag{10-26}$$

基于上述稳定性条件, 提出了交通拥堵发生的条件. 假设离散跟驰系统是稳定的, 如果脉冲传递函数的无穷范数大于 1, 即 $\|\underset{|z|=1}{\Phi(z)}\|_\infty > 1$, 则会发生交通拥堵. 因此, 系统不会发生交通拥堵的条件为 $\|\underset{|z|=1}{\Phi(z)}\|_\infty < 1$.

进而, 可以得出, 如果离散跟驰系统满足如下条件, 则交通拥堵不会发生:

$$0 < \Lambda < \frac{1}{3T} \tag{10-27}$$

具体证明如下.

脉冲传递函数 $\Phi(z)$ 的绝对值描述如下

$$\left|\Phi(z)\right|_{z=\mathrm{e}^{j\theta}} = \sqrt{\frac{\Lambda^2 T^2}{g(\theta)}} \tag{10-28}$$

其中, $g(\theta) = (\cos 2\theta + \Lambda T - \cos\theta)^2 + (\sin 2\theta - \sin\theta)^2, \theta \in [0, 2\pi]$. 则系统不会发生拥堵的条件 $\|\underset{|z|=1}{\Phi(z)}\|_\infty < 1$ 可以简化为不等式

$$\sup_{\theta\in(0,2\pi)} \ g(\theta) > \Lambda^2 T^2 \tag{10-29}$$

显然,

$$\sup_{\theta\in(0,2\pi)} \ (\cos 2\theta - \cos\theta)^2 + 2(\cos 2\theta - \cos\theta)\Lambda T + (\sin 2\theta - \sin\theta)^2 > 0 \tag{10-30}$$

进而,

$$\sup_{\theta\in(0,2\pi)} \ 4\Lambda T\cos^2\theta-(2+2\Lambda T)\cos\theta-2\Lambda T+2>0 \tag{10-31}$$

$$\sup_{\theta\in(0,2\pi)} \ (2\Lambda T\cos\theta+\Lambda T-1)(2\cos\theta-2)>0 \tag{10-32}$$

由于 $-1\leqslant\cos\theta\leqslant 1$, 因此可以得到

$$0<\Lambda<\frac{1}{3T}$$

10.2.3 反馈控制方案设计

反馈控制是单输入单输出系统的经典方法. 在该系统中, 引入一个反馈控制项, 如图 10-4 所示, 则从结构框图中, 可以推导出改进后系统的脉冲传递函数如下

$$\Phi_c(z)=\frac{\Lambda T}{z^2+(\Lambda k_f-1)\,z+\Lambda T-\Lambda k_f} \tag{10-33}$$

其中, $\Phi_c(z)$ 表示带有反馈控制项的脉冲传递函数, k_f 为反馈系数.

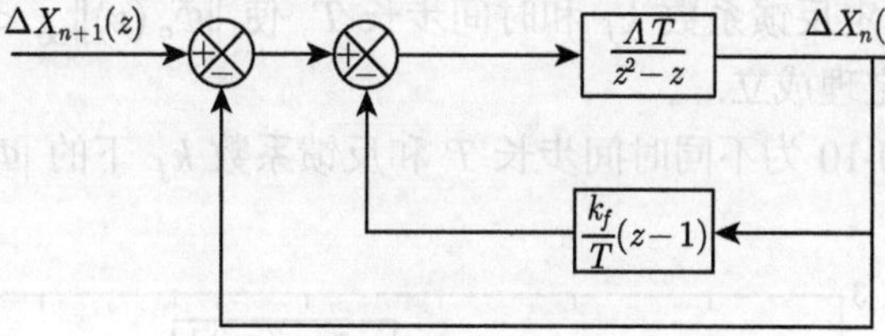

图 10-4 离散跟驰系统反馈结构框图

反馈系数设置的作用是抑制交通拥堵. 根据 10.2.2 节中关于交通拥堵发生条件的定义和证明, 提出如下定理.

定理 假设没有反馈控制项 $\left(\text{即 } \Lambda>\dfrac{1}{3T}\right)$ 的系统有交通拥堵发生, 如果反馈控制系数满足条件 $\dfrac{\Lambda T-1}{\Lambda}<k_f<\dfrac{\Lambda T+2}{2}$ 以及 $\|\Phi_c(z)\|_\infty<1$, 则带有控制项的交通流系统不会发生拥堵.

证明 首先, 引入双线性变换 $z=\dfrac{1+w}{1-w}$, 将其代入 $\Phi_c(z)$ 中, 可以得到

$$\Phi_c(z)=\frac{(1-w)^2\,\Lambda T}{(2+\Lambda T-2\Lambda k_f)\,w^2+(2-2\Lambda T+2\Lambda k_f)\,w+\Lambda T} \tag{10-34}$$

由劳斯判据可得

$$\begin{cases} 2+\Lambda T-2\Lambda k_f>0 \\ 2-2\Lambda T+2\Lambda k_f>0 \\ \Lambda T>0 \end{cases} \tag{10-35}$$

则带有控制项的跟驰系统的稳定性条件为

$$\frac{\Lambda T-1}{\Lambda}<k_f<\frac{\Lambda T+2}{2} \tag{10-36}$$

其次, 需要设计 k_f 和 T 的值来满足 $\|\Phi_c(z)\|_\infty<1$. $\Phi_c(z)$ 的绝对值可以描述为

$$\begin{aligned} \left|\Phi_c(z)\right|_{z=\mathrm{e}^{\mathrm{j}\theta}} &= \left|\frac{\Lambda T}{\mathrm{e}^{\mathrm{j}2\theta}+(\Lambda k_f-1)\,\mathrm{e}^{\mathrm{j}\theta}+\Lambda T-\Lambda k_f}\right| \\ &= \frac{\Lambda T}{\sqrt{4b\cos 2\theta+(2a+2ab)\cos\theta+(b-1)^2+a^2}} \end{aligned} \tag{10-37}$$

其中 $a=\Lambda k_f-1, b=\Lambda T-\Lambda k_f$.

因为想要解析出 $\Phi_c(z)$ 的 H_∞ 范数非常困难, 所以对于数值仿真中所有的 $\theta\in(0,2\pi)$, 必须确定反馈系数 k_f 和时间步长 T, 使 $\|\Phi_c(z)\|_\infty<1$.

综上所述, 此定理成立.

图 10-5～图 10-10 为不同时间步长 T 和反馈系数 k_f 下的 $|\Phi_c(\mathrm{j}\theta)|$ 的增益图.

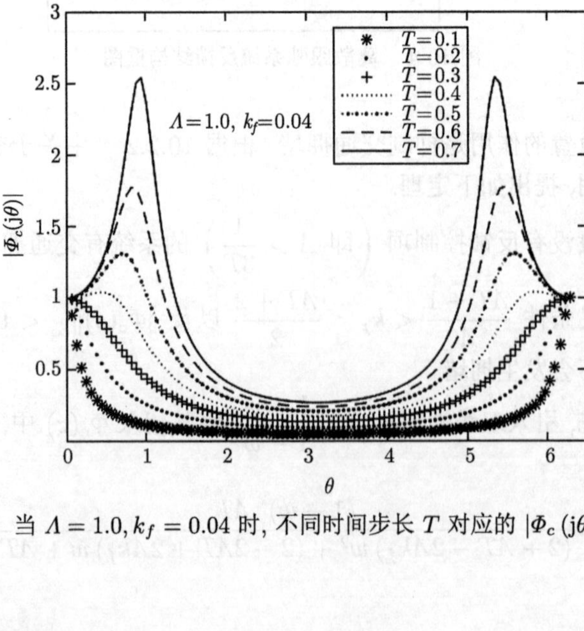

图 10-5　当 $\Lambda=1.0, k_f=0.04$ 时, 不同时间步长 T 对应的 $|\Phi_c(\mathrm{j}\theta)|$ 增益图

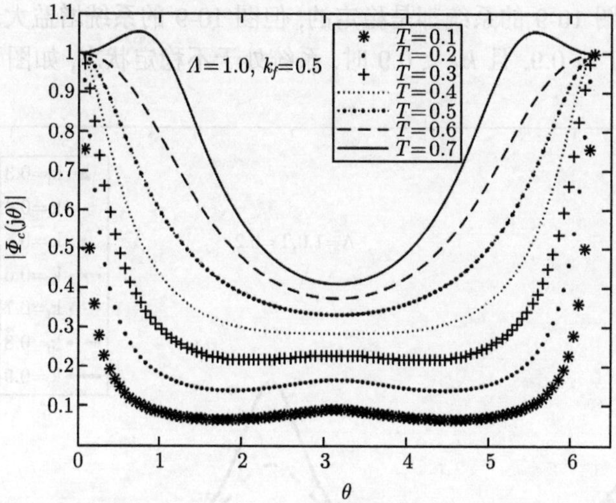

图 10-6 当 $\Lambda = 1.0, k_f = 0.5$ 时, 不同时间步长 T 对应的 $|\Phi_c(\mathrm{j}\theta)|$ 增益图

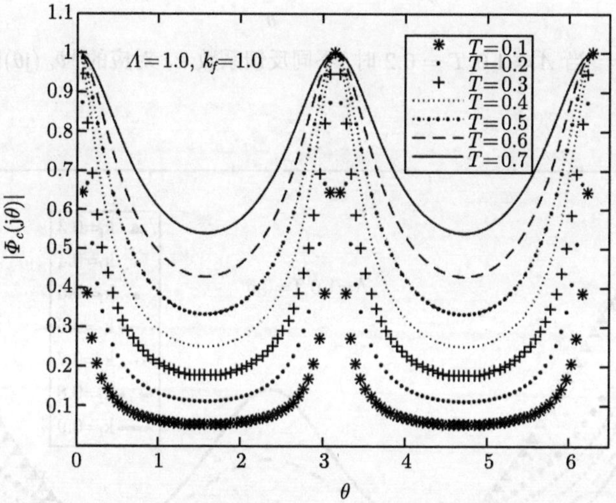

图 10-7 当 $\Lambda = 1.0, k_f = 1.0$ 时, 不同时间步长 T 对应的 $|\Phi_c(\mathrm{j}\theta)|$ 增益图

图 10-5~图 10-7 展示了在不同的反馈系数 k_f 下, $|\Phi_c(\mathrm{j}\theta)|$ 的增益随着时间步长 T 的增大而增大的情况. 在图 10-5 中可以观察到, 当 $T > 0.4$ 时, 增益大于 1, 系统处于不稳定状态; 当 $T < 0.4$ 时, 系统保持稳定. 在图 10-6 中, 临界值随着反馈系数 k_f 的增大而增大. 此外, 从图 10-7 中可以看到, 当 $k_f = 1.0$ 时, 系统对于 $T < 0.7$ 的所有步长都保持稳定. 图 10-8~图 10-10 展示的是在不同的时间步长 T 下, $|\Phi_c(\mathrm{j}\theta)|$ 的增益随着反馈系数 k_f 的变化情况. 有一点可以发现, 当 $k_f < 0.9$

时, 图 10-8 和图 10-9 的系统都是稳定的, 但图 10-9 的系统增益大于图 10-8 的系统增益. 而当 $T = 0.9$, 且 $k_f < 0.9$ 时, 系统处于不稳定状态, 如图 10-10 所示.

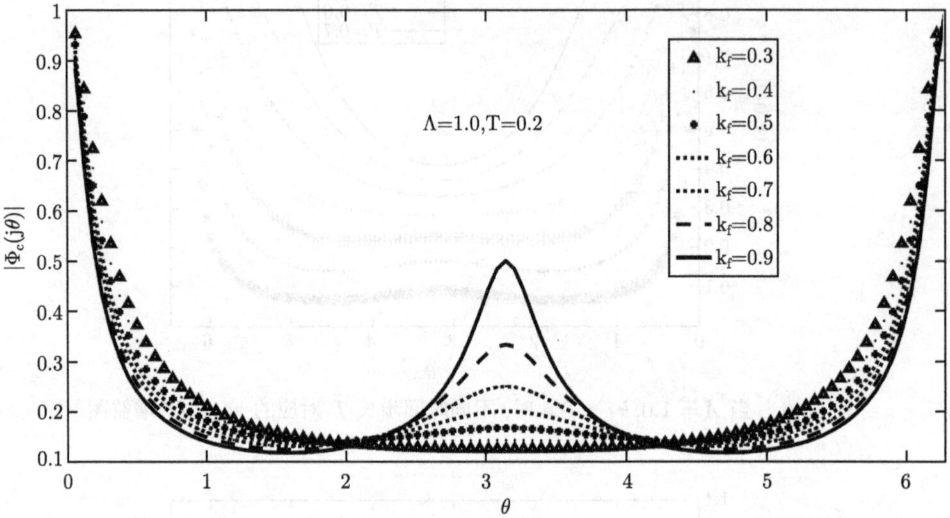

图 10-8　当 $\Lambda = 1.0, T = 0.2$ 时, 不同反馈系数 k_f 对应的 $|\Phi_c(\mathrm{j}\theta)|$ 增益图

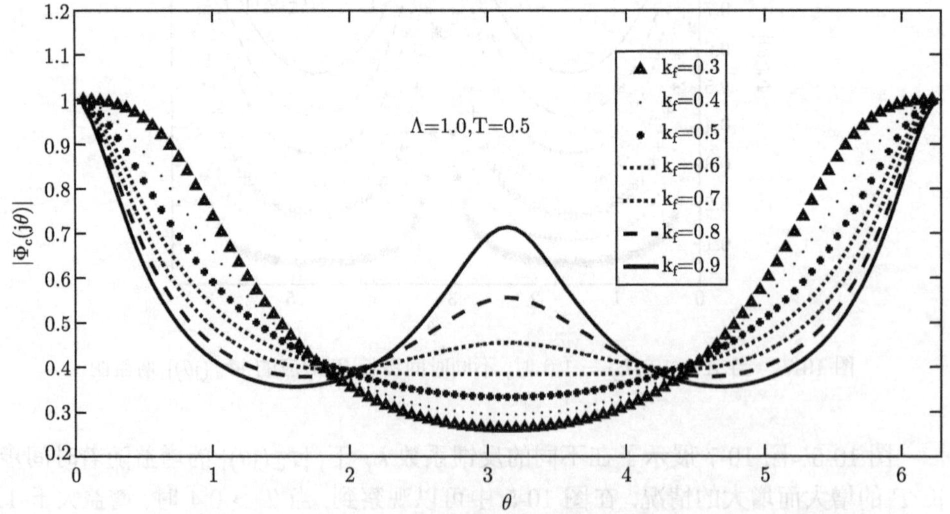

图 10-9　当 $\Lambda = 1.0, T = 0.5$ 时, 不同反馈系数 k_f 对应的 $|\Phi_c(\mathrm{j}\theta)|$ 增益图

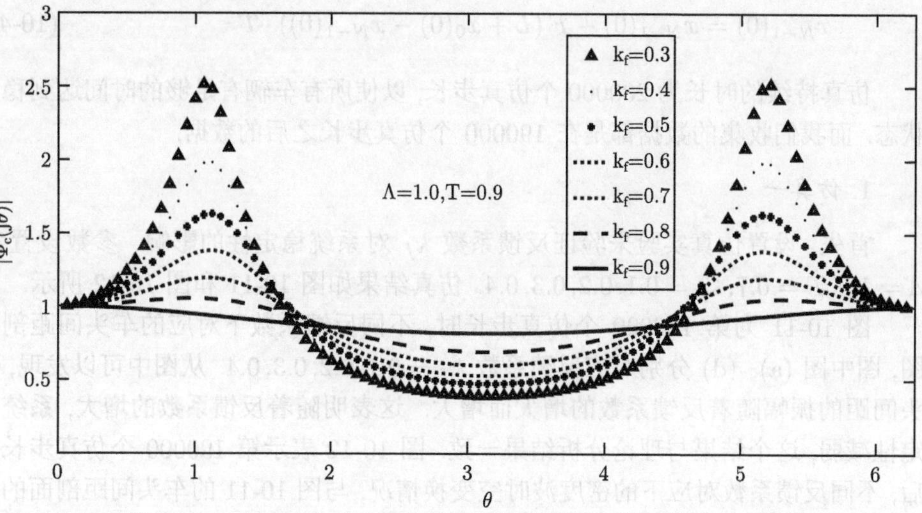

图 10-10 当 $\Lambda=1.0, T=0.9$ 时, 不同反馈系数 k_f 对应的 $|\Phi_c(\mathrm{j}\theta)|$ 增益图

10.2.4 仿真分析

下面, 通过仿真分析来验证反馈控制方案的控制效果. 首先, 第 n 辆车的最优速度函数选择为

$$F_n(\Delta x_n)=\frac{v_{\max}}{2}(\tanh(\Delta x_n-s_c)+\tanh s_c) \tag{10-38}$$

其中 $v_{\max}$ 表示车辆行驶的最大速度, s_c 表示安全距离, 通常取为 5m.

由脉冲传递函数 (10-33) 确定的系统中车辆的更新规则如下

$$x_n(k+2)=x_n(k+1)+F(\Delta x_n(k))\cdot T-\Lambda k_f[x_n(k+1)-x_n(k)] \tag{10-39}$$

在仿真中, 共有 $N=100$ 辆车, 道路长度为 $L=500$m. 车辆在道路上均匀分布, 编号为 $0\sim N-1$. 车辆在周期性边界条件下移动, 即第 N 辆车是第 0 辆车. 因此, 该交通流系统的初始条件如下

$$x_0(0)=0,\quad x_{n+1}(0)=x_n(0)+\frac{L}{N},\quad n=0,1,2,\cdots,N-2 \tag{10-40}$$

在仿真开始阶段, 在交通流中加入一个小扰动如下

$$x_{50}(0)=x_{49}(0)+\frac{L}{N}-\Delta,\quad x_{51}(0)=x_{50}(0)+\frac{L}{N}+\Delta,\quad \Delta=0.5 \tag{10-41}$$

此外, 第一个时间步长的状态如下

$$x_n(1)=x_n(0)+F(x_{n+1}(0)-x_n(0))\cdot T,\quad n=0,1,2,\cdots,N-2$$

$$x_{N-1}(0) = x_{N-1}(0) + F\left(L + x_0(0) - x_{N-1}(0)\right) \cdot T \tag{10-42}$$

仿真持续的时长为 200000 个仿真步长, 以使所有车辆有足够的时间达到稳定状态. 而我们收集的数据都是在 190000 个仿真步长之后的数据.

1. 仿真一

首先, 设置仿真实验来验证反馈系数 k_f 对系统稳定性的影响. 参数设置为: $\Lambda = 1.0, T = 0.7, k_f = 0.1, 0.2, 0.3, 0.4$. 仿真结果如图 10-11 和图 10-12 所示.

图 10-11 为第 190000 个仿真步长时, 不同反馈系数下对应的车头间距剖面图, 图中图 (a)~(d) 分别对应反馈系数 $k_f = 0.1, 0.2, 0.3, 0.4$. 从图中可以发现, 车头间距的振幅随着反馈系数的增大而增大. 这表明随着反馈系数的增大, 系统稳定性减弱, 这个结果与理论分析结果一致. 图 10-12 表示第 190000 个仿真步长之后, 不同反馈系数对应下的密度波时空变换情况, 与图 10-11 的车头间距剖面的变化相对应, 且密度波的传播方向是向后的.

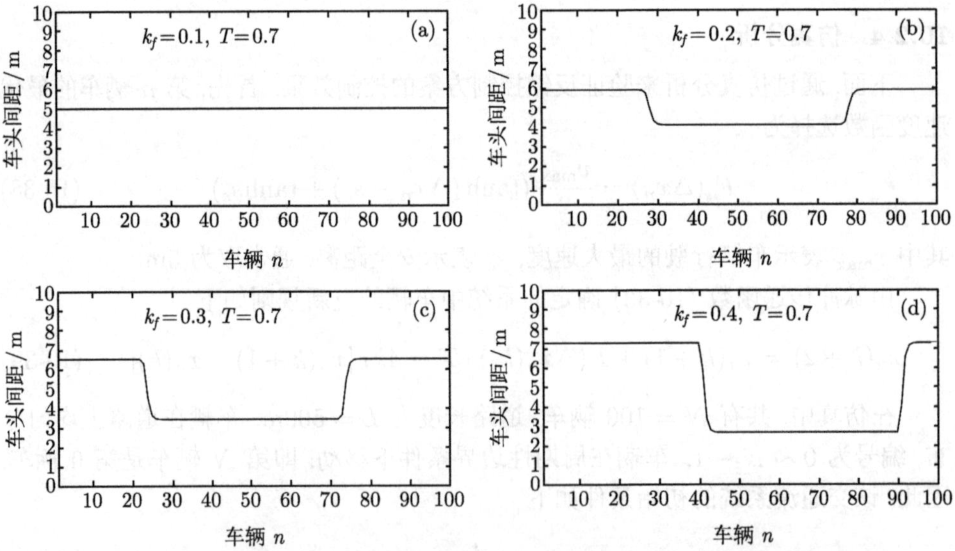

图 10-11 不同反馈系数下 100 辆车在第 190000 个仿真步长时的车头间距剖面图

2. 仿真二

接下来, 设置仿真实验来验证时间间隔 T 对系统稳定性的影响. 参数设置为: $\Lambda = 1.0, k_f = 0.5, T = 0.1, 0.3, 0.5, 0.7$. 仿真结果如图 10-13 和图 10-14 所示.

图 10-13 为第 190000 个仿真步长时, 不同时间间隔 T 下对应的车头间距剖面图, 图中图 (a)~(d) 分别对应反馈系数 $T = 0.1, 0.3, 0.5, 0.7$. 从图中可以发现,

随着时间间隔 T 的增大, 车头间距的振幅增大, 证明系统的稳定性越弱, 这同样与理论分析结果一致. 图 10-14 展示了第 190000 个仿真步长后不同时间间隔 T 对应的密度波的时空变换情况, 同样, 密度波也是向后传播的.

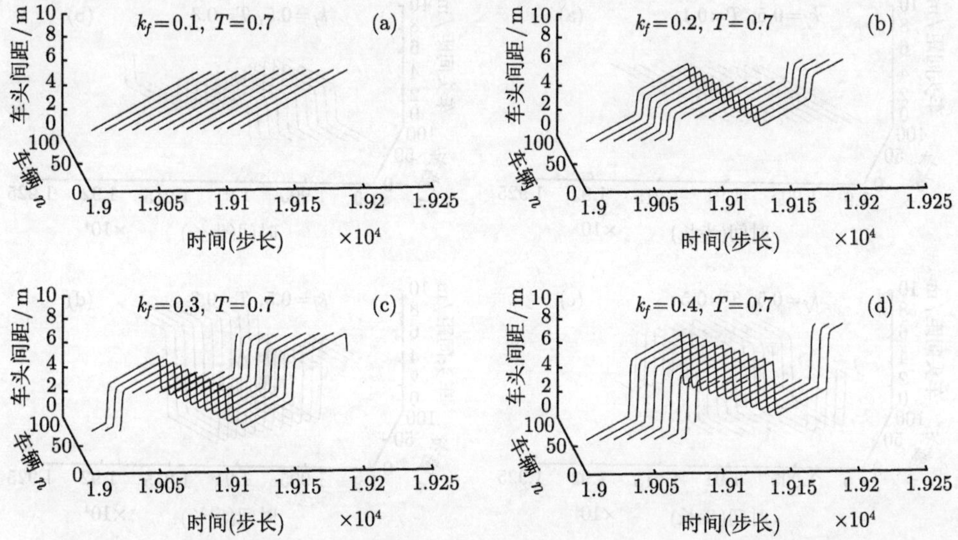

图 10-12 不同反馈系数下 100 辆车在第 190000 个仿真步长后密度波的时空变换情况

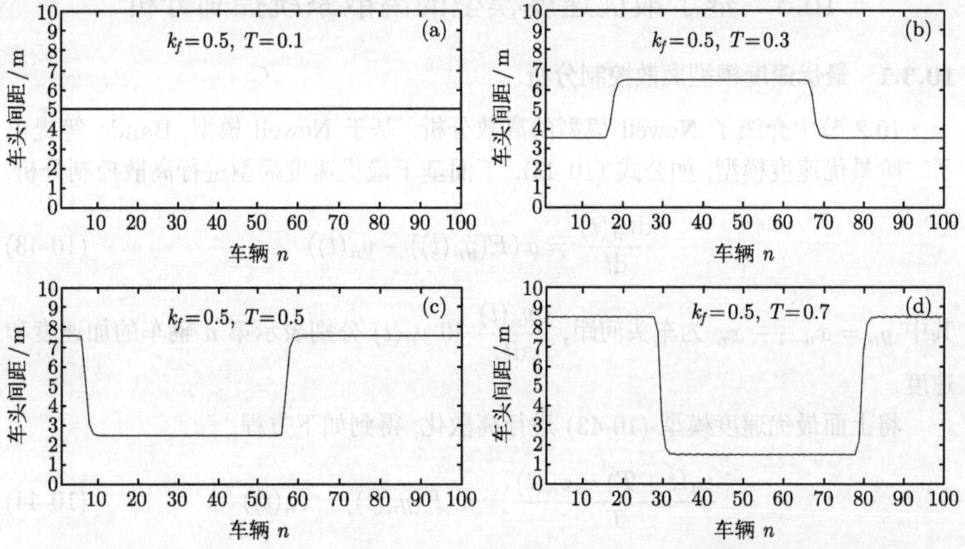

图 10-13 不同时间步长下 100 辆车在第 190000 个仿真步长时的车头间距剖面图

这两个仿真结果表明, 在受控的离散跟驰系统中, 系统的稳定性受时间步长和反馈控制方案的影响. 控制参数越大, 不稳定性越大. 因此, 在受控离散跟驰系统中, 必须合理选择时间步长和反馈系数[79].

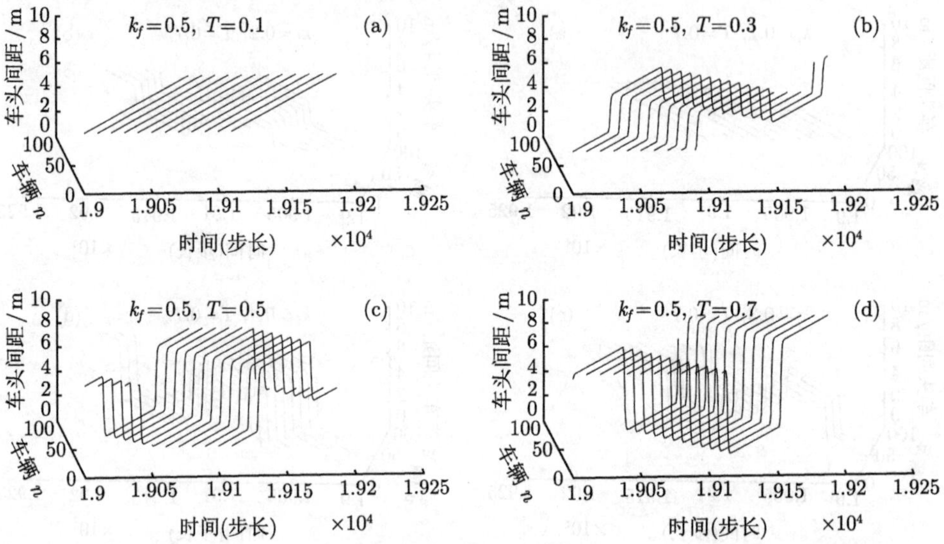

图 10-14 不同时间步长下 100 辆车在第 190000 个仿真步长后密度波的时空变换情况

10.3 基于最优速度模型的离散系统控制分析

10.3.1 最优速度模型离散控制分析

10.2 节中介绍了 Newell 模型的离散分析. 基于 Newell 模型, Bando 等提出了二阶最优速度模型, 如公式 (10-43). 下面基于最优速度模型进行离散控制分析.

$$\frac{\mathrm{d}v_n(t)}{\mathrm{d}t}=a\left(F(y_n(t))-v_n(t)\right) \tag{10-43}$$

其中 $y_n=x_{n-1}-x_n$ 为车头间距, $\frac{\mathrm{d}v_n(t)}{\mathrm{d}t}$ 和 $v_n(t)$ 分别表示第 n 辆车的加速度和速度.

将上面最优速度模型 (10-43) 进行离散化, 得到如下方程,

$$\frac{v_n(t+T)-v_n(t)}{T}=a\left(F(y_n(t))-v_n(t)\right) \tag{10-44}$$

其中 T 表示采样间隔.

令 $t=kT$, 就可以得到系统的差分方程为

$$v_n(kT+T) = aT\left(F(y_n(kT)) - v_n(kT)\right) + v_n(kT) \tag{10-45}$$

为了简单起见, 将公式 (10-45) 写为

$$v_n(k+1) = aT\left(F(y_n(k)) - v_n(k)\right) + v_n(k) \tag{10-46}$$

为了得到线性化的系统方程, 假设在车辆跟驰系统存在一个稳态

$$[v_n^*, y_n^*]^{\mathrm{T}} = \left[v_0, F^{-1}(v_0)\right]^{\mathrm{T}} \tag{10-47}$$

其中 v_0 为最优速度, $F^{-1}(v_0)$ 表示与最优速度对应的车头间距.

根据牛顿运动定律, 第 n 辆车的运动遵循如下规则,

$$\begin{aligned} x_n(k+1) &= v_n(k)T + x_n(k) \\ y_n(k+1) &= \left[v_{n-1}(k) - v_n(k)\right]T + y_n(k) \end{aligned} \tag{10-48}$$

系统的动力学方程可以写为

$$\begin{cases} v_n(k+1) = aT\left(F(y_n(k)) - v_n(k)\right) + v_n(k) \\ y_n(k+1) = \left[v_{n-1}(k) - v_n(k)\right]T + y_n(k) \end{cases} \tag{10-49}$$

而在系统的稳态附近, 公式 (10-49) 可以线性化为

$$\begin{cases} \tilde{v}_n(k+1) = aT\left(\Lambda\tilde{y}_n(k) - \tilde{v}_n(k)\right) + \tilde{v}_n(k) \\ \tilde{y}_n(k+1) = \left[\tilde{v}_{n-1}(k) - \tilde{v}_n(k)\right]T + \tilde{y}_n(k) \end{cases} \tag{10-50}$$

其中

$$\begin{aligned} \tilde{v}_n(k+1) &= v_n(k+1) - v_0 \\ \tilde{v}_n(k) &= v_n(k) - v_0 \\ \tilde{y}_n(k+1) &= y_n(k+1) - F^{-1}(v_0) \\ \tilde{y}_n(k) &= y_n(k) - F^{-1}(v_0) \\ \Lambda &= \left.\frac{\partial F(y)}{\partial y}\right|_{y=F^{-1}(v_0)} \end{aligned}$$

则离散后的状态方程可以写为

$$\begin{cases} \begin{bmatrix} \tilde{v}_n(k+1) \\ \tilde{y}_n(k+1) \end{bmatrix} = A \begin{bmatrix} \tilde{v}_n(k) \\ \tilde{y}_n(k) \end{bmatrix} + B\tilde{v}_{n-1}(k) \\ \tilde{v}_n(k) = C \begin{bmatrix} \tilde{v}_n(k) \\ \tilde{y}_n(k) \end{bmatrix} \end{cases} \tag{10-51}$$

其中

$$A=\begin{bmatrix}1-aT & aT\Lambda\\ -T & 1\end{bmatrix},\quad B=\begin{bmatrix}0\\ T\end{bmatrix},\quad C=\begin{bmatrix}1, & 0\end{bmatrix}$$

设两个连续的车辆关系表示为

$$V_n(z)=\Phi(z)V_{n-1}(z) \tag{10-52}$$

其中 $V_n(z)=Z\left(\tilde{v}_n(k)\right), V_{n-1}(z)=Z\left(\tilde{v}_{n-1}(k)\right)$, $\Phi(z)$ 为脉冲传递函数, 计算如下

$$\Phi(z)=C(zI-A)^{-1}B=\begin{bmatrix}1 & 0\end{bmatrix}\begin{bmatrix}z-1+aT & -aT\Lambda\\ T & z-1\end{bmatrix}^{-1}\begin{bmatrix}0\\ T\end{bmatrix}=\frac{a\Lambda T^2}{d(z)} \tag{10-53}$$

其中 $d(z)=z^2+(aT-2)\,z+1-aT+a\Lambda T^2$.

10.3.2 稳定性分析

在离散控制的观点下, 如果使用双线性变换将 $d(z)$ 转换为 $d\,(w)$, 则可以使用劳斯判据来得到系统的稳定条件.

从脉冲传递函数 $\Phi(z)$ 中, 可以得到系统特征多项式方程为

$$z^2+(aT-2)\,z+1-aT+a\Lambda T^2=0 \tag{10-54}$$

运用双线性变换, 将特征多项式从 z 域转换为 w 域. 令 $z=\dfrac{1+w}{1-w}$, 代入公式 (10-54) 中, 可以得到

$$\left(4-2aT+a\Lambda T^2\right)w^2+\left(aT-a\Lambda T^2\right)w+a\Lambda T^2=0 \tag{10-55}$$

运用劳斯判据,

$$\begin{cases}4-2aT+a\Lambda T^2>0\\ aT-a\Lambda T^2>0\end{cases} \tag{10-56}$$

得到系统的稳定性条件为

$$0<a<\frac{4}{2T-\Lambda T^2},\quad 0<\Lambda T<1 \tag{10-57}$$

图 10-15 展示了分别选取不同的采样间隔 $T=0.1, 0.2, 0.3, 0.4\text{s}$ 时的中性稳定线, 稳定线下方区域为稳定区域, 上方区域为不稳定区域. 从图中可以看出, 随着采样间隔 T 值的增大, 稳定区域减小, 可以得出结论, 采样间隔 T 越大, 系统稳定性越差.

而根据控制理论的观点, 如果存在一个小误差, 它会随着时间的推移而放大, 就会发生交通拥堵现象. 因此, 在系统稳定的条件下, 提出交通拥堵发生的条件:

假设离散的车辆跟驰系统是稳定的, 如果脉冲传递函数的无穷范数大于等于 1, 即 $\|\varPhi(z)\|_\infty \geqslant 1$, 则会发生交通拥堵. 基于此, 也可以得到, 当 $\|\varPhi(z)\|_\infty < 1$ 时, 交通流系统不会发生交通拥堵. 下面将具体推导交通流系统不发生拥堵的条件.

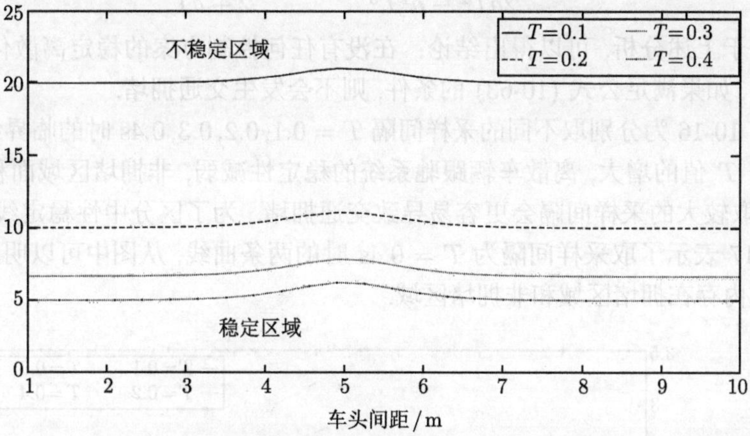

图 10-15 在没有添加控制方案的离散车辆跟驰系统中, 不同采样间隔对应的中性稳定线

同样令 $z=\dfrac{1+w}{1-w}$, 将 $\varPhi(z)$ 转换为 $\varPhi(w)$,

$$\varPhi(w)=\frac{a\varLambda T^2\left(w^2-2w+1\right)}{\left(4-2aT+a\varLambda T^2\right)w^2+2\left(aT-a\varLambda T^2\right)w+a\varLambda T^2} \tag{10-58}$$

则传递函数 $\varPhi(w)$ 的无穷范数描述如下

$$\|\varPhi(\mathrm{j}\omega)\|_\infty=\sup_{\omega\in[0,+\infty)}|\varPhi(\mathrm{j}\omega)|<1\Rightarrow\sup_{\omega\in[0,+\infty)}\sqrt{\frac{c^2(\omega)}{a^2\omega^2+\left(b^2-2ac\right)\omega^2+c^2}}<1 \tag{10-59}$$

其中 $a=4-2aT+a\varLambda T^2, b=2aT-2a\varLambda T^2, c=a\varLambda T^2$.

进一步, 对于 $\omega\in[0,+\infty)$,

$$\inf_{\omega\in[0,+\infty)}\left(a^2-c^2\right)\omega^4+\left(b^2-2ac-2c^2\right)\omega^2>0 \tag{10-60}$$

将 a, b 和 c 代入公式 (10-59) 中, 可以得到

$$\inf_{\omega\in[0,+\infty)}\left(16-16aT+4a^2T^2+8a\varLambda T^2-4a^2\varLambda T^3\right)\omega^4+4aT^2(a-a\varLambda T-2\varLambda)\omega^2>0 \tag{10-61}$$

进而得到

$$\begin{cases} 16-16aT+4a^2T^2+8a\Lambda T^2-4a^2\Lambda T^3>0 \\ a-a\Lambda T-2\Lambda>0 \end{cases} \tag{10-62}$$

$$\frac{4aT-a^2T^2-4}{2aT^2-a^2T^3}<\Lambda<\frac{a}{2+aT} \tag{10-63}$$

基于上述分析, 可以得出结论：在没有任何控制方案的稳定离散化车辆跟驰系统中, 如果满足公式 (10-63) 的条件, 则不会发生交通拥堵.

图 10-16 为分别取不同的采样间隔 $T=0.1, 0.2, 0.3, 0.4$s 时的临界线. 随着采样间隔 T 值的增大, 离散车辆跟驰系统的稳定性减弱, 非拥堵区域面积变小. 因此, 选取较大的采样间隔会更容易导致交通拥堵. 为了区分中性稳定线和临界线, 图 10-17 表示了取采样间隔为 $T=0.4$s 时的两条曲线, 从图中可以明显看出, 稳定区域内存在拥堵区域和非拥堵区域.

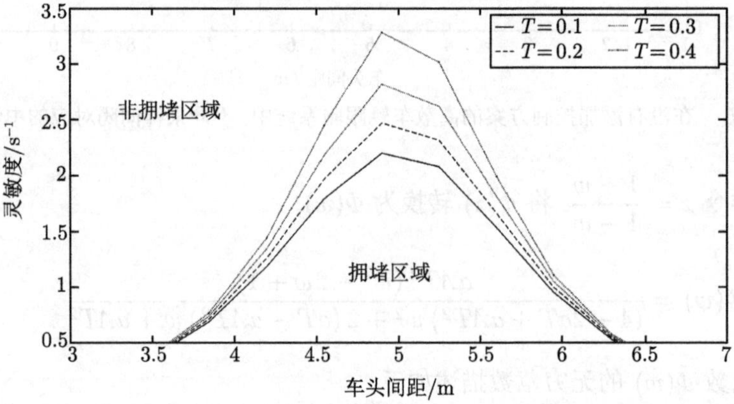

图 10-16　当离散车辆跟驰系统处于稳定状态时, 不同采样间隔对应的临界线

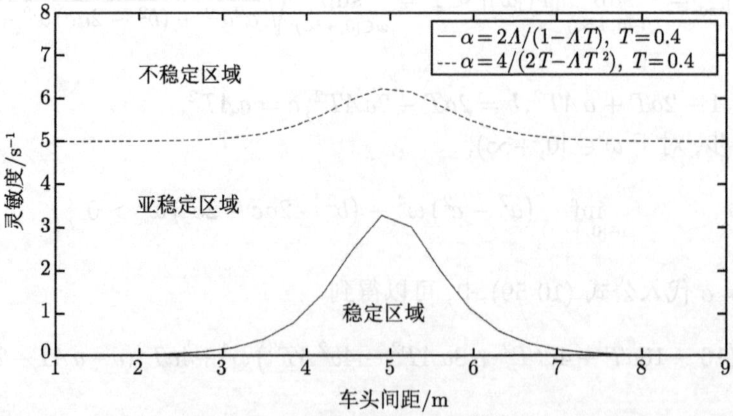

图 10-17　采样间隔为 $T=0.4$s 时的中性稳定线 (虚线) 和临界线 (实线)

10.3.3 控制策略的设计

为了提高系统的稳定性和抑制交通拥堵, 将控制信号引入系统中, 可以将控制系统写为

$$\begin{cases} \begin{bmatrix} \tilde{v}_n(k+1) \\ \tilde{y}_n(k+1) \end{bmatrix} = A \begin{bmatrix} \tilde{v}_n(k) \\ \tilde{y}_n(k) \end{bmatrix} + B\tilde{v}_{n-1}(k) + \hat{B}u_n(k) \\ \tilde{v}_n(k) = C \begin{bmatrix} \tilde{v}_n(k) \\ \tilde{y}_n(k) \end{bmatrix} \end{cases} \tag{10-64}$$

其中, $\hat{B} = [0,1]^{\mathrm{T}}$, 其他系数的选取与前面相同.

$$u_n(k) = K\left(v_{n-1}(k) - v_n(k)\right) \tag{10-65}$$

其中, K 为反馈增益.

从离散控制的角度分析, 可以对系统进行 Z 变换, 将差分方程转换为代数方程,

$$V_n(z) = \varPhi_1(z)V_{n-1}(z) + \varPhi_2(z)U_n(z) \tag{10-66}$$

其中 $U_n(z) = Z\left(u_n(k)\right), \varPhi_1(z) = \dfrac{a\varLambda T^2}{d(z)}, \varPhi_2(z) = \dfrac{z-1}{d(z)}$.

图 10-18 为添加控制方案的离散系统的信号流图, 则第 n 辆车与第 $n-1$ 辆车之间的关系可以确定为

$$V_n(z) = \varPhi_c(z)V_{n-1}(z) \tag{10-67}$$

其中, 脉冲传递函数 $\varPhi_c(z)$ 可以由公式 (10-66) 得到

$$\varPhi_c(z) = \frac{K\varPhi_2(z)}{1+K\varPhi_2(z)} = \frac{a\varLambda T^2 + K(z-1)}{d(z)+K(z-1)} \tag{10-68}$$

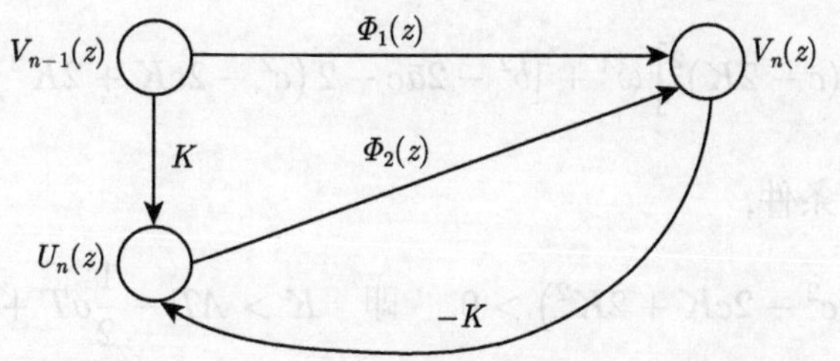

图 10-18 带有反馈控制的车辆跟驰系统信号流图

对于公式 (10-68) 表示的系统, 如果特征多项式方程稳定, 且 $\|\varPhi_c(z)\|_\infty < 1$, 则不会发生交通拥堵. 因此, 可以推导得出改进后系统不发生交通拥堵的条件, 具体推导如下.

首先, 根据小增益定理, 得出特征多项式方程的稳定性条件为

$$\|\varPhi_2(z)\|_\infty \|H(z)\|_\infty < 1 \tag{10-69}$$

其中

$$\|\varPhi_2(z)\|_\infty = \left\|\frac{z-1}{z^2+(aT-2)\,z+1-aT+a\varLambda T^2}\right\|_\infty \tag{10-70}$$

$$\|H(z)\|_\infty = \|-K\| = K \tag{10-71}$$

将 $z=\mathrm{e}^{\mathrm{j}\theta}=\cos\theta+\mathrm{j}\sin\theta$ 代入方程 (10-70) 中, 得到如下表达式,

$$\|\varPhi_2(z)\|_\infty = \sup_{\theta\in[0,2\pi]}\sqrt{\frac{2-2\cos\theta}{4q\cos^2\theta+2p\,(1+q)\cos\theta+(1-q)^2+p^2}} \tag{10-72}$$

其中, $p=aT-2, q=1-aT+a\varLambda T^2$.

所以, 从公式 (10-69) 中, 得到反馈增益为

$$K < \sqrt{\frac{2a^2T^2+a^2\varLambda^2T^4-2a^2\varLambda T^3-4aT+4}{2}} \tag{10-73}$$

其次, 引入双线性变换, 将 $z=\dfrac{1+w}{1-w}$ 代入公式 (10-68) 中, 则 $\varPhi_c(w)$ 的无穷范数可以描述为

$$\|\varPhi_c(\mathrm{j}\omega)\|_\infty = \sqrt{\frac{(c-2K)^2\,\omega^4+2\,(c^2-2cK+2T^2)\,\omega^2+c^2}{\bar{a}^2\omega^4+\left(\bar{b}^2-2\bar{a}c\right)\omega^2+c^2}} < 1 \tag{10-74}$$

其中, $\bar{a}=4-2aT+a\varLambda T^2-2K, \bar{b}=2K+2aT-2a\varLambda T^2, c=a\varLambda T^2$.

进一步, 对于 $\omega\in[0,+\infty)$,

$$\sup_{\omega\in[0,+\infty)}\left[\bar{a}^2-(c-2K)^2\right]\omega^4+\left[\bar{b}^2-2\bar{a}c-2\left(c^2-2cK+2K^2\right)\right]\omega^2>0 \tag{10-75}$$

因此得到了如下条件,

$$\bar{b}^2-2\bar{a}c-2\left(c^2-2cK+2K^2\right)>0, \quad \text{即} \quad K>\varLambda T-\frac{1}{2}aT+\frac{1}{2}a\varLambda T^2 \tag{10-76}$$

基于上述分析, 可以得到如下结论,

如果反馈增益 K 的设计满足下面的条件, 则带有控制项的离散车辆跟驰系统不会发生交通拥堵.

$$\Lambda T-\frac{1}{2}aT+\frac{1}{2}a\Lambda T^2<K<\sqrt{\frac{2a^2T^2+a^2\Lambda^2T^4-2a^2\Lambda T^3-4aT+4}{2}} \tag{10-77}$$

10.3.4 仿真分析

下面, 通过仿真分析来验证上述理论分析结果. 选择最优速度函数为

$$F(y)=\frac{v_{\max}}{2}(\tanh(y-s_c)+\tanh s_c) \tag{10-78}$$

其中, s_c 为安全距离, 通常取为 5m, y 为车头间距.

在模拟仿真中, 共有 $N=100$ 辆车, 道路长度为 $L=500$m, 车辆在道路上均匀分布, 系统的初始状态为

$$v_n(0)=0,\quad x_0(0)=0$$

$$x_{n+1}(0)=x_n(0)+\frac{L}{N},\quad n=0,1,2,\cdots,N-1 \tag{10-79}$$

系统的车流密度为 0.2veh/m, 即平均车头间距为 5m. 仿真持续时间为 200000 个仿真步长. 系统中车辆的基本更新规则为方程式 (10-49). 受控车辆在差分方程 (10-64) 下移动. 在仿真开始, 将小干扰 Δ 添加到系统中, 如下所示

$$x_{50}(0)=x_{49}(0)+\frac{L}{N}-\Delta$$

$$x_{51}(0)=x_{50}(0)+\frac{L}{N}+\Delta,\quad \Delta=0.5 \tag{10-80}$$

设置两种条件进行仿真模拟, 仿真一为验证采样间隔 T 对系统稳定性的影响, 仿真二验证了反馈增益 K 对拥堵的影响. 具体过程如下.

1. 仿真一

该仿真根据公式 (10-49) 进行, 在 200000 个仿真步长内, 分别选取不同的采样间隔为 $T=0.1,0.2,0.3,0.4$s. 仿真结果如图 10-19 所示, 展示了 100 辆车在第 190000 个仿真步长时的车头间距剖面图. 图中共有四个数据提示, 分别是 (13,7.125),(24,7.257),(52,7.389),(6,7.525), 分别表示车头间距振荡的最大振幅分别为 7.125m, 7.257m, 7.389m 以及 7.525m. 显而易见, 车头间距的振幅随着 T 值的增加而增加, 意味着稳定性变弱, 并且由于选取的采样间隔较短, 所以系统的稳定性较弱. 这与图 10-16 中的理论结果一致.

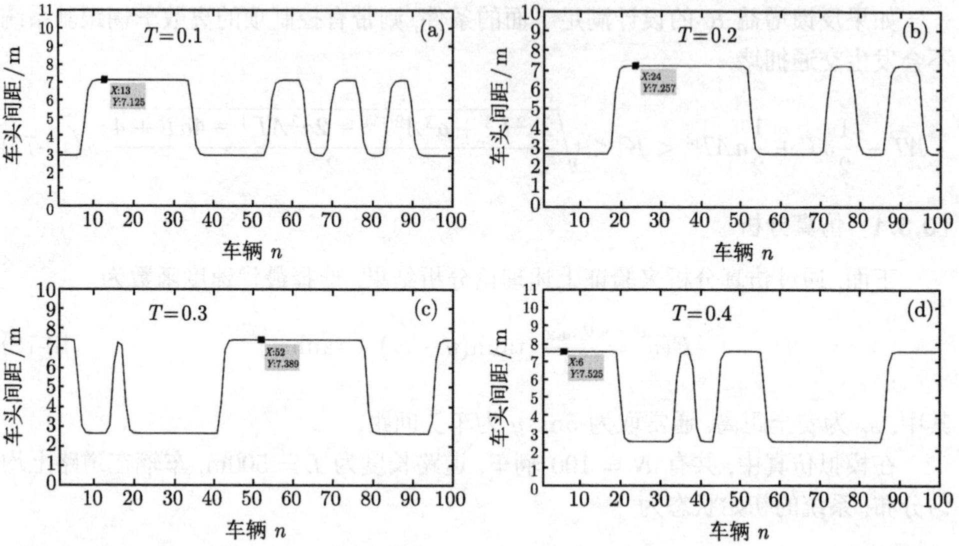

图 10-19　100 辆车在第 190000 个仿真步长时, 不同采样间隔 T 对应的车头间距剖面图

2. 仿真二

该仿真根据公式 (10-64) 进行, 取不同的反馈增益 K 和采样间隔 $T = 0.1\mathrm{s}$, 仿真结果如图 10-20 和图 10-21 所示. 图 10-20(a)~(d) 分别展示了不同的反

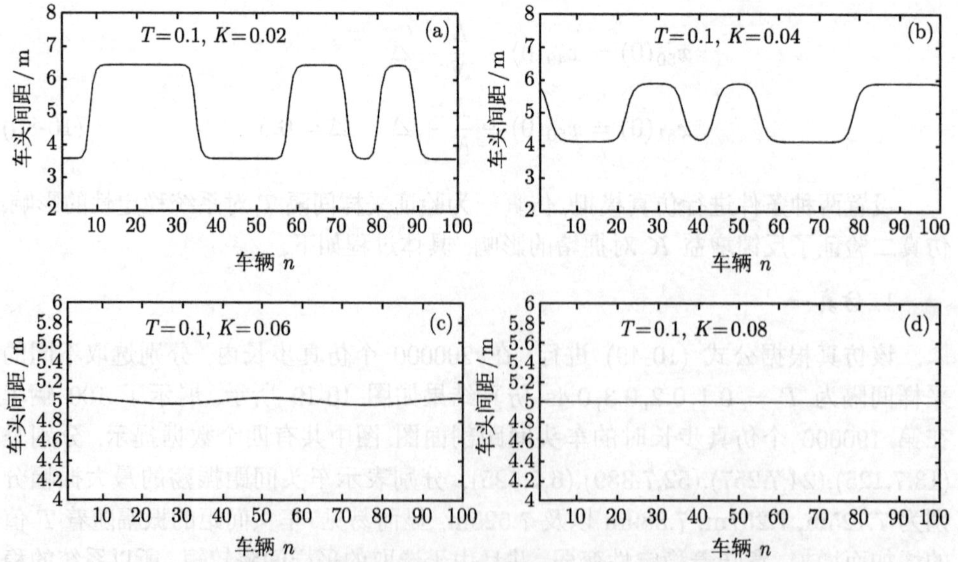

图 10-20　采样间隔 $T = 0.1\mathrm{s}$ 时, 不同反馈增益对应的车头间距剖面图 (I)

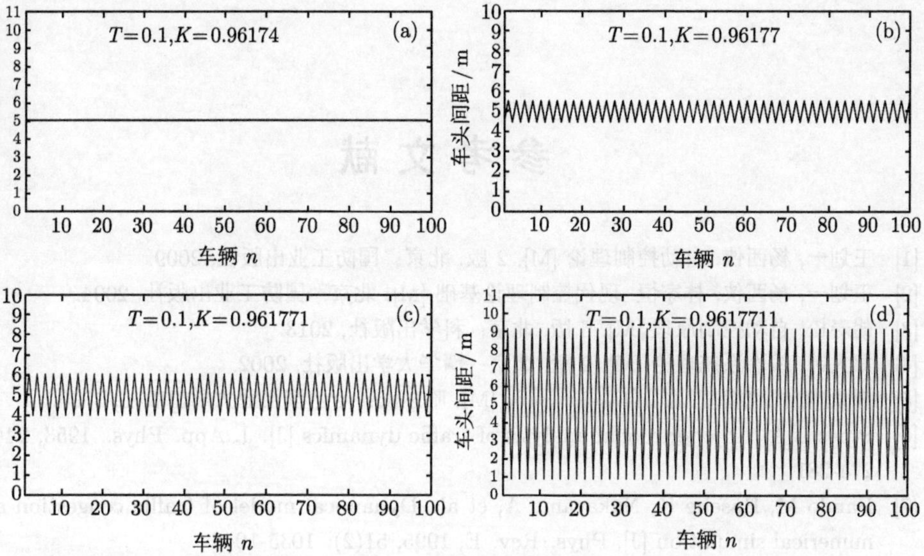

图 10-21 采样间隔 $T = 0.1$s 时, 不同反馈增益对应的车头间距剖面图 (II)

馈增益值 $K = 0.02, 0.04, 0.06, 0.08$ 对应的车头间距剖面图. 从图中可以很容易地发现, 随着反馈增益的增大, 车头间距的振幅变小, 证明系统稳定性增强. 从图 10-21 可以看出, 当系统处于中性稳定状态时, 会发生等幅振荡. 此外, 从图 10-21(a)~(d) 也可以看出, 随着反馈增益值的略微增加, 振荡幅度急剧增加. 当反馈增益大于图 10-21(d) 中所示的 0.9617711 时, 系统一定处于不稳定状态. 而从图 10-20 和图 10-21 中可以看出, 当反馈增益在 0.08 和 0.96174 之间时, 即使添加任何干扰, 系统也是稳定的. 如果反馈增益小于 0.08, 则交通阻塞发生时存在一个小的有界干扰. 当反馈增益大于 0.96174 时, 系统处于不稳定状态.

上述两个仿真实验结果证明了离散控制跟驰模型在描述交通流运动方面是正确有效的, 仿真结果与理论结果相一致[80].

10.4 本章小结

离散控制是控制理论中的一个重要的分支. 本章以最优速度模型和 Newell 模型为基础, 对交通流系统进行了离散化处理, 得到了离散跟驰模型, 并设计了离散条件下的反馈控制器. 进一步, 运用离散条件下的稳定性分析方法, 得到了交通流系统离散条件下的稳定性条件. 在此基础上, 设计了数值仿真实验, 结果表明, 离散控制器的引入对交通流的稳定性有着明显的控制作用, 数理分析与模拟仿真结果一致.

参考文献

[1] 王划一, 杨西侠. 自动控制理论 [M]. 2 版. 北京：国防工业出版社, 2009.

[2] 王划一, 杨西侠, 林家恒. 现代控制理论基础 [M]. 北京：国防工业出版社, 2004.

[3] 胡寿松. 自动控制原理 [M]. 6 版. 北京：科学出版社, 2013.

[4] 郑大钟. 线性系统理论 [M]. 2 版. 北京：清华大学出版社, 2002.

[5] 鄢景华, 梅晓榕, 王彤. 自动控制原理 [M]. 哈尔滨：哈尔滨工业大学出版社, 2006.

[6] Pipes L A. An operational analysis of traffic dynamics [J]. J. App. Phys., 1953, 24(3): 274-281.

[7] Bando M, Hasebe K, Nakayama A, et al. Dynamical model of traffic congestion and numerical simulation [J]. Phys. Rev. E, 1995, 51(2): 1035-1042.

[8] Helbing D, Tilch B. Generalized force model of traffic dynamics [J]. Phys. Rev. E, 1998, 58(1): 133-138.

[9] Jiang R, Wu Q S, Zhu Z J. Full velocity difference model for a car-following theory [J]. Phys. Rev. E, 2001, 64: 017101.

[10] Sawada S. Nonlinear analysis of a differential-difference equation with next-nearest-neighbour interaction for traffic flow [J]. J. Phys. A: Math. Gen. 2001, 34: 11253-11259.

[11] Zhu W X, Liu Y C. A Total generalized optimal velocity model and its numerical tests [J]. Journal of Shanghai Jiaotong University (English Edition), 2008, 13(2): 166-170.

[12] Zhu W X, Jia L. Stability and kink-antikink soliton solution for total generalized optimal velocity model [J]. International Journal of Modern Physics C, 2008, 19(9): 1321-1335.

[13] 朱文兴. 多种效应交通流建模及其数值分析 [R]. 博士后研究报告. 上海: 上海交通大学, 2008.

[14] Nagel K, Schreckenberg M. A cellular automaton model for freeway traffic [J]. J. Phys. I (France), 1992, 2(12): 2221-2229.

[15] 薛郁, 董力耘, 戴世强. 一种改进的一维元胞自动机交通流模型及减速概率的影响 [J]. 物理学报, 2001, 50(3): 445-449.

[16] 葛红霞, 祝会兵, 戴世强. 智能交通系统的元胞自动机交通流模型 [J]. 物理学报, 2005, 54(10): 4621-4626.

[17] Tang T Q, Zhang Y X, Shang H Y. A cellular automation model accounting for bicycle's group behavior [J]. Physica A, 2018, 492: 1782-1797.

[18] 花伟, 林柏梁. 考虑行车状态的一维元胞自动机交通流模型 [J]. 物理学报, 2005, 54(6): 2595-2599.

[19] Moussa N, Daoudia A K. Numerical study of two classes of cellular automation models for traffic flow on a two-lane roadway [J]. European Physical Journal B, 2013, 31(3): 413-420.

[20] Lighthill M J, Whitham G B. On kinematic waves I: Flood movement in long rivers [J]. Proceedings of the Royal Society of London, Series A: Mathematical and Physical Sciences, 1955, 229(1178): 281-316.

[21] Lighthill M J, Whitham G B. On kinematic waves II: A theory of traffic flow on long crowded roads [J]. Proceedings of the Royal Society of London, Series A: Mathematical and Physical Sciences, 1955, 229 (1178): 317-345.

[22] Richards P I. Shock waves on the highway [J]. Operations Research, 1956, 4(1): 42-51.

[23] Payne H J. Models of freeway traffic and control [J]. In Mathematical Methods of Public Systems (ed. Bekey G A), 1971, 1(1): 51-61.

[24] Jiang R, Wu Q S, Zhu Z J. A new continuum model for traffic flow and numerical teats [J]. Transportation Research Part B, 2002, 36: 405-419.

[25] Nagatani T. Modified KdV equation for jamming transition in the continuum models of traffic [J]. Physica A, 1998, 261(3/4): 599-607.

[26] 薛郁. 优化车流的交通流格子模型 [J]. 物理学报, 2004, 53(1): 25-30.

[27] Ge H X, Dai S Q, Xue Y, et al. Stabilization analysis and modified Korteweg-de Vries equation in a cooperative driving system [J]. Physical Review E, 2005, 71: 066119.

[28] Zhu W X, Chi E X. Analysis of generalized optimal current lattice model for traffic flow [J]. International Journal of Modern Physics C, 2008, 19(5): 727-739.

[29] Zhu W X. A backward-looking optimal current lattice model [J]. Communications in Theoretical Physics, 2008, 50(3): 753-756.

[30] Prigogine I, Herman R. Kinetic Theory of Vehicular Traffic [M]. New York: American Elsevier, 1971.

[31] Treiber M, Hennecke A, Helbing D. Derivation, properties, and simulation of a gas-kinetic-based, non-local traffic model [J]. Phys. Rev. E, 1999, 59(1): 239-253.

[32] Helbing D. Modeling multi-lane traffic flow with queuing effects [J]. Physica A, 1997, 242: 175-194.

[33] 赵建玉, 孙喜明, 贾磊. 气体分子动力学交通流模型弛豫时间的改进 [J]. 物理学报, 2006, 55(5): 2306-2312.

[34] Whitham G B. Linear and nonlinear waves [J]. Physics Bulletin, 1975, 26(11): 498.

[35] Wang Z H, Cheng R J, Ge H X. Nonlinear analysis of an improved continuum model considering mean-field velocity difference [J]. Physics Letters A, 2019, 383: 622-629.

[36] Wang Z H, Ge H X, Cheng R J. An extended macro model accounting for the driver's timid and aggressive attributions and bounded rationality [J]. Physica A, 2020, 540: 122988.

[37] Xue Y. Analysis of the stability and density waves for traffic flow [J]. Chin. Phys., 2002, 11(11): 1128-1134.

[38] 薛郁. 随机计及相对速度的交通流跟驰模型 [J]. 物理学报, 2003, 52(11): 2750-2756.

[39] Li Z P, Liu Y C. A dynamical model with next-nearest-neighbor interaction in relative velocity [J]. International Journal of Modern Physics C, 2007, 18(5): 819-832.

[40] Li Z P, Liu Y C. Analysis of stability and density waves of traffic flow model in an ITS environment [J]. European Physics Journal B, 2006, 53: 367-374.
[41] Nagatani T. Stabilization and enhancement of traffic flow by the next-nearest-neighbor interaction [J]. Phys. Rev. E, 1999, 60: 6395-6401.
[42] Zhu W X, Jia L. Nonlinear analysis of a synthesized optimal velocity model for traffic flow [J]. Communications in Theoretical Physics, 2008, 50(2): 505-510.
[43] Nakayama A, Sugiyama Y, Hasebe K. Effect of looking at the car that follows in an optimal velocity model of traffic flow [J]. Phys. Rev. E, 2001, 65: 016112.
[44] Hasebe K, Nakayama A, Sugiyama Y. Equivalence of linear response among extended optimal velocity models [J]. Phys. Rev. E, 2004, 69: 017103.
[45] Hasebe K, Nakayama A, Sugiyama Y. Dynamical model of a cooperative driving system for freeway traffic [J]. Phys. Rev. E, 2003, 68: 026102.
[46] Ge H X, Zhu H B, Dai S Q. Effect of looking backward on traffic flow in a cooperative driving car following model [J]. The European Physical Journal B-Condensed Matter and Complex Systems, 2006, 54: 503-507.
[47] Kerner B S, Konhauser P. Cluster effect in initially homogeneous traffic flow [J]. Phys. Rev. E, 1993, 48(4): 48-51.
[48] Li X L, Song T, Kuang H, et al. Phase transition on speed limit traffic with slope [J]. Chinese Physics B, 2008, 17(8): 3014-3020.
[49] Komada K, Masukura S, Nagatani T. Effect of gravitational force upon traffic flow with gradients [J]. Physica A, 2009, 388(14): 2880-2894.
[50] Lan S Y, Liu Y G, Liu B B, et al. Effect of slopes in highway on traffic flow [J]. International Journal of Modern Physics C, 2011, 22(4): 319-331.
[51] Kurtze D A, Hong D C. Traffic jams, granular flow, and soliton selection [J]. Phys. Rev. E, 1995, 52(1): 218-221.
[52] Muramatsu M, Nagatani T. Soliton and kink jams in traffic flow with open boundaries [J]. Phys. Rev. E, 1999, 60(1): 180-187.
[53] Zhu H B, Dai S Q. Numerical simulation of soliton and kink density waves in traffic flow with periodic boundaries [J]. Physica A, 2008, 387: 4367-4375.
[54] 朱文兴. 非常规道路交通流建模及其复杂特性研究 [R]. 济南: 山东大学, 2012.
[55] Zhu W X, Jia Z P. Improved car-following model for traffic flow and its numerical simulation on highway with gradients [J]. Communications in Computer and Information Science, 2011, 215: 162-168.
[56] Zhu W X, Yu R L, Jia Z P. Traffic flow on gradient highway and its stability [J]. Applied Mechanics and Materials, 2011, 97-98: 877-882.
[57] Zhu W X, Yu R L. Nonlinear analysis of traffic flow on a gradient highway [J]. Physica A, 2012, 391(4): 954-965.
[58] Zhu W X, Yu R L. Solitary density waves for improved traffic flow model with variable brake distances [J]. Communications in Theoretical Physics, 2012, 57(2): 301-307.

[59] Zhu W X. Analysis of CO_2 emission in traffic flow and numerical tests [J]. Physica A, 2013, 392(20): 4787-4792.
[60] Zhu W X, Zhang C H. Analysis of energy dissipation in traffic flow with a variable slope [J]. Physica A, 2013, 392(16): 3301-3307.
[61] Zhu W X, Zhang L D. A novel lattice traffic flow model and its solitary density waves [J]. International Journal of Modern Physics C, 2012, 23(3): 1250025(12).
[62] Liang Y J, Xue Y. Study on traffic flow affected by the road turning [J]. Acta Physica Sinica, 2010, 59(8): 5325-5331.
[63] Zhu W X, Zhang L D. Friction coefficient and radius of curvature effects upon traffic flow on a curved road [J]. Physica A, 2012, 391(20): 4597-4605.
[64] Zhu W X. Motion energy dissipation in traffic flow on a curved road [J]. International Journal of Modern Physics C, 2013, 24(7): 1350046(8).
[65] 张立东, 贾磊, 朱文兴. 弯道交通流跟驰建模与稳定性分析 [J]. 物理学报, 2012, 61(7): 074501.
[66] 李玉彩. 基于 "额外排放" 理论模型的城市主干路交通信号灯协调控制研究 [D]. 济南: 山东大学, 2018.
[67] 张靖宇. 城市主干道交通流额外排放建模及其仿真研究 [D]. 济南: 山东大学, 2016.
[68] Song Z R, Zang L L, Zhu W X. Study on minimum emission control strategy on arterial road based on improved simulated annealing genetic algorithm [J]. Physica A, 2020, 537: 122691.
[69] Zhu W X, Zhang L D. An original traffic flow model with signal effect for energy dissipation [J]. International Journal of Modern Physics C, 2014, 25(7): 1450018(1-11).
[70] Zhu W X, Zhang J Y. An original traffic additional emission model and numerical simulation on a signalized road [J]. Physica A, 2017, 467: 107-119.
[71] Li Y C, Zhu W X, Li S. Signal control effects on vehicular traffic emissions through a sequence of traffic lights [C]. Chinese Automation Congress (CAC), IEEE, 2017: 1930-1935.
[72] Zhu W X, Zhang L D. A speed feedback control strategy for car-following model [J]. Physica A, 2014, 413: 343–351.
[73] Zhang L D, Zhu W X, Liu J L. Proportional-differential effects in traffic car-following model system [J]. Physica A, 2014, 406: 89-99.
[74] Zhu W X, Jun D, Zhang L D. A compound compensation method for car-following model [J]. Communications in Nonlinear Science and Numerical Simulation, 2016, 39(10): 427-441.
[75] Zhang L D, Zhu W X. Delay-feedback control strategy for reducing CO_2 emission of traffic flow system [J]. Physica A, 2015, 428: 481-492.
[76] Zhu W X, Zhang L D. Control schemes for autonomous car-following systems with two classical compensators [J]. Asian Journal of Control, 2020, 22(1): 168-181.
[77] Zhu W X, Zhang L D. Analysis of car-following model with cascade compensation strategy [J]. Physica A, 2016, 449(10): 265-274.

[78] Song T, Zhu W X. Study on state feedback control strategy for car-following system [J]. Physica A: Statistical Mechanics and Its Applications, 2020, 558: 124938.

[79] Zhu W X, Zhang H M. Analysis of feedback control scheme on discrete car-following system [J]. Physica A, 2018, 503: 322-330.

[80] Zhu W X, Zhang L D. Discrete car-following model and its feedback control scheme [J]. Asian Journal of Control, 2020, 22(1): 182-191.

《交通与数据科学丛书》书目

1. 超越引力定律——空间交互和出行分布预测理论与方法　闫小勇　著　2019 年 3 月
2. 时间序列混合智能辨识、建模与预测　刘　辉　著　2020 年 3 月
3. 城市快速路交通流理论与运行管理　孙　剑　著　2020 年 6 月
4. 数据驱动的高速列车晚点传播与恢复　文　超　等著　2022 年 6 月
5. 基于手机大数据的交通规划方法　刘志远　付　晓　著　2022 年 9 月
6. 控制理论在交通流建模中的应用　朱文兴　著　2022 年 12 月